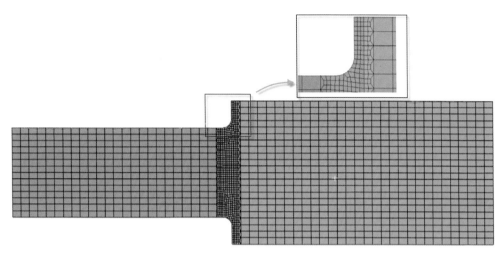

图 4-110　网格划分结果

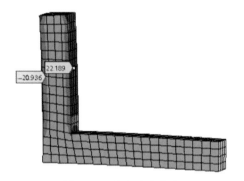

图 5-21　读取法向应力

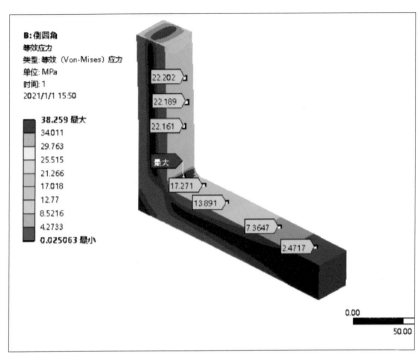

图 5-27 应力集中现象

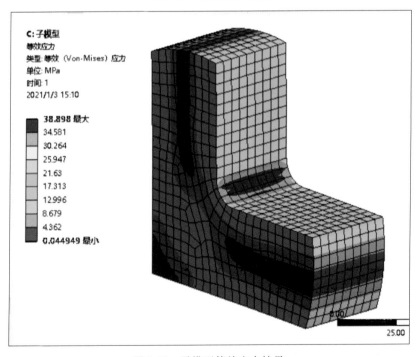

图 5-38 子模型等效应力结果

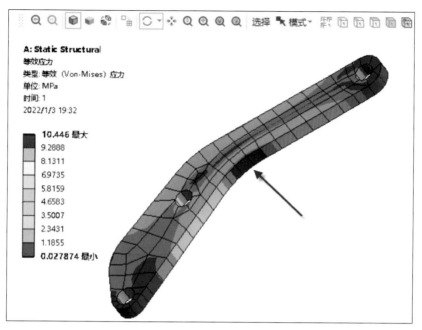

图 5-45 最大等效应力

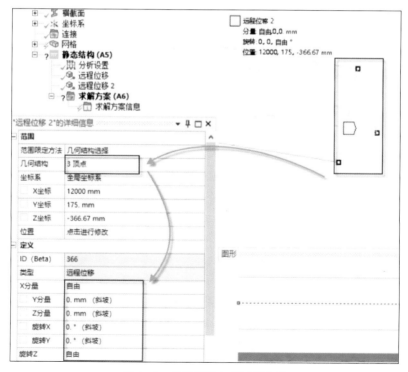

图 5-51 设置桁架右侧远端位移

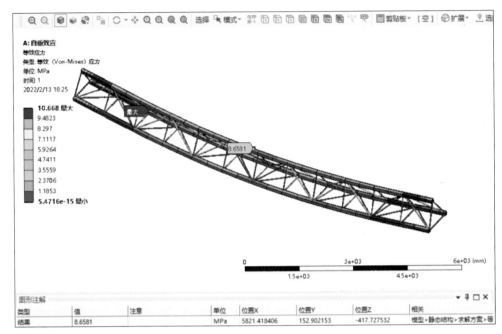

图 5-55　插入等效应力结果(2)

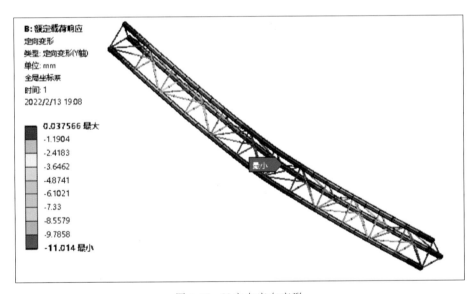

图 5-58　Y 方向定向变形

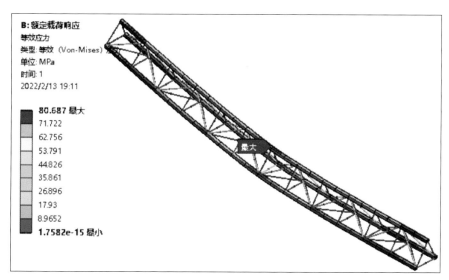

图 5-59 等效应力结果

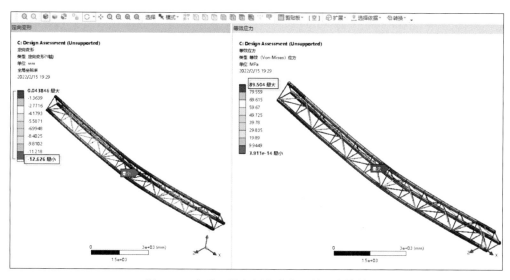

图 5-63 自重工况和额定载荷工况组合结果

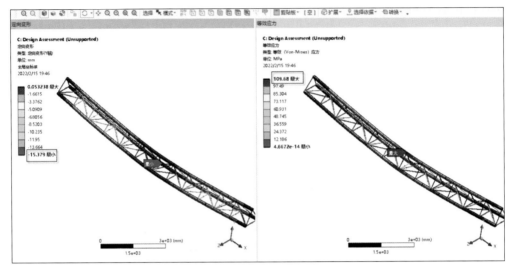

图 5-65　自重工况和 1.25 倍额定载荷工况组合结果

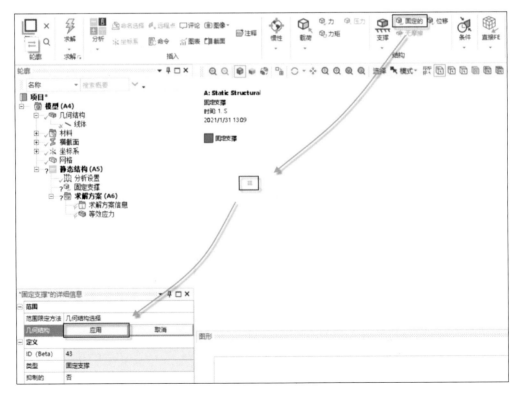

图 6-29　添加固定边界

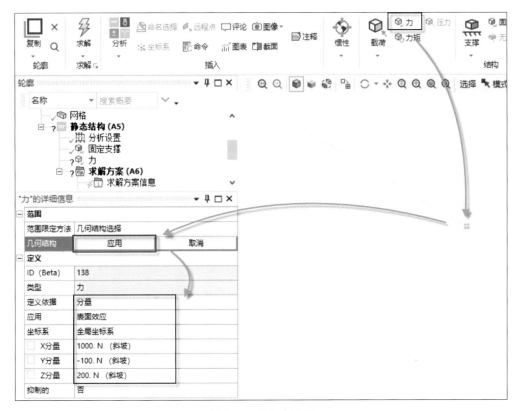

图 6-30　添加力边界

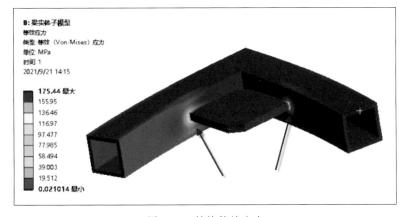

图 6-92　结构等效应力

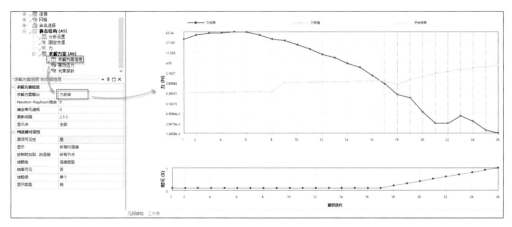

图 6-107　查看力残差值

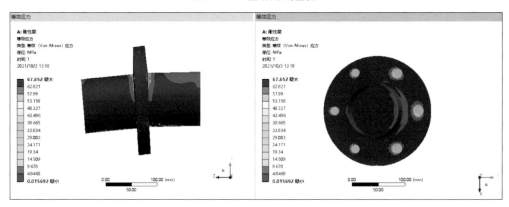

图 6-110　等效应力云图

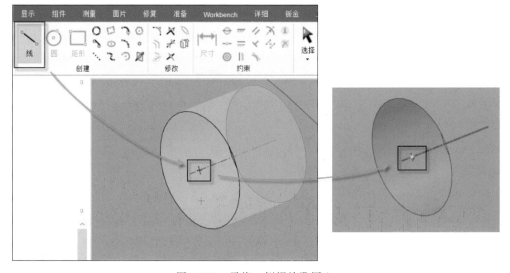

图 6-112　寻找一侧螺栓孔圆心

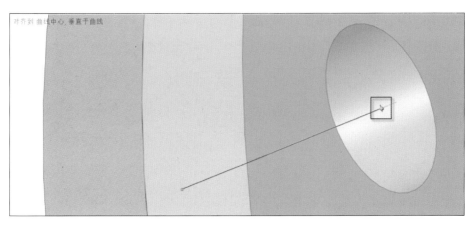

图 6-113　寻找另一侧螺栓孔圆心

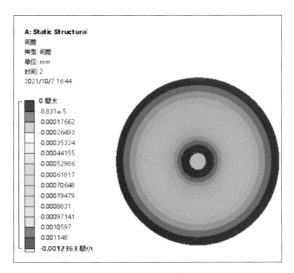

图 6-132　接触间隙云图

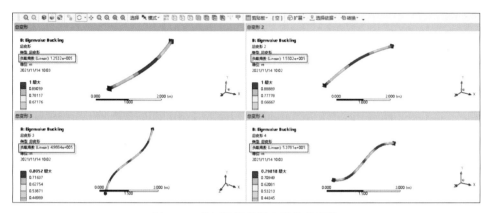

图 7-10　前四阶屈曲形态及负载乘数

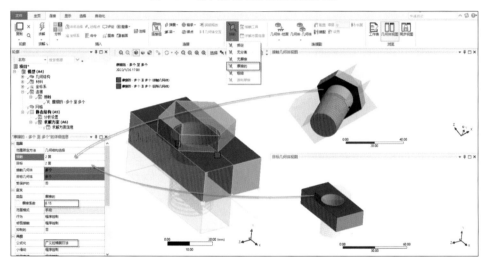

图 9-14　螺栓与上盖板接触设置

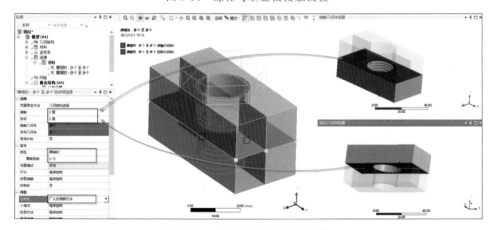

图 9-15　上盖板与底座接触设置

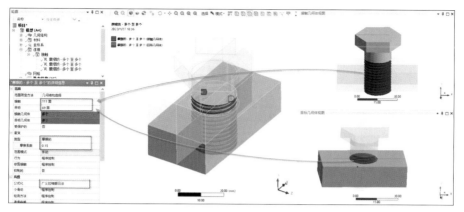

图 9-16　螺栓与底座螺纹接触设置

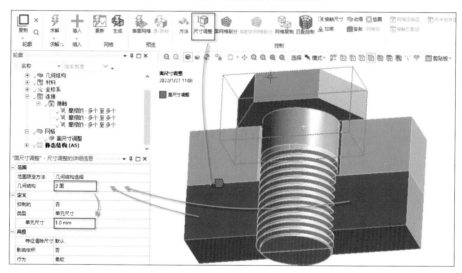

图 9-17　设置底座网格尺寸

图 9-24　最大等效应力

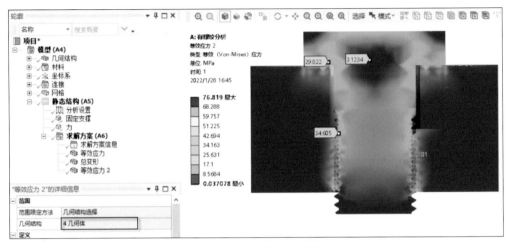

图 9-25　对称面应力云图

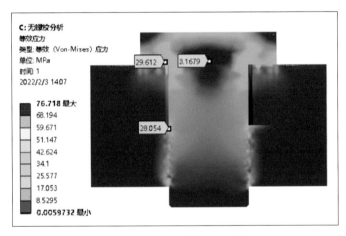

图 9-38　对称面等效应力云图

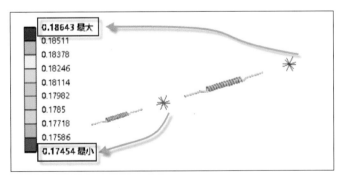

图 10-20　查看模态位移结果

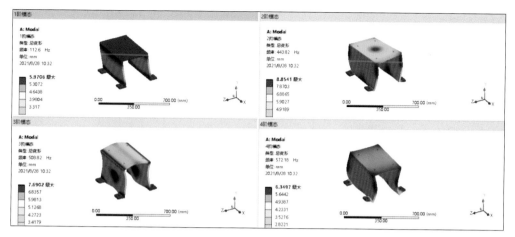

图 11-16　前 4 阶模态的变形结果

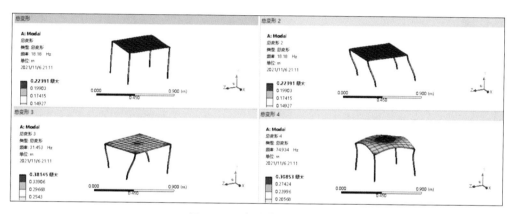

图 12-51　各阶模态的振型

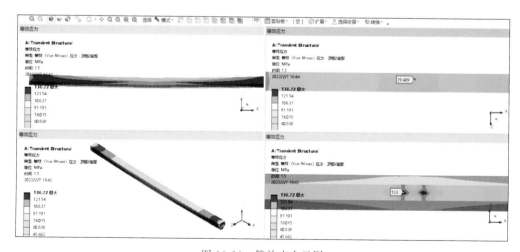

图 13-26　等效应力云图

计算机技术开发与应用丛书

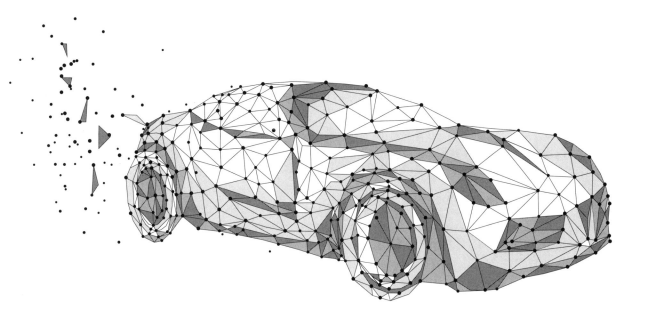

ANSYS Workbench
结构有限元分析详解

汤 晖 ◎ 著

清华大学出版社

北京

内 容 简 介

本书从力学基础知识和数学基本运算规则出发,系统阐述了有限单元法的基本理论,并以 ANSYS Workbench 为操作平台,详细讨论了结构线性静力学、非线性静力学、模态分析、谐响应分析及响应谱分析的操作过程。

全书共 13 章:第 1 章介绍固体力学与数学基础知识,为理论推导做好前提准备;第 2 章介绍数学软件 MATLAB 的基本应用,运用 MATLAB 软件快速求解数学问题;第 3 章介绍有限单元法的基本理论;第 4 章介绍 ANSYS Workbench 平台中各类建模软件及 Mechanical 软件的使用方法;第 5 章介绍线性静力学,以简单的 L 形梁为切入点,讨论线性静力学分析方法;第 6 章介绍概念建模、分析及后处理过程;第 7 章介绍结构线性屈曲及非线性屈曲;第 8 章介绍材料非线性及常见的强化准则;第 9 章介绍状态非线性及常用的接触算法;第 10 章介绍模态分析方法,并讨论模态参数的计算过程;第 11 章介绍基于模态叠加法的谐响应分析及如何采用瞬态动力学方法计算谐响应;第 12 章介绍响应谱分析及响应谱计算中各类参数的相互转换方法;第 13 章介绍瞬态动力学模块。

本书包含大量示例,并且大部分示例同时给出了其理论解答过程及 MATLAB 代码的实现方法。读者在学习过程中应充分结合理论求解的过程理解软件操作背后的含义。

本书可作为企业结构工程师学习有限单元法和 ANSYS 的参考书,也可作为高等院校学生的学习参考用书。

图书在版编目(CIP)数据

ANSYS Workbench 结构有限元分析详解/汤晖著.—北京:清华大学出版社,2023.2
(计算机技术开发与应用丛书)
ISBN 978-7-302-61390-9

Ⅰ.①A… Ⅱ.①汤… Ⅲ.①有限元分析-应用软件 Ⅳ.①O241.82-39

中国版本图书馆 CIP 数据核字(2022)第 124672 号

责任编辑:赵佳霓
封面设计:吴 刚
责任校对:郝美丽
责任印制:沈 露

出版发行:清华大学出版社
  网 址:http://www.tup.com.cn,http://www.wqbook.com
  地 址:北京清华大学学研大厦 A 座 邮 编:100084
  社 总 机:010-83470000 邮 购:010-62786544
  投稿与读者服务:010-62776969,c-service@tup.tsinghua.edu.cn
  质量反馈:010-62772015,zhiliang@tup.tsinghua.edu.cn
  课件下载:http://www.tup.com.cn,010-83470236
印 装 者:大厂回族自治县彩虹印刷有限公司
经 销:全国新华书店
开 本:186mm×240mm 印 张:22 插 页:7 字 数:512 千字
版 次:2023 年 2 月第 1 版 印 次:2023 年 2 月第 1 次印刷
印 数:1~2000
定 价:89.00 元

产品编号:090229-01

前 言
PREFACE

随着有限元软件的快速发展,其应用领域也从单一的结构计算向流体、电磁、热学等各个领域不断拓展,逐渐演变成求解各类耦合场的大型应用软件,同时有限单元法也被各大高等院校列为基本的授课科目,从发展趋势可以看出有限元软件将是未来工程设计、验算必不可少的应用工具。

笔者从 2011 年第 1 次捧起有限单元法的书籍到 2020 执笔开始这本书的创作,期间历经近 10 年光阴,在这近 10 年的学习和使用有限元法解决结构力学问题的过程中逐渐积累了一些失败的教训和成功的经验,深知读者在学习过程中所遭遇的困惑,所以在书籍的编排上力争通过简扼的语言和简明的理论公式使读者不仅掌握软件的操作过程,并能从根本上理解软件的操作依据。

本书主要内容

本书共 13 章。

第 1 章介绍固体力学与数学基础知识,讲述学习有限单元法前必须掌握的高等数学和线性代数的基本运算过程,便于读者在后面的章节中理解各类公式和算法的推导过程。

第 2 章介绍数学软件 MATLAB 的应用,使读者通过 MATLAB 软件可快速求解线性方程组、导数及积分运算。

第 3 章介绍有限单元法的基本理论,文中分别采用直接法及最小势能原理讨论杆单元的刚度矩阵及静力学平衡方程的推导,并介绍工程中常见的非线性问题及其求解方法。

第 4 章介绍 ANSYS Workbench 平台中各类建模软件及 Mechanical 软件的使用方法,重点介绍 Mesh 模块的网格划分功能及工程中常用的边界条件。

第 5 章介绍线性静力学,通过一个简单的 L 形梁分别介绍了其理论解的求解过程、ANSYS 的求解设置及子模型、收敛工具和工况组合的应用方法,加深读者对线性静力学的理解与应用。

第 6 章介绍概念建模、分析及后处理过程,本章主要以杆梁单元为引导,详细阐述如何在 ANSYS Workbench 软件中分析杆梁结构,尤其是自定义梁截面的使用方法,并通过案例阐述如何正确识读 Workbench 平台下的 BEAM TOOL 及梁结构子模型应用。

第 7 章介绍结构线性屈曲及非线性屈曲,讲述屈曲的分类,并通过一根轴向受压撑杆分别采用线性屈曲及非线性屈曲计算其临界力。

第 8 章介绍材料非线性,阐述了工程应用中常见的强化准则,通过一块带孔板材模拟包辛格效应。

第9章介绍状态非线性及常用的接触算法,对同一螺栓装配体分别介绍真实螺纹建模及基于几何校正方法分析其应力与变形。

第10章介绍模态分析方法,以二自由度弹簧振子为切入点阐述结构频率、振型归一化、模态质量、参与系数等理论解的求解过程及ANSYS的设置过程并对比两者计算的差异。

第11章介绍基于模态叠加法的谐响应分析及如何采用瞬态动力学方法计算谐响应。

第12章介绍响应谱分析,重点阐述规范中影响系数曲线转换为加速度曲线的计算过程及响应谱的生成方法,同时以三自由度弹簧振子为基本结构,对比理论解与有限元解的计算差异。

第13章介绍瞬态动力学模块,并以一个电动葫芦桥式起重机主梁突然卸载案例,阐述网格划分方法及瞬态动力学的设置过程。

ANSYS软件有经典界面与Workbench两个操作平台,两平台各有其使用优势,鉴于Workbench平台的易用性,本书的案例大部分基于Workbench 2020平台,个别案例采用经典界面演算。

阅读建议

本书是一本理论推导与软件操作相辅相成的书,其主要目的是力争使读者在阅读的过程中知其然亦知其所以然。笔者写作时遵循循序渐进的原则尽力使案例结构形式简单,推导过程通俗易懂,所以建议读者阅读时也遵循本书的顺序安排,首先理解每个案例的理论推导过程,然后探究软件的设置方法。

总之,有限元软件目前正处于百花齐放、百家争鸣的市场环境,无论何种软件,究其根本,其应当归类于生产工具,软件的升级仅仅体现生产工具的更新,工程计算的灵魂在于人,生产工具可以保证提高生产力,但决定工程计算结果的仍然是工程技术人员,所以工程师应明确自身在工程计算中的定位,做工具的主人而非工具人。

致谢

感谢我的父母,含辛茹苦地将我培养成为一名专注技术的工程师,为本著作的诞生创造了前提条件。感谢我的爱人,在我创作期间义无反顾地承担了所有的家庭义务,为我提供了优越的写作环境。感谢王新敏教授百忙之中帮助我完善模态叠加法谐响应的推导过程。

由于笔者水平有限,书中难免有疏漏之处,欢迎广大读者批评指正。

汤　晖

2022年10月

配套资源

目 录
CONTENTS

第 1 章

固体力学与数学基础知识

固体力学,顾名思义就是研究固态物体受力状态和受力计算的一门学科。从固体力学学科诞生以来,伟大的物理学家已经推导出完善的力学计算方法。有限单元法作为固体力学计算的其中一种方法,不仅涉及力学平衡方程的推导,亦涉及多种数学方法的计算。作为本书的开头篇章,首先介绍基本的力学概念和常用的数学计算方法。

1.1 线性代数基本概念

线性代数为有限单元法的矩阵性质判定和求解提供了众多方法,本节的主要内容介绍如何判定矩阵的性质及如何求解矩阵得到方程组的根。

1.1.1 行列式的定义

行列式的值对判定矩阵是否有解或者是否有唯一解有着重要意义。如下式

$$\begin{cases} 3x_1 + 4x_2 = 5 \\ 2x_1 + x_2 = 8 \end{cases} \tag{1-1}$$

式(1-1)为一个二元一次方程组,未知量分别为 x_1 及 x_2,其行列式表示为

$$|\boldsymbol{A}| = \begin{vmatrix} 3 & 4 \\ 2 & 1 \end{vmatrix} \tag{1-2}$$

从式(1-2)可以看出,将一个二元一次方程组每个未知量前的系数提取出来即可构成二阶行列式。行列式中的每个系数分别为 $a_{11}=3, a_{12}=4, a_{21}=2, a_{22}=1$。

注意:第 1 个下角标代表系数所在的行数,第 2 个下角标代表系数所在的列数。

行列式可以按任意一行(列)展开计算,其展开后的最终结果为一个数值,对于二阶行列式,展开计算仅需将对角元素相乘并相减,方法如下

$$|\boldsymbol{A}| = \begin{vmatrix} 3 & 4 \\ 2 & 1 \end{vmatrix} = 3 \times 1 - 4 \times 2 = -5 \tag{1-3}$$

二阶行列式展开计算相对简单,随着行列式的阶数增加,其展开计算则越来越复杂,以三阶行列式为例

$$|\boldsymbol{A}| = \begin{vmatrix} 1 & 0 & 2 \\ 0 & 3 & 9 \\ 3 & 6 & 8 \end{vmatrix} \tag{1-4}$$

高阶行列式展开前应分别掌握余子式与代数余子式的计算方法。

在 n 阶行列式中,把第 i 行和第 j 列划去后,留下来的行列式称为余子式,记为 M_{ij}。以式(1-4)为例,划去第 1 行与第 1 列后,其余子式为

$$\boldsymbol{M}_{11} = \begin{vmatrix} 3 & 9 \\ 6 & 8 \end{vmatrix} \tag{1-5}$$

n 阶行列式的代数余子式的计算方法为

$$A_{ij} = (-1)^{i+j} \boldsymbol{M}_{ij} \tag{1-6}$$

式中：A_{ij} 为代数余子式；

$\quad\quad \boldsymbol{M}_{ij}$ 为余子式；

$\quad\quad i$ 为第 i 行；

$\quad\quad j$ 为第 j 列。

【例 1-1】 求式(1-4)的代数余子式并计算其展开值。

划去第 1 行第 1 列的代数余子式并展开

$$D_{11} = a_{11} A_{11} = 1 \times (-1)^{(1+1)} \begin{vmatrix} 3 & 9 \\ 6 & 8 \end{vmatrix} = 1 \times (3 \times 8 - 9 \times 6) = -30 \tag{1-7}$$

划去第 1 行第 2 列的代数余子式并展开

$$D_{12} = a_{12} A_{12} = 0 \times (-1)^{(1+2)} \begin{vmatrix} 0 & 9 \\ 3 & 8 \end{vmatrix} = 0 \times (-1) \times (0 \times 8 - 9 \times 3) = 0 \tag{1-8}$$

划去第 1 行第 3 列的代数余子式并展开

$$D_{13} = a_{13} A_{13} = 2 \times (-1)^{(1+3)} \begin{vmatrix} 0 & 3 \\ 3 & 6 \end{vmatrix} = 2 \times (0 \times 6 - 3 \times 3) = -18 \tag{1-9}$$

则其三阶行列式展开后的结果为

$$|\boldsymbol{A}| = D_{11} + D_{12} + D_{13} = -30 + 0 + (-18) = -48 \tag{1-10}$$

行列式的展开值对线性方程组的计算有至关重要的作用,当展开值等于 0 时,表示线性方程组无解或者有无穷解。对于静力学问题,当结构约束不足时将导致线性方程组的行列式展开值等于 0,此时 ANSYS 将给出错误提示。

1.1.2　矩阵的定义

有限元软件的计算本质上就是矩阵运算,而矩阵运算的本质则是求解线性方程组,线性代数中提供了众多的矩阵算法,例如高斯消元法、迭代法等。

本节给出矩阵的定义,对式(1-1)二元线性方程组,其系数矩阵定义为

$$\boldsymbol{A} = \begin{bmatrix} 3 & 4 \\ 2 & 1 \end{bmatrix} \tag{1-11}$$

式(1-11)为一个 2 行 2 列的矩阵,其行数与列数相等,称为方阵。其形如有限元中一个单元的单元刚度矩阵,将每个单元的刚度矩阵通过矩阵运算后即可得到最终有限元求解的总刚矩阵。

有一些特殊的矩阵,如不在矩阵对角线的元素均为 0,称为对角矩阵,记为 $\boldsymbol{A}_{\text{diag}}$。

$$\boldsymbol{A}_{\text{diag}} = \begin{bmatrix} 1 & 0 & 0 \\ 0 & 7 & 0 \\ 0 & 0 & 9 \end{bmatrix} \tag{1-12}$$

式(1-12)为一个对角矩阵。

对角矩阵中对角线上的元素均为 1,其余元素为 0 的矩阵称为单位阵,记为 $\boldsymbol{I}$。

$$\boldsymbol{I} = \begin{bmatrix} 1 & 0 & 0 \\ 0 & 1 & 0 \\ 0 & 0 & 1 \end{bmatrix} \tag{1-13}$$

n 阶矩阵 $\boldsymbol{A}$ 与同阶单位阵 $\boldsymbol{I}$ 相乘等于矩阵 $\boldsymbol{A}$,如

$$\boldsymbol{A}\boldsymbol{I} = \boldsymbol{A} \tag{1-14}$$

式(1-1)等号右侧的列向量定义为

$$\boldsymbol{B} = \begin{Bmatrix} 5 \\ 8 \end{Bmatrix} \tag{1-15}$$

1.1.3　增广矩阵定义

将系数矩阵与等号右侧的列向量组合成一个矩阵即可构成增广矩阵,如将式(1-11)与式(1-15)组合为一个矩阵后得

$$\boldsymbol{C} = \begin{bmatrix} 3 & 4 & 5 \\ 2 & 1 & 8 \end{bmatrix} \tag{1-16}$$

1.1.4　矩阵加法运算法则

两个 $m \times n$ 的矩阵分别为 $\boldsymbol{A}_{mn}$ 与 $\boldsymbol{B}_{mn}$,则矩阵 $\boldsymbol{A} + \boldsymbol{B}$ 的和规定为

$$\boldsymbol{A}_{mn} + \boldsymbol{B}_{mn} = \begin{bmatrix} a_{11}+b_{11} & a_{12}+b_{12} & \cdots & a_{1n}+b_{1n} \\ a_{21}+b_{21} & a_{22}+b_{22} & \cdots & a_{2n}+b_{2n} \\ \vdots & \vdots & \ddots & \vdots \\ a_{m1}+b_{m1} & a_{m2}+b_{m2} & \cdots & a_{mn}+b_{mn} \end{bmatrix} \tag{1-17}$$

注意:只有两个矩阵的行数相等、列数相等时两个矩阵方可相加。

矩阵加法满足以下运算规律。

交换律:$\boldsymbol{A} + \boldsymbol{B} = \boldsymbol{B} + \boldsymbol{A}$;

结合律:$\boldsymbol{A} + \boldsymbol{B} + \boldsymbol{C} = \boldsymbol{A} + (\boldsymbol{B} + \boldsymbol{C})$。

1.1.5 矩阵乘法运算法则

矩阵乘法分两类情况,其一为一个数与一个矩阵相乘,其二为两个矩阵相乘。

一个实数 λ 与矩阵 A 相乘规定为

$$\lambda A_{2\times3} = \begin{bmatrix} \lambda a_{11} & \lambda a_{12} & \lambda a_{13} \\ \lambda a_{21} & \lambda a_{22} & \lambda a_{23} \end{bmatrix} \tag{1-18}$$

数乘矩阵满足以下运算规律(λ、μ 为实数):

$(\lambda\mu)A = \lambda(\mu A)$;

$(\lambda+\mu)A = \lambda A + \mu A$;

$\lambda(A+B) = \lambda A + \lambda B$。

两个矩阵相乘规定为

$$A_{2\times2}B_{2\times3} = \begin{bmatrix} a_{11} & a_{12} \\ a_{21} & a_{22} \end{bmatrix}\begin{bmatrix} b_{11} & b_{12} & b_{13} \\ b_{21} & b_{22} & b_{23} \end{bmatrix}$$

$$= \begin{bmatrix} a_{11}b_{11}+a_{12}b_{21} & a_{11}b_{12}+a_{12}b_{22} & a_{11}b_{13}+a_{12}b_{23} \\ a_{21}b_{11}+a_{22}b_{21} & a_{21}b_{12}+a_{22}b_{22} & a_{21}b_{13}+a_{22}b_{23} \end{bmatrix} \tag{1-19}$$

注意:两个矩阵 $A_{m\times n}$ 与 $B_{j\times k}$,只有当 $n=j$ 时,矩阵 A 和 B 方可相乘,结果矩阵的行数等于 m,列数等于 k,即 $C_{m\times k}$。

【例 1-2】 求矩阵

$$A = \begin{bmatrix} 2 & 1 \\ 5 & 3 \end{bmatrix} \quad B = \begin{bmatrix} 3 & 2 & 4 \\ 1 & 8 & 2 \end{bmatrix}$$

的乘积 AB。

$$C = AB = \begin{bmatrix} 2\times3+1\times1 & 2\times2+1\times8 & 2\times4+1\times2 \\ 5\times3+3\times1 & 5\times2+3\times8 & 5\times4+3\times2 \end{bmatrix} = \begin{bmatrix} 7 & 12 & 10 \\ 18 & 34 & 26 \end{bmatrix}$$

从矩阵计算的结果可以看出,A 矩阵为 2 行 2 列,B 矩阵为 2 行 3 列,故最终结果矩阵 C 应当是 2 行 3 列。

1.1.6 一个矩阵的逆矩阵

设有矩阵 A,可定义一个矩阵 B,当 $AB=BA=I$(I 矩阵为单位阵),则称矩阵 A 是可逆的,并将矩阵 B 称为 A 的逆矩阵,一般记为 $B=A^{-1}$。

并非所有的矩阵都有逆矩阵,矩阵可逆的充分必要条件是 $|A| \neq 0$。

逆矩阵的运算主要用于求解线性方程组,如

$$Ax = Y \tag{1-20}$$

为求得向量 $\{x\}$ 的值,在式(1-20)等号左右分别乘以 $[A]$ 的逆矩阵 $[A]^{-1}$ 得

$$[A]^{-1}[A]\{x\} = [A]^{-1}\{Y\} \tag{1-21}$$

因一个矩阵与其逆矩阵相乘等于单位阵,故式(1-21)可化为

$$\{x\} = [A]^{-1}\{Y\} \tag{1-22}$$

1.1.7　矩阵转置

把矩阵 $[A]$ 的行换成同序数的列得到一个新矩阵,称为 $[A]$ 的转置矩阵,记为 $[A]^{\mathrm{T}}$。

例如矩阵

$$[A] = \begin{bmatrix} 1 & 3 \\ 5 & 2 \\ 9 & 13 \end{bmatrix}$$

其转置矩阵为

$$[A]^{\mathrm{T}} = \begin{bmatrix} 1 & 5 & 9 \\ 3 & 2 & 13 \end{bmatrix}$$

矩阵转置满足以下运算规律:

$([A]^{\mathrm{T}})^{\mathrm{T}} = A$;

$(A+B)^{\mathrm{T}} = A^{\mathrm{T}} + B^{\mathrm{T}}$;

$(\lambda A)^{\mathrm{T}} = \lambda A^{\mathrm{T}}$;

$(AB)^{\mathrm{T}} = B^{\mathrm{T}} A^{\mathrm{T}}$。

1.1.8　特征值与特征向量

设 A 为一个 n 阶方阵,如果有一个数 λ 和一个 n 阶非零列向量 x,使关系式成立

$$Ax = \lambda x \tag{1-23}$$

则称数 λ 为方阵 A 的特征值,非零向量 x 为方阵 A 对应于特征值 λ 的特征向量。

特征值与特征向量主要应用于结构屈曲分析及模态分析。

1.2　导数、积分的基本概念

结构的平衡方程离不开导数和积分运算,众多的力学平衡方程是从结构的微元体的平衡方程出发通过积分运算得到结构整体的平衡方程,所以说导数和积分在力学计算中发挥着举足轻重的作用。

1.2.1　导数的含义和计算公式

导数的严格数学定义:设函数 $y = f(x)$ 在点 x_0 的某个区间内有定义,当自变量 x 在 x_0 处取得增量 Δx(点 $x_0 + \Delta x$ 仍在该区间内)时,相应地,函数取得增量 $\Delta y = f(x_0 + \Delta x) - f(x_0)$;如果 Δy 与 Δx 之比当 Δx 趋于 0 时的极限存在,则称函数 $y = f(x)$ 在点 x_0 处可导,并称这个极限为函数 $y = f(x)$ 在 x_0 处的导数,记为 $f'(x_0)$,即

$$f'(x_0) = \lim_{\Delta x \to 0} \frac{\Delta y}{\Delta x} = \lim_{\Delta x \to 0} \frac{f(x_0 + \Delta x) - f(x_0)}{\Delta x} \qquad (1\text{-}24)$$

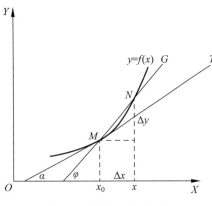

图 1-1　导数的几何含义

式(1-24)给出了导数的数学定义,导数在几何上的含义实际是一条曲线在某点切线的斜率,如图 1-1 所示。

图 1-1 中曲线的函数为 $y = f(x)$,一条直线 G 与曲线分别相交于点 M 与点 N,点 M 在 X 轴的坐标为 x_0,点 N 在 X 轴的坐标为 x,x_0 到 x 之间的增量为 Δx,当 Δx 趋于 0 时,则点 N 将趋于点 M,由于点 N 的移动,必然导致直线的斜率不断发生改变,当点 N 与 M 重合时,直线 G 则成为曲线在点 M 处的切线 T。根据三角函数的定义,当直线与 X 轴的夹角为 φ 时,其斜率为

$$\tan\varphi = \frac{\Delta y}{\Delta x} \qquad (1\text{-}25)$$

随着直线因点 N 沿曲线趋近点 M 时,直线与 X 轴的夹角为 α,则直线的斜率为

$$\tan\alpha = f'(x_0) = \lim_{\Delta x \to 0} \frac{\Delta y}{\Delta x} = \lim_{\Delta x \to 0} \frac{f(x_0 + \Delta x) - f(x_0)}{\Delta x} \qquad (1\text{-}26)$$

从式(1-26)可以看出,函数在某一点的导数即为该函数的曲线在某一点切线的斜率。下面根据导数的定义求解函数的导数。

【例 1-3】　求函数 $f(x) = \sin x$ 的导数。

本例推导需运用一个重要公式和一个重要极限:

和差化积公式

$$\sin x - \sin y = 2\sin\frac{x - y}{2} \cdot \cos\frac{x + y}{2} \qquad (1\text{-}27)$$

重要极限

$$\lim_{x \to 0} \frac{\sin x}{x} = 1 \qquad (1\text{-}28)$$

$$
\begin{aligned}
f'(x) &= \lim_{\Delta x \to 0} \frac{f(x + \Delta x) - f(x)}{\Delta x} = \lim_{\Delta x \to 0} \frac{\sin(x + \Delta x) - \sin x}{\Delta x} \\
&= \lim_{\Delta x \to 0} \frac{1}{\Delta x} \cdot 2 \cdot \sin\frac{x + \Delta x - x}{2} \cdot \cos\frac{x + \Delta x + x}{2} \\
&= \lim_{\Delta x \to 0} \frac{1}{\Delta x} \cdot 2 \cdot \sin\frac{\Delta x}{2} \cdot \cos\frac{2x + \Delta x}{2} \\
&= \lim_{\Delta x \to 0} \frac{2 \cdot \sin\dfrac{\Delta x}{2}}{\Delta x} \cdot \cos\frac{2x + \Delta x}{2}
\end{aligned}
$$

$$= \lim_{\Delta x \to 0} \frac{\sin \frac{\Delta x}{2}}{\frac{\Delta x}{2}} \cdot \cos\left(\frac{2x}{2} + \frac{\Delta x}{2}\right)$$

$$= \lim_{\Delta x \to 0} \frac{\sin \frac{\Delta x}{2}}{\frac{\Delta x}{2}} \cdot \lim_{\Delta x \to 0} \cos\left(\frac{2x}{2} + \frac{\Delta x}{2}\right) = \lim_{\Delta x \to 0} \cos \frac{2x}{2} = \cos x$$

常用的导数公式

(1) $(C)' = 0 (C$ 为常数)

(2) $(x^\mu)' = \mu x^{\mu-1}$

(3) $(\sin x)' = \cos x$

(4) $(\cos x)' = -\sin x$

(5) $(e^x)' = e^x$

(6) $(a^x)' = a^x \ln a$

(7) $(\ln x)' = \dfrac{1}{x}$

导数的四则运算求导法则

设 $u = u(x), v = v(x)$ 均可导,则

(1) $(u \pm v)' = u' \pm v'$

(2) $(Cu)' = Cu' (C$ 为常数)

(3) $(uv)' = u'v + uv'$

(4) $\left(\dfrac{u}{v}\right)' = \dfrac{u'v - uv'}{v^2} (v \neq 0)$

1.2.2　积分的含义和计算公式

积分分为不定积分与定积分。

不定积分被定义为在区间 I 上,函数 $f(x)$ 的带有任意常数项的原函数称为 $f(x)$ 在区间 I 上的不定积分,记为

$$\int f(x) dx \tag{1-29}$$

式(1-29)中,符号 $\int$ 称为积分号；$f(x)$ 称为被积函数；$f(x)dx$ 称为被积表达式；x 称为积分变量。

积分运算是求导运算的反运算,例如

【**例 1-4**】　求 $\int \cos x \, dx$。

已知 $(\sin x)' = \cos x$,因此

$$\int \cos x \, \mathrm{d}x = \sin x + C$$

不定积分运算后,原函数后方需要增加一项常数 C。

常用不定积分的计算公式

(1) $\int k \, \mathrm{d}x = kx + C$($k$ 为常数)

(2) $\int x^\mu \, \mathrm{d}x = \dfrac{x^{\mu+1}}{\mu+1} + C$

(3) $\int \dfrac{1}{x} \, \mathrm{d}x = \ln|x| + C$

(4) $\int \cos x \, \mathrm{d}x = \sin x + C$

(5) $\int \sin x \, \mathrm{d}x = -\cos x + C$

(6) $\int \mathrm{e}^x \, \mathrm{d}x = \mathrm{e}^x + C$

(7) $\int a^x \, \mathrm{d}x = \dfrac{a^x}{\ln a} + C$

定积分数学定义较为复杂,但书写形式上相比不定积分仅增加了积分上、下限,形如

$$\int_a^b f(x) \, \mathrm{d}x \tag{1-30}$$

式(1-30)中,a 称为积分下限;b 称为积分上限;$[a,b]$ 称为积分区间,其余参数名称与不定积分参数名称相同。

定积分运算另外一个重要概念就是牛顿-莱布尼茨公式。

$$\int_a^b f(x) \, \mathrm{d}x = F(x) \big|_a^b = F(b) - F(a) \tag{1-31}$$

式(1-31)称为牛顿-莱布尼茨公式,式中 $F(x)$ 称为 $f(x)$ 的原函数。

定积分运算在平面几何的意义实际是求曲边梯形的面积。

【例 1-5】 求函数 $y=x$ 在区间 $[0,4]$ 与 x 轴围成的面积。

根据三角形面积的计算公式,图中三角形 OAC 的面积 $S = \dfrac{1}{2} \times 4 \times 4 = 8$。采用定积分计算面积,对函数 $y=x$ 作积分计算:

$$\int_0^4 x \, \mathrm{d}x = \dfrac{x^2}{2} \bigg|_0^4 = \dfrac{4^2}{2} - \dfrac{0^2}{2} = 8 \tag{1-32}$$

从式(1-32)可以看出,定积分计算在平面几何的含义实际是求函数图像与 x 轴所围图形的面积。

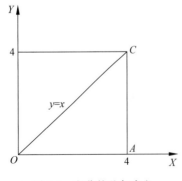

图 1-2 积分的几何含义

1.3　力学基本概念

结构设计作为一门理论性和实践性较强的专业课程,需要从业者不仅拥有深厚的理论背景,同时也应当具备丰富的实践经验,而要成为一名合格的结构有限元分析工程师,其本身不仅需要熟知有限元软件的操作方法,更应当掌握结构设计的计算理论并积累丰富的实验手段。

结构设计所涉及的力学理论内容丰富,有理论力学、材料力学、结构力学、弹塑性力学等,每一门力学课程所研究的方向亦有所不同。理论力学作为力学的入门课程,主要研究的是结构的受力状态及刚体和质点的运动学与动力学;材料力学主要研究的是静定杆梁结构的弹性变形和应变应力计算;结构力学则主要研究的是超静定杆梁结构的计算方法;弹塑性力学主要以板壳结构为研究对象,阐述其应变应力计算及变形计算方法。

本节仅讨论在结构有限元分析中经常遇到的力学基础知识,更为详细的理论,读者可自行参考相关的力学教程。

1.3.1　力学平衡方程与协调方程

针对二维平面问题,在不涉及超静定结构计算的情况下,一般求解结构的内力或者支座反力仅需 3 个平衡方程,即

$$\begin{cases} \sum \boldsymbol{F}_x = 0 \\ \sum \boldsymbol{F}_y = 0 \\ \sum \boldsymbol{M} = 0 \end{cases} \tag{1-33}$$

式(1-33)表征的含义分别是:对 x 方向的力求和等于 0、对 y 方向的力求和等于 0 及对某一点的弯矩求和等于 0。通过式(1-33)可以求得静定结构的内力及支座反力。

【例 1-6】　图 1-3 为一简支梁结构,集中力 $\boldsymbol{F} = 1000\text{N}$,梁长 $L = 1\text{m}$,求该结构 A 点和 B 点的支座反力。

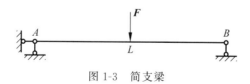

图 1-3　简支梁

首先以结构整体为参考对象进行受力分析,如图 1-4 所示。

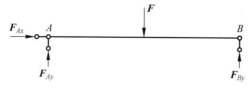

图 1-4　简支梁受力简图

本结构的 A 点有两个未知力，分别为 $\boldsymbol{F}_{Ax}$ 与 $\boldsymbol{F}_{Ay}$，B 点有一个未知力 $\boldsymbol{F}_{By}$，同时从本结构图中可以看出，不管是对 A 点或是对 B 点取矩，其 M_A 与 M_B 均等于0，本例对 A 点取矩列出结构的3个平衡方程得

$$\begin{cases} \boldsymbol{F}_{Ax} = 0 \\ \boldsymbol{F}_{Ay} + \boldsymbol{F}_{By} - \boldsymbol{F} = 0 \\ \boldsymbol{F} \cdot 500 - \boldsymbol{F}_{By} \cdot 1000 = 0 \end{cases} \tag{1-34}$$

求解式(1-34)得

$$\begin{cases} \boldsymbol{F}_{Ax} = 0 \\ \boldsymbol{F}_{By} = 500\text{N} \\ \boldsymbol{F}_{Ay} = 500\text{N} \end{cases} \tag{1-35}$$

从式(1-35)可以看出，因为集中力 $\boldsymbol{F}$ 位于梁中点，故 A 点与 B 点共同分担集中力 $\boldsymbol{F}$，并且支座反力数值相等。

接下来在图1-3的简支梁上增加一个竖向支撑 C，如图1-5所示。

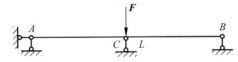

图1-5 增加支撑后的梁结构

仍对梁整体结构进行受力分析，受力简图如图1-6所示。

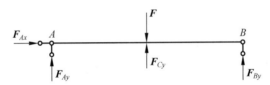

图1-6 增加支撑后的受力简图

根据受力简图列平衡方程

$$\begin{cases} \boldsymbol{F}_{Ax} = 0 \\ \boldsymbol{F}_{Ay} + \boldsymbol{F}_{By} + \boldsymbol{F}_{Cy} - \boldsymbol{F} = 0 \\ \boldsymbol{F} \cdot 500 - \boldsymbol{F}_{Cy} \cdot 500 - \boldsymbol{F}_{By} \cdot 1000 = 0 \end{cases} \tag{1-36}$$

从式(1-36)可以看出，3个方程中有4个未知量，分别为 $\boldsymbol{F}_{Ax}$、$\boldsymbol{F}_{Ay}$、$\boldsymbol{F}_{By}$ 及 $\boldsymbol{F}_{Cy}$。显然3个方程无法求得4个未知量，故此时需要另外引入一个平衡方程或位移协调方程。位移协调方程的引入过程详见1.4节。

1.3.2 强度理论

强度判定是作为结构能否满足使用的最基本判定依据。强度判定一般以材料的应力值作为判定标准，而应力类型及应力的组合方式多种多样，以何种应力作为判定依据则取决于

相应的强度理论。材料力学给出 4 个强度理论,分别为第一强度理论(最大拉应力理论)、第二强度理论(最大拉应变理论)、第三强度理论(最大切应力理论)、第四强度理论(形状改变比能理论)。

1. 第一强度理论

第一强度理论认为,最大拉应力是引起材料断裂破坏的原因。其强度条件为

$$\sigma_1 \leqslant [\sigma] \tag{1-37}$$

式中:σ_1 为第一主应力,单位为 MPa;

$\quad [\sigma]$ 为材料许用应力,单位为 MPa。

第一强度理论仅考虑了第一主应力而忽略了第二主应力及第三主应力对材料破坏的影响。

2. 第二强度理论

第二强度理论认为,最大拉应变是材料断裂破坏的原因。其强度条件为

$$\sigma_1 - \upsilon(\sigma_2 + \sigma_3) \leqslant [\sigma] \tag{1-38}$$

式中:σ_1、σ_2、σ_3 分别为第一主应力、第二主应力、第三主应力,单位为 MPa;

$\quad [\sigma]$ 为材料许用应力,单位为 MPa;

$\quad \upsilon$ 为材料的泊松比。

第二强度理论充分考虑了第一主应力、第二主应力及第三主应力对材料破坏的影响,这一理论解释了砖、石、混凝土的压缩破坏。

3. 第三强度理论

第三强度理论认为,材料破坏的原因是最大剪应力达到一定限度。其强度条件为

$$\sigma_1 - \sigma_3 \leqslant [\sigma] \tag{1-39}$$

式中:σ_1、σ_3 分别为第一主应力、第三主应力,单位为 MPa;

$\quad [\sigma]$ 为材料许用应力,单位为 MPa。

第三强度理论能够解释塑性材料的塑性破坏。

4. 第四强度理论

第四强度理论认为,材料发生破坏的主要原因是材料的形状改变比能达到一定限度,其强度条件为

$$\sqrt{\frac{1}{2}\left[(\sigma_1 - \sigma_2)^2 + (\sigma_2 - \sigma_3)^2 + (\sigma_3 - \sigma_1)^2\right]} \leqslant [\sigma] \tag{1-40}$$

式中:σ_1、σ_2、σ_3 分别为第一主应力、第二主应力、第三主应力,单位为 MPa;

$\quad [\sigma]$ 为材料许用应力,单位为 MPa。

第四强度理论考虑到了第一主应力、第二主应力、第三主应力对塑性材料破坏的影响,故相比第三强度理论更完善一些。

各类材料的破坏形式不完全一致,尚无一种强度理论能够解释所有材料的失效模式,选用何类强度理论应当与材料的失效类型相匹配。一般而言,对于脆性材料,可以选用第一强度理论和第二强度理论,而对于塑性材料,一般可以选用第三强度理论和第四强度理论。

强度理论选定后,当结构的某点应力大于许用应力时,则应根据结构形式和边界条件综合考虑改善结构以防止结构失效,一般而言:对于仅承受拉压载荷或者剪切载荷的构件,当强度不满足时可以增加构件的受力面积以增强结构的强度;对于受弯构件,则可以通过改变结构截面惯性矩提高结构抗弯强度;当结构形式已经固定且无法改变结构形状或面积时,则可以考虑更换材料,例如以高强度钢代替的方式提高结构抵抗失效的能力。

1.3.3　胡克定律与刚度理论

胡克定律是材料力学中最基本的定律之一,它描述的是:结构钢材料受力后,材料的应力与应变呈线性关系,其应力与应变的比值称为弹性模量,一般记作 E,如下式

$$E = \frac{\sigma}{\varepsilon} \tag{1-41}$$

式中:E 为弹性模量;

σ 为应力;

ε 为应变。

一根梁仅承受拉力时,如图 1-7 所示。

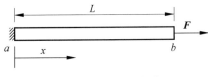

图 1-7　梁受轴向载荷

梁长度方向任意一点的轴向伸长量 ΔL 为

$$\Delta L = \frac{F \cdot x}{E \cdot A} \tag{1-42}$$

式中:E 为材料的弹性模量;

F 为集中载荷的大小;

x 为梁长度方向任意一点的长度;

A 为梁截面的面积。

由式(1-42)知,当载荷 F 和位置 x 的值不变时,材料一点处的轴向伸长量 ΔL 与弹性模量 E 和截面积 A 有关,一般称 EA 为抗拉(压)刚度,它表征的是材料抵抗轴向拉伸(压缩)变形的能力。

与拉伸(压缩)类似,对于受弯构件,EI 为构件的抗弯刚度,它表征的是构件抵抗弯曲变形的能力;对于扭转构件,GI_P 称为构件的抗扭刚度,它表征的是构件抵抗扭转变形的能力。

注意:I 为截面的惯性矩;I_P 为截面的极惯性矩。

如前所述,刚度指的是结构抵抗变形的能力,刚度越大,结构抵抗变形的能力越强。结构设计中有很多因素会影响结构刚度的大小。以梁结构为例,当载荷和变形点位置确定后,

抗拉(压)刚度 EA、抗弯刚度 EI、抗扭刚度 GI_P 及结构的布置形式是影响结构刚度大小的直接因素。初学者一般认为以高强度钢材代替现有设计所选定的材料可以提高结构的刚度,实际上变换材料仅改变了弹性模量的大小,不同钢结构材料的弹性模量在数值上并无太大差异,故以高强度钢替代现有设计所选定的材料并不能对刚度带来明显改善,所以为了减小结构变形,通常最有效的方法是改变结构形式或者提高梁截面的惯性矩。

刚度不仅会影响结构的变形,在超静定结构中也会影响结构的内力大小。

1.3.4　稳定性理论

结构失效除了强度破坏和变形失效外,还有另一类失效形式,即结构失稳。失稳的直接原因一般是构件承受压力、弯矩或两种载荷同时存在并共同影响导致结构突然失效(产生大变形),通常失效前结构没有发生明显变形。结构失稳以失效部位进行分类可分为局部失稳和整体失稳。局部失稳为结构的某一小部分失稳,局部失稳不一定会导致结构整体失效,但发生局部失稳后应立即查找失稳原因,重新评估结构是否仍可服役,而结构整体失稳往往是突发性的,伴随着结构整体失效,在失稳前并没有太多失效征兆,极易引起重大安全事故,故应引起特别重视。

工程上一般将失稳的形式分为三类,分别如下。

1. 平衡分叉失稳

平衡分叉失稳主要发生在理想构件(材料内部无缺陷、构件无初始变形等)受压或受弯。

以轴向受压构件为例,当简支梁 B 点的载荷 F 低于梁结构失稳载荷 F_{cr} 时,梁端点仅发生轴向位移 δ,此时在梁横向增加微小干扰,梁会出现微小弯曲位移 $\mathrm{d}v$,如图 1-8 所示。

当梁端载荷增加至 F_{cr} 后,构件会突然弯曲,这种现象称为失稳,如图 1-9 所示。

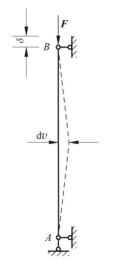
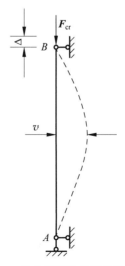

图 1-8　轴向受压构件受载后小变形　　　图 1-9　轴向受压构件受载后失稳

载荷增加至 F_{cr} 后,梁构件平衡路径有两条可能的路径,故此类失稳称为分叉失稳,其位移和力的关系如图 1-10 所示。

2. 极值失稳

极限失稳在工程中较为常见,如双向受弯构件和双向压弯构件发生弹塑性弯扭失稳均属于极值失稳。

极值失稳型的构件在内部一般存在初始缺陷,在受载后其力、位移关系如图 1-11 所示。细长构件在受到偏心载荷后开始变形,在曲线 OAB 的阶段,构件扰度随载荷增加而增加,此时构件仍未屈服;曲线过了 A 点以后,在曲线 AB 段,构件的边缘纤维开始逐渐屈服,此时载荷与位移仍处于正比状态;当曲线到达 BC 段后,可以看出载荷与位移为反比关系,此时结构已经处于不稳定的平衡状态。

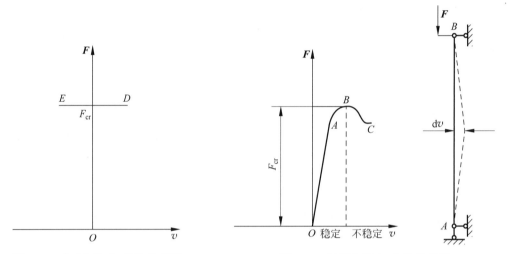

图 1-10 分叉失稳力、位移关系图   图 1-11 极值失稳力、位移关系图

3. 跳跃失稳

两端铰接的拱结构、扁壳和扁平的网壳会发生跳跃失稳。受均布载荷的拱受载后力、变形如图 1-12 所示。

在曲线 OA 阶段,拱的下挠与载荷成正比关系;曲线过 A 点后,载荷达到失稳极限,拱结构突然产生大变形,处于另外一个平衡状态,但此时结构已经破坏不能继续使用。

影响结构失稳的因素较多,其中结构的刚度对结构是否失稳影响甚大,一般而言,刚度越大,结构越不容易失稳;反之则结构易失稳。

并非所有结构都要进行结构稳定性验算,以单根梁结构为例,对于短粗梁,结构受载后梁的失效形式以强度失效为主,即结构在失稳前其强度已经不能满足设计要求,而对于细长构件,结构受载后梁的失效形式在强度失效和失稳之间,故此时强度和稳定性都应进行验算。

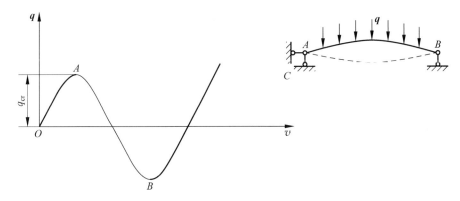

图 1-12　跳跃失稳力与位移的关系图

1.3.5　截面特性

所谓截面特性,指的是梁截面的属性,如截面的形心、面积、惯性矩、惯性积、静矩等。考虑到惯性矩贯穿到结构的强度、刚度和稳定性设计的整个环节,故本节内容将详细探讨惯性矩概念的由来。

在平面坐标系中,任意图形中取微面积 dA,如图 1-13 所示。

其对 X 轴的惯性矩为

$$I_X = \int_A y^2 \mathrm{d}A \tag{1-43}$$

下面以一个悬臂梁的受弯状态引出惯性矩的概念。

【例 1-7】　一根悬臂梁受到一个集中力 $F = 1000\mathrm{N}$ 的作用,梁截面为长方形,长边为 100mm,短边为 50mm,梁的总长度为 500mm,安装方式分为 a 和 b 两种,如图 1-14 所示,长方形截面梁按照何种方式安装使梁受力后产生的下挠与应力最小?

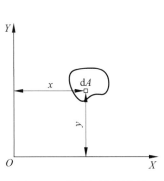

图 1-13　惯性矩计算图形

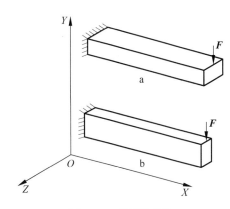

图 1-14　悬臂梁安装

注意：本节所有图示中，均以图 1-14 的笛卡儿坐标系为基准，即梁长度方向为 X 轴，高度方向为 Y 轴，宽度方向为 Z 轴。

从图 1-14 可知，无论是 a 形式或是 b 形式，其截面的面积 A 均一致，而本例中，安装形式 a 受力所导致的挠度与最大应力均大于 b 形式，导致挠度与应力不一致的原因正是两种安装方式的截面惯性矩不一致，下面以梁截面应力为例探讨惯性矩的来源及截面应力差异的原因。

研究受弯梁构件，梁受到纯弯矩作用变形，截取梁的一部分，如图 1-15 所示。

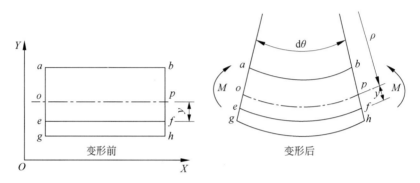

图 1-15　梁构件受弯变形

图 1-15 中，$\mathrm{d}\theta$ 为梁受弯变形后线 ag 与 bh 的夹角，ρ 为曲率半径。基于小变形假定，中性轴 op 长度未发生变化，故 $\overline{op}=\overparen{op}=\mathrm{d}\theta\cdot\rho$，上边缘线 ab 因弯矩作用受压，下边缘线 gh 因弯矩作用受拉，故弧长 $\overparen{ef}=\mathrm{d}\theta(\rho+y)$，中性轴以下因变形而产生应变值是距离 y 的函数，如下式

$$\varepsilon=\frac{\Delta L}{L}=\frac{\mathrm{d}\theta(\rho+y)-\mathrm{d}\theta\cdot\rho}{\mathrm{d}\theta\cdot\rho}=\frac{y}{\rho} \tag{1-44}$$

根据胡克定律，梁截面上任意一点的应力值如下式

$$\sigma=E\cdot\varepsilon=E\cdot\frac{y}{\rho} \tag{1-45}$$

由式(1-45)知，求得曲率半径 ρ 即可得到梁截面应力 σ。

考查梁结构受弯矩作用后的截面应力，如图 1-16 所示。

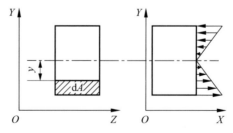

图 1-16　梁截面应力分布

取截面上微面积 $\mathrm{d}A$，微面积上的应力为 σ，微面积对中性轴的弯矩 $\mathrm{d}M = y \cdot \sigma \cdot \mathrm{d}A$，则梁整个截面的弯矩仅需对面积 A 积分，如下式

$$M = \int_A y \cdot \sigma \cdot \mathrm{d}A \tag{1-46}$$

将式(1-45)代入式(1-46)得

$$M = \int_A y \cdot E \cdot \frac{y}{\rho} \cdot \mathrm{d}A \tag{1-47}$$

式(1-47)中，弹性模量与曲率半径均为常数，可直接提到积分号外，如下式

$$M = E \frac{1}{\rho} \int_A y^2 \mathrm{d}A \tag{1-48}$$

推导至此，可以看出式(1-48)的等号右侧包含 $\int_A y^2 \mathrm{d}A$，对比式(1-43)，$\int_A y^2 \mathrm{d}A$ 正是梁截面对 Z 轴的惯性矩 I_Z。同理，截面特性中，如惯性积、静矩等概念均天然存在于梁截面的力学平衡方程中，为使公式书写简洁，将这些含有积分计算的截面特性定义为惯性积符号 I_{YZ}、静矩符号 S 等。

将 I_Z 代替式(1-48)等号右侧的 $\int_A y^2 \mathrm{d}A$，如下式

$$\frac{M}{E \cdot I_Z} = \frac{1}{\rho} \tag{1-49}$$

将式(1-49)代入式(1-45)得

$$\sigma = E \frac{y}{\rho} = E \cdot y \frac{M}{E \cdot I_Z} = \frac{M \cdot y}{I_Z} \tag{1-50}$$

式中：σ 为弯矩引起梁结构内部的正应力；

　　　M 为应力计算处梁受到的弯矩；

　　　I_Z 为梁截面绕 Z 轴的惯性矩；

　　　y 为梁截面上任意一点离中性轴的距离。

式(1-50)即为受弯构件梁截面任意一点正应力的求解公式。

微面积 $\mathrm{d}A = b \cdot \mathrm{d}y$ 如图 1-17 所示。

基于式(1-43)，长方形截面形心位于长方形的中间位置，积分应从下限 $-\frac{h}{2}$ 至上限 $\frac{h}{2}$，则惯性矩求解式为

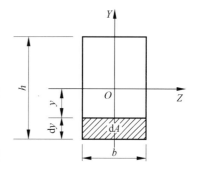

图 1-17　惯性矩

$$I_Z = \int_A y^2 \mathrm{d}A = \int_{-\frac{h}{2}}^{\frac{h}{2}} y^2 b \mathrm{d}y = b \cdot \frac{y^3}{3} \bigg|_{-\frac{h}{2}}^{\frac{h}{2}} = \frac{bh^3}{12} \tag{1-51}$$

依据式(1-51)求解 a、b 两种安装方式梁根部的应力。

梁根部弯矩为

$$M = F \cdot L = 1000 \times 500 = 500\,000 (\mathrm{N \cdot mm}) \tag{1-52}$$

安装方式 b，长方形截面最大应力为

$$\sigma = \frac{M \cdot y}{I_z} = \frac{M \cdot y}{\dfrac{b \cdot h^3}{12}} = \frac{500\,000 \times 50}{\dfrac{50 \times 100^3}{12}} = 6\,\mathrm{MPa} \tag{1-53}$$

安装方式 a,长方形截面最大应力为

$$\sigma = \frac{M \cdot y}{I_z} = \frac{M \cdot y}{\dfrac{h \cdot b^3}{12}} = \frac{500\,000 \times 25}{\dfrac{100 \times 50^3}{12}} = 12\,\mathrm{MPa} \tag{1-54}$$

对比式(1-53)与式(1-54)应力结果可知,安装方式 a 的梁根部应力是安装方式 b 的两倍,根本原因是两种不同的安装方式产生了不同的截面惯性矩,挠度计算同理,本节不再赘述。

1.3.6　结构与单元自由度

理论力学、材料力学及结构力学等力学体系所研究的自由度是以刚体为基础的,三大力学中自由度数量是判定结构是否为几何不变体系与几何可变体系的必要条件。

一根钢片如图 1-18 所示。

为确定钢片 AB 在平面中的位置,首先确定钢片中点 A 在 X 轴和 Y 轴方向的位置,其次约束角度 φ,即可得到钢片 AB 在平面中的位置,故钢片 AB 在平面中有 3 个自由度。当 3 个自由度均被约束后其体系称为几何不变体系;反之有任意一个约束未被约束称为几何可变体系,静力学所求解的结构均为几何不变体系,当有限元软件中因约束不足出现刚体位移时,软件求解将报错。

有限单元法的自由度概念略别于三大力学的自由度,其自由度主要描述单元节点位移分量。例如 ANSYS 软件中 BEAM188 单元有两个节点,每个节点有 6 个自由度,分别为 UX、UY、UZ、ROTX、ROTY、ROTZ,6 个自由度分别是沿 X、Y、Z 轴方向的平动自由度和绕 X、Y、Z 轴转动的自由度,则 BEAM188 单元共有 12 个自由度。

【例 1-8】　分别采用结构力学理论与有限单元法理论分析平面简支梁结构的自由度,如图 1-19 所示。

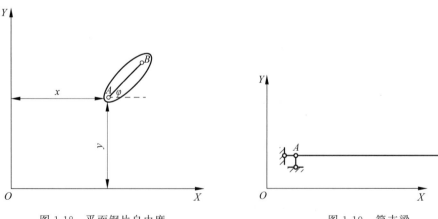

图 1-18　平面钢片自由度　　　　　　　　图 1-19　简支梁

结构力学理论分析：

将梁 AB 看作一根钢片，A 点已约束 X 方向和 Y 方向两个平动自由度，B 点已约束 Y 方向自由度，梁 AB 已被完全约束，不具备刚体位移的条件，本结构为几何不变体系。

有限单元法理论分析：

本模型为梁，参照有限单元法理论，划分为 1 个单元，A 点与 B 点分别为梁结构的两个节点，对于平面梁模型，每个节点有 3 个自由度，分别为 X、Y 方向的平动自由度及绕 Z 轴的转动自由度，故本模型一共有 6 个自由度，从题意可知，A 点已被约束 X 方向与 Y 方向的平动自由度，B 点被约束 Y 方向的平动自由度，同结构力学理论一致，本结构同样需要 3 个自由度方可将其完全约束，剩余 3 个自由度分别为 A 点的转角自由度与 B 点的 X 方向平动自由度与转角自由度，这 3 个自由度将是有限元方程将要求解的广义位移。

综上所述，材料力学与结构力学中自由度的数量主要是判定结构是否为几何不变体系或是几何可变体系，而有限单元法中自由度的数量依赖于单元节点数量及节点自由度数量，其主要用于求解单元节点的广义位移。

1.4 静定结构与超静定结构

由图 1-18 中可知，一个平面钢片被完全固定需要约束 3 个自由度，此类结构称为静定结构。还有一类结构，超静定结构如图 1-20 所示。

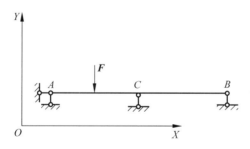

图 1-20　超静定结构

从图 1-20 可以看出，A 点与 B 点约束 3 个自由度即可将梁结构完全固定，而 C 点增加了梁结构 Y 方向的平动约束使梁产生了一个过约束，此类结构称为超静定结构。因 C 点使梁增加了一处多约束，故图 1-20 的结构又称为一次超静定结构，当结构有两个过约束时称为二次超静定结构，以此类推。

以平面结构为例，超静定结构中多余的约束使结构产生了过约束，而其数学的本质是多余的约束产生了多余的未知广义力，从而导致 3 个力学平衡方程无法求解多余的未知广义力，为求得多余的未知广义力，需要针对结构的特性列出协调方程。

虽然静定结构能够完全约束构件使其不发生刚体位移，但由于工程的需求，超静定结构仍大量存在于工程应用中，如多跨桥梁、塔式起重机附着装置等均为超静定结构，究其原因有以下两点。

1. 超静定结构可以缓解内力,减小结构应力与变形

由于多余约束的存在可以分担结构受到的外载,从而减小结构的应力及变形,如图 1-20 所示,当结构受到集中载荷 F 的作用后,C 点的多余约束可以分担一部分载荷,使梁的下挠变小。

2. 施工过程需要

建筑工地使用的塔式起重机由于施工需要将会伴随建筑物高度同时升高,当超过塔机的独立高度后需要在建筑物与塔机之间增设附着支撑缓解外载给塔身带来的内力与变形以防止塔身倾覆、强度失效和失稳,每增设一道附着支撑即增加一次超静定。以一台型号 QTZ63 塔机为例,在一栋 18 层民用住宅施工周期中需要为塔机安装三道附着支撑,此种情况塔身与附着支撑之间将构造为三次超静定结构。

虽然超静定结构普遍存在于工程应用中,但其并非百利而无一害。当超静定结构的某根构件加工后存在误差时强行装配将导致结构内部产生初始变形,从而产生装配应力,构件的装配应力有可能加剧结构强度失效。以图 1-20 的一次超静定梁为例,A、B、C 三个铰支座理论上高度一致,当 C 铰因为制造误差其高度低于 A、B 铰时,若强行装配,必然导致 C 铰处产生下挠,由于下挠变形将导致结构内部产生装配应力从而导致结构受载后应力增大,加剧结构失效风险。

超静定结构还有一个非常重要的特性,那就是构件的内力与其刚度有关。

【例 1-9】 3 根杆组成图 1-21 的桁架结构,杆两端均为铰接,夹角 $\alpha = 30°$,杆长度 $L_1 = L_3 = 500\text{mm}$,$L_2 = 433\text{mm}$,3 根杆的弹性模量均为 $E = 210\,000\text{MPa}$,面积均为 $A = 100\text{mm}^2$,竖向力 $F = 1000\text{N}$,求各杆的内力。

本体系任意去掉一根杆,剩下的体系仍然能构成几何不变体系,即本体系是一次超静定结构。

以 D 点进行受力分析,其受到 4 个力的作用,分别为已知集中力 F 及各杆对 D 点的未知内力 F_1、F_2、F_3,如图 1-22 所示。

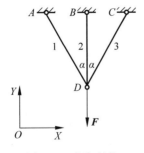

图 1-21　桁架结构

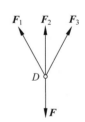

图 1-22　D 点受力状态

则 D 点的平衡方程分别为

$\Sigma \boldsymbol{F}_x = 0$

$$-\boldsymbol{F}_1 \cdot \cos 60° + \boldsymbol{F}_3 \cdot \cos 60° = 0 \tag{1-55}$$

$\Sigma \boldsymbol{F}_y = 0$

$$\boldsymbol{F}_1 \cdot \cos 30° + \boldsymbol{F}_2 + \boldsymbol{F}_3 \cdot \cos 30° - \boldsymbol{F} = 0 \tag{1-56}$$

式(1-55)与式(1-56)两个方程中包含 3 个未知数,故需要增加协调方程方可求得 3 个未知力。

位移协调方程应符合结构的实际变形,本结构变形简单,在集中力作用下 3 根杆的变形如图 1-23 所示。

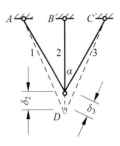

图 1-23　结构变形图

假设结构为小变形,图 1-23 中实线为变形前的状态,虚线为变形后的状态,由图可知其变形后 1 号杆与 2 号杆、2 号杆与 3 号杆之间的夹角仍为 30°,3 根杆变形量分别为 δ_1、δ_2 及 δ_3,根据三角函数公式可知,本结构的位移协调方程为

$$\frac{\delta_3}{\delta_2} = \cos\alpha \tag{1-57}$$

引入胡克定律,2 号杆的变形量为

$$\frac{\boldsymbol{F}_2 \cdot L_2}{E \cdot A} = \delta_2 \tag{1-58}$$

3 号杆的变形量为

$$\frac{\boldsymbol{F}_3 \cdot L_3}{E \cdot A} = \delta_3 \tag{1-59}$$

将式(1-58)及式(1-59)代入式(1-57)整理得

$$\frac{-\cos 30° \cdot \boldsymbol{F}_2 \cdot L_2}{L_3} + \boldsymbol{F}_3 = 0 \tag{1-60}$$

联立式(1-55)、式(1-56)及式(1-60)得

$$\begin{cases} \boldsymbol{F}_1 \cdot \cos 30° + \boldsymbol{F}_2 + \boldsymbol{F}_3 \cdot \cos 30° - \boldsymbol{F} = 0 \\ -\boldsymbol{F}_1 \cdot \cos 60° + \boldsymbol{F}_3 \cdot \cos 60° = 0 \\ \dfrac{-\cos 30° \cdot \boldsymbol{F}_2 \cdot L_2}{L_3} + \boldsymbol{F}_3 = 0 \end{cases} \tag{1-61}$$

解式(1-61)的线性方程组得

$$\begin{cases} \boldsymbol{F}_1 = 326.2\text{N} \\ \boldsymbol{F}_2 = 434.9\text{N} \\ \boldsymbol{F}_3 = 326.2\text{N} \end{cases}$$

由于结构中 1 号杆与 3 号杆对称的原因,其内力结果也保持一致,即 $\boldsymbol{F}_1 = \boldsymbol{F}_3 = 326.2\text{N}$。

使用 MATLAB 软件进行计算,代码如下:

```
% Filename:example1A9
clc
clear
syms F L1 L2 L3 angTorad
angTorad = 3.14/180;                          %将角度转换为弧度的参数
L1 = 500;                                     %1号杆长度
L3 = 500;                                     %2号杆长度
L2 = 433;                                     %3号杆长度
F = 1000;                                     %集中载荷
C = [cos(30 * angTorad) 1 cos(30 * angTorad); %根据式(1-61)定义系数矩阵
    − cos(60 * angTorad) 0 cos(60 * angTorad);
    0 − cos(30 * angTorad) * L2/L3 1];
D = [F;0;0];                                  %根据式(1-61)定义载荷列向量
X = inv(C) * D                                %求解各杆内力
```

软件执行结果如下：

```
X =

   326.2127
   434.8964
   326.2127
```

由本例可知，求解超静定结构不仅需要列举结构的平衡方程，同时还要根据结构的变形特性及材料特性（弹性模量）、截面特性（面积）等信息增加位移协调方程方可求得结构内力。如前文所述，超静定结构的内力与结构的刚度有着密切联系，读者可以尝试更改本例中1号杆的弹性模量或者面积，将会发现1号杆与3号杆在结构布置上虽然对称，但其内力结果将不再保持一致，这一现象是超静定结构非常重要的特性，作为结构设计者应当应当予以重视。

第 2 章

MATLAB 软件应用

第 1 章已经介绍了高等数学和线性代数的基础知识,具备这些基础知识后读者已经能够阅读本书大部分涉及数学计算的内容。为了能够提高计算效率,本章开始向读者介绍数学应用软件 MATLAB 的基本使用方法。读者掌握 MATLAB 应用后可以大大提高积分、导数及线性代数运算,避免沉陷在数学求解方法的泥潭中,而将时间应用到力学方程推导和结构设计中。

因第 1 章节已经详细介绍了矩阵、导数、积分的运算方法,故本章不再赘述,本章内容仅讨论如何在 MATLAB 中实现运算,所有的程序均在 MATLAB 2020 中调试成功。

2.1 线性代数求解

2.1.1 矩阵构造

有限单元法在静力学分析中本质上是求解大型的线性方程组,而线性方程组的求解本质上是矩阵运算,本节介绍如何采用 MATLAB 对矩阵进行操作及如何求解线性方程组。

如构造 2×2 的矩阵为

$$A = \begin{bmatrix} 1 & 2 \\ 3 & 4 \end{bmatrix}$$

在 MATLAB 中可以输入:

```
>> A = [1 2;3 4]
A =
1    2
3    4
```

注意:方括号和分号均在英语状态下输入,如果在中文状态下输入,MATLAB 则会以红色字体做出错误提示,用户如果强行运算,MATLAB 将会报错。

在上述 MATLAB 矩阵表达方式中,矩阵内元素与元素之间以空格隔开,行与行之间以分号隔开。通过空格隔开数字不易于用户观察,有可能导致用户误输入,MATLAB 可以通过英文逗号的方式隔开矩阵内的元素。方法如下：

```
>> A = [1,2;3,4]
A =
1    2
3    4
```

2.1.2 矩阵的加、减、乘法

1. 矩阵加法和减法

在矩阵运算中，只有两个矩阵的维度一致时方可进行加法和减法运算。如

$$A = \begin{bmatrix} 1 & 2 \\ 3 & 4 \end{bmatrix} \qquad B = \begin{bmatrix} 4 & 3 \\ 3 & 2 \end{bmatrix}$$

则两个矩阵相加 $A + B = \begin{bmatrix} 1 & 2 \\ 3 & 4 \end{bmatrix} + \begin{bmatrix} 4 & 3 \\ 3 & 2 \end{bmatrix} = \begin{bmatrix} 5 & 5 \\ 6 & 6 \end{bmatrix}$

MATLAB 代码如下：

```
>> A = [1 2;3 4];
>> B = [4 3;3 2];
>> A + B
ans =
     5     5
     6     6
```

注意：MATLAB 软件内 A 矩阵和 B 矩阵表达式后方均加上了"分号"，代码运行后，因为分号的原因，软件虽然执行了代码，但不会显示 A 和 B 矩阵的执行结果。如果用户在表达式后方不输入"分号"，软件在执行代码后则将显示执行结果。

减法运算与加法运算类似，不再演示。

2. 矩阵乘法

有如下 A 矩阵和 B 矩阵：

$$A = \begin{bmatrix} 1 & 2 \\ 3 & 4 \end{bmatrix} \qquad B = \begin{bmatrix} 7 \\ 9 \end{bmatrix}$$

则 $AB = \begin{bmatrix} 25 \\ 57 \end{bmatrix}$

MATLAB 代码如下：

```
>> A = [1 2;3 4];
>> B = [7;9];
>> C = A * B
C =
    25
    57
```

2.1.3　矩阵转置、求逆矩阵

在 MATLAB 中实现矩阵转置,仅需要在矩阵右上角添加单引号。

如对于 $\boldsymbol{A}$ 矩阵为

$$\boldsymbol{A} = \begin{bmatrix} 1 & 2 \\ 3 & 4 \end{bmatrix}$$

在 MATLAB 中对 $\boldsymbol{A}$ 矩阵转置,代码如下:

```
>> A = [1 2;3 4];
>> A'
ans =
     1     3
     2     4
```

注意:矩阵右上角的单引号必须在输入法处于英文状态下输入。

矩阵求逆的命令为 inv(A),代码如下:

```
>> A = [1 2;3 4];
>> A_INV = inv(A)
A_INV =
   - 2.0000      1.0000
     1.5000    - 0.5000
>> DWZ_RES = A * A_INV         % 矩阵 A 乘以自己的逆矩阵,得到的结果是单位矩阵
DWZ_RES =
     1.0000           0
     0.0000      1.0000
```

通过执行命令 DWZ_RES＝A＊A_INV 得知,一个矩阵与自己的逆矩阵相乘,得到的是单位矩阵。

2.1.4　行列式求解

MATLAB 求解行列式的命令为 det($\boldsymbol{A}$),如对于 $\boldsymbol{A}$ 矩阵:

$$\boldsymbol{A} = \begin{bmatrix} 2 & 3 & 8 \\ 11 & 6 & 3 \\ 1 & 4 & 3 \end{bmatrix}$$

在 MATLAB 中求解 $\boldsymbol{A}$ 矩阵的行列式,代码如下:

```
>> A = [2 3 8;11 6 3;1 4 3];
>> det(A)
ans =
226.0000
```

2.1.5　线性方程组求解

MATLAB 软件具备多种求解线性方程组的方法,本节仅介绍其中两种。

以一个二元一次方程组为例,方程组为

$$\begin{cases} 3x_1 + 4x_2 = 9 \\ 2x_1 + 3x_2 = 10 \end{cases}$$

写成矩阵的形式为

$$\begin{bmatrix} 3 & 4 \\ 2 & 3 \end{bmatrix} \begin{bmatrix} x_1 \\ x_2 \end{bmatrix} = \begin{bmatrix} 9 \\ 10 \end{bmatrix}$$

第 1 种方法为高斯消元法,在 MATLAB 软件中使用反除符号"\"可以实现这一计算方法,代码如下:

```
>> A = [3 4;2 3];
>> B = [9;10];
>> A_DET = det(A)            % 求解系数矩阵 A 的行列式,判断方程组是否有解
A_DET =
    1.0000
>> RES = A\B                 % 采用反除符号计算方程组的解
RES =
     -13.0000
    12.0000
```

MATLAB 给出的结果 $x_1 = -13.000, x_2 = 12.000$。

第 2 种方法是采用逆矩阵的方法,首先使用 inv 命令求得系数矩阵的逆矩阵,然后将等号右侧的矩阵与系数矩阵的逆矩阵相乘即可求得 x_1 与 x_2。仍以上述矩阵为例,代码如下:

```
>> A = [3 4;2 3];
>> B = [9;10];
>> A_INV = inv(A);           % 对矩阵 A 求逆矩阵,并将结果赋值给 A_INV
>> RES = A_INV * B
RES =
    -13.0000
    12.0000
```

使用逆矩阵求解与高斯消元法求解,两种方法求得的方程组的解是一致的。

2.1.6　特征值与特征向量

MATLAB 求解特征值与特征向量的命令为 eig(A),如对于 **A** 矩阵:

$$A = \begin{bmatrix} 3 & 5 & 7 \\ 1 & 7 & 5 \\ 2 & 6 & 4 \end{bmatrix}$$

在 MATLAB 中求解矩阵 A 的特征值与特征向量,代码如下:

```
>> A = [3 5 7;1 7 5;2 6 4];
>> [Eigenvector,Eigenvalue] = eig(A)
Eigenvector =
   - 0.6496    - 0.9237    - 0.7111
   - 0.5538      0.3522    - 0.3033
   - 0.5208    - 0.1508      0.6343
Eigenvalue =
    12.8749         0           0
         0      2.2364         0
         0           0    - 1.1113
>> C = Eigenvector * Eigenvalue        %参考特征值与特征向量的概念,验证结果是否正确
C =
   - 8.3638    - 2.0658      0.7903
   - 7.1306      0.7877      0.3371
   - 6.7056    - 0.3373    - 0.7049
>> D = A * Eigenvector                 %参考特征值与特征向量的概念,验证结果是否正确
D =
   - 8.3638    - 2.0658      0.7903
   - 7.1306      0.7877      0.3371
   - 6.7056    - 0.3373    - 0.7049
```

MATLAB 分别给出矩阵 A 的特征值 Eigenvalue 及特征向量 Eigenvector。

2.2　导数与积分运算

2.2.1　符号计算

在前面的章节中,所有 MATLAB 的矩阵运算都是基于数值的,从本节开始将以符号为基础,为读者介绍 MATLAB 中导数与积分的计算方法。

所谓符号,就是将数学与力学中的某个物理量以特定的英文符号代替,如前文中的惯性矩一般以英文大写字母 I 代替,力一般以英文大写字母 F 代替,弯矩一般以英文大写字母 M 代替,这里的 I、F、M 在 MATLAB 中统称为符号。

MATLAB 中有两个命令可以定义符号,分别为命令 sym 及命令 syms,两者的区别在于 sym 仅可定义一个符号并可赋予数值,syms 则可以同时定义多个符号。

如定义 3 个符号,分别为 x、y、z,命令如下:

```
>> x = sym('x')                          %定义符号变量 x
>> sym y                                 %定义符号变量 y
>> z = sym(5)                            %定义符号变量 z,并直接赋值为 5
>> y = x + 5                             %定义符号 y,其表达式为 x + 5
>> x = 1                                 %将变量 x 赋值为 1
>> eval(y)                               %求解变量 y 的值,结果为 x + 5 = 1 + 5 = 6
```

第 1 行至第 3 行虽语法不同,但均可定义符号。

下面采用 syms 命令定义符号,其执行结果与上述命令流一致,命令如下:

```
>> syms x y z
>> y = x + 5
>> x = 1
>> z = 5
>> eval(y)
```

2.2.2　导数与偏导数计算

MATLAB 可使用命令 diff(expr, N)求解导数,命令中 expr 为待求导的函数表达式,N 为求导阶数。

求函数的一阶导数与二阶导数。

$$y = x^2 + 4x$$

其一阶导数为

$$y = 2x + 4$$

二阶导数为

$$y = 2$$

命令如下:

```
>> syms x y
>> y = x^2 + 4 * x
>> diff(y)
>> diff(y,2)
```

MATLAB 求解偏导数命令与求导数命令相同,但相比求导命令,增加一个参数,完整命令为 diff(expr, x, n),其中以 x 为函数自变量求导。

以 y 为自变量,求以下函数的一阶偏导数

$$z = y \cdot x + 2x$$

其一阶偏导数为

$$z = x$$

MATLAB 命令如下:

```
>> syms z y x
>> z = y * x + 2 * x
>> diff(z,y)
```

2.2.3　不定积分与定积分计算

MATLAB 使用 int(expr,x)求解不定积分,参数 expr 为被积函数,x 为函数变量。

求解以下函数的不定积分

$$y = \int x^2 \mathrm{d}x$$

其不定积分为

$$y = \frac{x^3}{3} + C$$

MATLAB 代码如下:

```
>> syms y x
>> y = x^2
>> int(y,x)
```

MATLAB 使用函数 int(expr,x,a,b)求解定积分,参数 expr 为被积函数,x 为函数变量,a 为积分上限,b 为积分下限。

求解函数的定积分

$$y = \int_2^5 x^2 \mathrm{d}x$$

MATLAB 代码如下:

```
>> syms y x
>> y = x^2
>> int(y,x,5,2)
```

2.2.4　符号常微分方程

力学计算中常常会碰到常微分方程,MATLAB 提供了强大的求解常微分方程的命令 dsovle 和 ode,其中 dsovle 命令可以求解常微分方程的解析解,而 ode 命令则可以求解复杂常微分方程的数值解,本节仅讨论 dsolve 命令的使用方法。

dsolve 命令的调用格式如下。

S=dsolve(eq): 在默认条件下求解微分方程 eq;

S=dsolve(eq,cond): 求解微分方程 eq 在初值条件 cond 下的特解。

使用 dsolve 命令求解微分方程 $\dfrac{\mathrm{d}y}{\mathrm{d}x} + x = 0$,命令流如下:

```
syms x y
dsolve('Dy + x = 0', 'x')                         % Dy 表示 y 的一阶导数,'x'表示定义 x 为自变量
```

使用 dsolve 命令求解微分方程 $\dfrac{\mathrm{d}y}{\mathrm{d}x} + x = 0$ 在初值 $y(0) = 1$ 时的特解,命令流如下:

```
syms x y
dsolve('Dy + x = 0', 'y(0) = 1', 'x')
```

第 3 章

有限单元法理论

大千世界、缤纷万物从微观世界分析都是无限问题。如一座桥梁、一栋建筑,从原子形态出发,其原子数量是无穷多的,而有限单元法顾名思义,就是将固体力学、流体力学、热学等工程问题宏观地简化为有限单元求解。工程问题的求解精度取决于简化程度。以一段弧长计算为例,如图 3-1 所示。

从图 3-1 中可知,为求曲线 b 的长度,分别采用了多段线 a 与多段线 c 两种方式,从拟合的程度来看,显然多段线 a 在曲线过渡阶段采用了更多的直线线段逼近曲线过渡,其拟合程度优于多段线 c,故 a 方案的长度相比方案 c 更接近曲线 b 的长度,所以对于弧长计算问题,只要多段线的数量越多,其长度与弧线越接近。

图 3-1 是一个简单的求解弧长的案例,有限元的计算过程要比弧长计算复杂许多,例如平面薄板问题,如图 3-2 所示。

一块薄板,一端固定,另一端受一均布载荷 q。为求薄板的位移与应力,根据有限单元法求解思路,首先将薄板划分为两个单元,每个单元由 4 个节点构成。单元 1 由 a、b、c、d 共 4 个节点构成,单元 2 由 i、j、k、m 共 4 个节点构成,首先对单元 1 和单元 2 进行受力分析,分别计算两个单元的刚度矩阵 **k** 及载荷向量 **f**,其次组装单元 1 和单元 2 进行整体分析求得结构的位移,如图 3-3 所示。

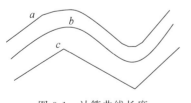

图 3-1 计算曲线长度

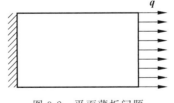

图 3-2 平面薄板问题

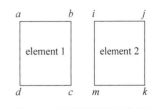

图 3-3 平面薄板单元分解

一般静力学有限元方程推导有直接法和能量法。梁、杆结构难度低于板壳结构,故通常可以直接采用直接法导出梁杆结构的有限元方程,而板壳结构和实体结构存在大量的偏微分方程组,直接法很难适用于此类结构,故通常采用能量法导出其有限元方程。本章分别通过一个简单的杆系结构介绍两种方法的导出过程。

3.1 直接法推导杆系结构的刚度矩阵

一根一维杆一端固定,另一端受到一集中拉力 $\boldsymbol{F}$ 的作用,如图 3-4 所示。将杆划分为一个单元,根据式(1-42)变换其形式得

$$| \boldsymbol{F} | = \Delta L \cdot \frac{E \cdot A}{x} \tag{3-1}$$

式中: $\dfrac{E \cdot A}{x}$ 为杆刚度。

因整个杆构件仅划分为一个单元,故其单元形式如图 3-5 所示。

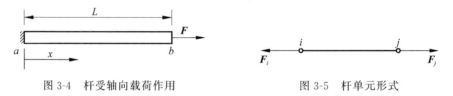

图 3-4 杆受轴向载荷作用　　　　　图 3-5 杆单元形式

分析单元受力规律,根据式(3-1)得到 i 节点与 j 节点的平衡方程为

$$\begin{cases} \boldsymbol{F}_i = (\boldsymbol{u}_i - \boldsymbol{u}_j) \times \dfrac{E \cdot A}{L} \\[2mm] \boldsymbol{F}_j = (-\boldsymbol{u}_i + \boldsymbol{u}_j) \times \dfrac{E \cdot A}{L} \end{cases} \tag{3-2}$$

式中: $\boldsymbol{F}_i$、$\boldsymbol{F}_j$ 分别为 i 节点与 j 节点的节点力;

　　　$\boldsymbol{u}_i$、$\boldsymbol{u}_j$ 分别为 i 节点与 j 节点的位移;

　　　L 为杆单元的长度。

写成矩阵形式得

$$\frac{EA}{L} \begin{bmatrix} 1 & -1 \\ -1 & 1 \end{bmatrix} \begin{bmatrix} \boldsymbol{u}_i \\ \boldsymbol{u}_j \end{bmatrix} = \begin{bmatrix} \boldsymbol{F}_i \\ \boldsymbol{F}_j \end{bmatrix} \tag{3-3}$$

将式(3-3)改写成静力学的典型方程得

$$[\boldsymbol{K}]\{\boldsymbol{U}\} = \{\boldsymbol{F}\} \tag{3-4}$$

式中: $\boldsymbol{K}$ 为刚度矩阵,其表达式为 $\dfrac{E \cdot A}{L} \begin{bmatrix} 1 & -1 \\ -1 & 1 \end{bmatrix}$;

　　　$\{\boldsymbol{U}\}$ 为位移向量,其表达式为 $\begin{bmatrix} \boldsymbol{u}_i \\ \boldsymbol{u}_j \end{bmatrix}$;

　　　$\{\boldsymbol{F}\}$ 为载荷向量,其表达式为 $\begin{bmatrix} \boldsymbol{F}_i \\ \boldsymbol{F}_j \end{bmatrix}$。

【例 3-1】　如图 3-4 所示结构,其弹性模量 $E = 210\,000\mathrm{MPa}$,面积 $A = 100\mathrm{mm}^2$,$\boldsymbol{F} = 10\,000\mathrm{N}$,结构长度 $L = 200\mathrm{mm}$,将其在长度方向平均分为两个杆单元,采用有限单元法求

解其 b 点和中间节点位移及应力应变。

将结构划分为两个单元,单元划分后的节点及受力形式如图 3-6 所示。

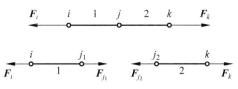

图 3-6　杆结构分解后的形式

本例采用两个杆单元求解结构位移和应力应变,故首先分别求得每个单元的刚度矩阵与静力平衡方程,然后将两个平衡方程根据单元分布形式组装为一个方程,最终通过求解方程的根得到结构位移。

根据式(3-3)求 1 号单元的静力平衡方程:

$$\frac{E \cdot A}{L_1}\begin{bmatrix} 1 & -1 \\ -1 & 1 \end{bmatrix}\begin{bmatrix} \boldsymbol{u}_i \\ \boldsymbol{u}_{j_1} \end{bmatrix} = \begin{bmatrix} \boldsymbol{F}_i \\ \boldsymbol{F}_{j_1} \end{bmatrix} \tag{3-5}$$

式中: L_1 为 1 号杆单元的长度;

$\boldsymbol{u}_i$ 为 1 号单元 i 节点的位移;

$\boldsymbol{u}_{j_1}$ 为 1 号单元 j 节点的位移;

$\boldsymbol{F}_i$ 为 1 号单元 i 节点的载荷;

$\boldsymbol{F}_{j_1}$ 为 1 号单元 j 节点的载荷。

根据式(3-3)求 2 号单元的静力平衡方程:

$$\frac{E \cdot A}{L_2}\begin{bmatrix} 1 & -1 \\ -1 & 1 \end{bmatrix}\begin{bmatrix} \boldsymbol{u}_{j_2} \\ \boldsymbol{u}_k \end{bmatrix} = \begin{bmatrix} \boldsymbol{F}_{j_2} \\ \boldsymbol{F}_k \end{bmatrix} \tag{3-6}$$

式中: L_2 为 2 号杆单元的长度;

$\boldsymbol{u}_{j_2}$ 为 2 号单元 j 节点的位移;

$\boldsymbol{u}_k$ 为 2 号单元 k 节点的位移;

$\boldsymbol{F}_{j_2}$ 为 2 号单元 j 节点的载荷;

$\boldsymbol{F}_k$ 为 2 号单元 k 节点的载荷。

每个单元的刚度矩阵和平衡方程可以通过已经推导的公式轻而易举地得到,而在组装总刚矩阵和静力平衡方程时则应当根据每个结构的单元划分情况进行组装。对于图 3-6 的两个单元,从左到右的节点依次是 i、j、k,其中 j 节点为 1 号单元和 2 号单元的共有节点,则静力平衡方程的位移向量和载荷向量从上到下依次按 i、j、k 顺序进行排列。

本结构为一维杆单元,故每个节点仅有 1 个自由度,两个单元共 3 个节点,则整个刚度矩阵应当为 3×3 的矩阵,最终的矩阵形式为

$$\begin{bmatrix} 0 & 0 & 0 \\ 0 & 0 & 0 \\ 0 & 0 & 0 \end{bmatrix}\begin{bmatrix} \boldsymbol{u}_i \\ \boldsymbol{u}_j \\ \boldsymbol{u}_k \end{bmatrix} = \begin{bmatrix} \boldsymbol{F}_i \\ \boldsymbol{F}_j \\ \boldsymbol{F}_k \end{bmatrix} \tag{3-7}$$

将 1 号单元相对应的式(3-5)扩充为 3×3 的矩阵,因为 1 号单元不包含 k 节点,故涉及 k 节点的一行均用 0 代替,同时对应的列也采用 0 代替,如式(3-8)所示。

$$\frac{E \cdot A}{L_1}\begin{bmatrix} 1 & -1 & 0 \\ -1 & 1 & 0 \\ 0 & 0 & 0 \end{bmatrix}\begin{bmatrix} \boldsymbol{u}_i \\ \boldsymbol{u}_j \\ \boldsymbol{u}_k \end{bmatrix} = \begin{bmatrix} \boldsymbol{F}_i \\ \boldsymbol{F}_j \\ \boldsymbol{F}_k \end{bmatrix} \tag{3-8}$$

将 2 号单元相对应的式(3-6)扩充为 3×3 的矩阵,因为 2 号单元不包含 i 节点,故涉及 i 节点的一行均用 0 代替,同时对应的列也采用 0 代替,如式(3-9)所示。

$$\frac{E \cdot A}{L_2}\begin{bmatrix} 0 & 0 & 0 \\ 0 & 1 & -1 \\ 0 & -1 & 1 \end{bmatrix}\begin{bmatrix} \boldsymbol{u}_i \\ \boldsymbol{u}_j \\ \boldsymbol{u}_k \end{bmatrix} = \begin{bmatrix} \boldsymbol{F}_i \\ \boldsymbol{F}_j \\ \boldsymbol{F}_k \end{bmatrix} \tag{3-9}$$

将式(3-8)和式(3-9)的总刚矩阵相加即可求得本结构的静力平衡方程:

$$\frac{E \cdot A}{L_1}\begin{bmatrix} 1 & -1 & 0 \\ -1 & 2 & -1 \\ 0 & -1 & 1 \end{bmatrix}\begin{bmatrix} \boldsymbol{u}_i \\ \boldsymbol{u}_j \\ \boldsymbol{u}_k \end{bmatrix} = \begin{bmatrix} \boldsymbol{F}_i \\ \boldsymbol{F}_j \\ \boldsymbol{F}_k \end{bmatrix} \tag{3-10}$$

值得注意的是,由于划分单元是在长度方向均分的,故单元长度 $L_1 = L_2 = 100$mm,式(3-10)总刚矩阵左侧的分母可以写为 L_1 或 L_2,本例中写为 L_1。

由于式(3-10)的总刚矩阵 $\boldsymbol{K}$ 的行列式等于 0,故式(3-10)为无解的,这是因为总刚矩阵是由两个单元的刚度矩阵组装而来的,组装过程并未考虑到节点 i 的固定约束,从图 3-6 可知,节点 i 的位移等于 0 是已知条件,故应将式(3-10)的第 1 行和第 1 列去除,得到

$$\frac{E \cdot A}{L_1}\begin{bmatrix} 2 & -1 \\ -1 & 1 \end{bmatrix}\begin{bmatrix} \boldsymbol{u}_j \\ \boldsymbol{u}_k \end{bmatrix} = \begin{bmatrix} \boldsymbol{F}_j \\ \boldsymbol{F}_k \end{bmatrix} \tag{3-11}$$

将 $E = 210\,000$、$A = 100$、$L_1 = 100$ 代入式(3-11),求得两个根分别为

$$\boldsymbol{u}_j = 0.0476\text{mm} \quad \boldsymbol{u}_k = 0.0952\text{mm}$$

根据力学理论可知,式(1-42)即为杆结构的位移函数,而位移函数的一阶导数即为杆的应变,对式(1-42)求一阶导数得

$$\varepsilon = \frac{F}{E \cdot A} \tag{3-12}$$

由式(3-12)可知,整根杆的应变处处相等,即

$$\varepsilon = \frac{F}{E \cdot A} = \frac{10\,000}{210\,000 \times 100} = 4.76\text{e} - 4$$

由式(1-41)求杆应力为

$$\sigma = E \times \varepsilon = 210\,000 \times 4.76\text{e} - 4 = 100\text{MPa}$$

使用 MATLAB 编程求解本例位移,代码如下:

```
% Filename:example3A1
clc
syms E A L_1 L_2 K F K_1 K_2
```

```
E = 210000;                              % 弹性模量
A = 100;                                 % 杆截面的面积
L_1 = 100;                               % 1 号单元长度
L_2 = 100;                               % 2 号单元长度
F = [0;10000];                           % 载荷向量
K_1 = [1 -1; -1 1];                      % 1 号单元刚度矩阵
K_2 = [1 -1; -1 1];                      % 2 号单元刚度矩阵
MATRIX_EX = zeros(2,1);                  % 创建维度为 2×1 的 MATRIX_EX 矩阵,所有元素均为 0
K_1 = [K_1,MATRIX_EX];                   % 扩展 K_1 矩阵
K_2 = [MATRIX_EX,K_2];                   % 扩展 K_2 矩阵
MATRIX_EX = zeros(1,3);                  % 创建维度为 1×3 的 MATRIX_EX 矩阵,所有元素均为 0
K_1 = [K_1;MATRIX_EX];                   % 扩展 K_1 矩阵
K_2 = [MATRIX_EX;K_2];                   % 扩展 K_2 矩阵
K = (E * A)/L_1 * (K_1 + K_2);           % 形成总刚矩阵
K = K(2:3,2:3);                          % 考虑边界条件后删除第 1 行第 1 列得到新的总刚矩阵
U = K\F                                  % 求解位移
```

3.2　能量原理推导杆系结构的刚度矩阵

能量法在有限单元法中推导静力平衡方程更具普适性,本节仍根据图 3-4 所示结构采用能量原理推导出杆单元的静力平衡方程。

在介绍能量原理之前,首先需引出网格形函数概念。

一个一维杆单元如图 3-7 所示。

图 3-7　杆单元

假设杆单元的两个节点 i 和 j 的节点位移均已求得,那 i、j 两个节点之间其他部位的位移可根据式(3-13)计算:

$$\boldsymbol{u} = a_0 + a_1 x \tag{3-13}$$

式(3-13)所表达的是:杆单元任意一点的位移是杆长 x 的函数,但函数有两个未知量,即 a_0 和 a_1,所以需要先将这两个未知量求出。

根据已知条件知:

$$\begin{cases} \boldsymbol{u}(x)\big|_{x=0} = a_0 \\ \boldsymbol{u}(x)\big|_{x=L} = a_0 + a_1 \cdot L \end{cases} \tag{3-14}$$

当 $x=0$ 时,位于 i 节点,描述的是 $\boldsymbol{u}_i$ 位移,当 $x=L$ 时,位于 j 节点,描述的是 $\boldsymbol{u}_j$ 位移。故式(3-14)经过移项改写为

$$\begin{cases} a_0 = \boldsymbol{u}_i \\ a_1 = \dfrac{\boldsymbol{u}_j - \boldsymbol{u}_i}{L} \end{cases} \tag{3-15}$$

通过式(3-15)已经求得了两个未知量 a_0 和 a_1,现在将式(3-15)代回式(3-13)得

$$\boldsymbol{u} = \boldsymbol{u}_i + \frac{\boldsymbol{u}_j - \boldsymbol{u}_i}{L}x = \boldsymbol{u}_i + \frac{\boldsymbol{u}_j \cdot x}{L} - \frac{\boldsymbol{u}_i \cdot x}{L} \tag{3-16}$$

整理归类得

$$u = u_i - \frac{u_i \cdot x}{L} + \frac{u_j \cdot x}{L} = u_i \left(1 - \frac{x}{L}\right) + u_j \frac{x}{L} \tag{3-17}$$

式(3-17)中 u_i 后的系数 $\left(1 - \frac{x}{L}\right)$ 及 u_j 后的系数 $\frac{x}{L}$ 称为"形函数",式(3-17)的含义是: 在求得 u_i 和 u_j 后,杆单元内任意一点的位移与 u_i 和 u_j 两个节点的位移量有关。

由材料力学可知,杆单元的应变是位移函数的一阶导数:

$$\varepsilon = \frac{\mathrm{d}}{\mathrm{d}x}\left[u_i\left(1 - \frac{x}{L}\right) + u_j\frac{x}{L}\right] = -\frac{u_i}{L} + \frac{u_j}{L} \tag{3-18}$$

杆单元的应力与载荷及杆截面面积有关:

$$\sigma = \frac{F}{A} \tag{3-19}$$

则杆的应变能可表示弹性模量和应变所表达的函数:

$$U = \int_v \frac{1}{2}\sigma \cdot \varepsilon \cdot \mathrm{d}V = \int_v \frac{1}{2}E \cdot \varepsilon \cdot \varepsilon \cdot \mathrm{d}V \tag{3-20}$$

将式(3-18)代到式(3-20):

$$U = \frac{1}{2}\int_v E \cdot \left(-\frac{u_i}{L} + \frac{u_j}{L}\right) \cdot \left(-\frac{u_i}{L} + \frac{u_j}{L}\right)\mathrm{d}V = \frac{1}{2}E\int_v \left[\left(\frac{u_i}{L}\right)^2 + \left(\frac{u_j}{L}\right)^2 - \frac{2u_i \cdot u_j}{L^2}\right]\mathrm{d}V \tag{3-21}$$

由于微元体积 $\mathrm{d}V = A \cdot \mathrm{d}l$,故

$$U = \frac{1}{2}E\int_v \left[\left(\frac{u_i}{L}\right)^2 + \left(\frac{u_j}{L}\right)^2 - \frac{2u_i \cdot u_j}{L^2}\right]\mathrm{d}V = \frac{1}{2}E \cdot A\int_0^L \left[\left(\frac{u_i}{L}\right)^2 + \left(\frac{u_j}{L}\right)^2 - \frac{2u_i \cdot u_j}{L^2}\right]\mathrm{d}l \tag{3-22}$$

将其积分,得

$$U = \frac{1}{2}E \cdot A \cdot L \cdot \left[\left(\frac{u_i}{L}\right)^2 + \left(\frac{u_j}{L}\right)^2 - \frac{2u_i \cdot u_j}{L^2}\right] \tag{3-23}$$

而杆单元上外力所做外力势能为

$$W = F_i \cdot u_i + F_j \cdot u_j \tag{3-24}$$

杆单元总的势能则为

$$\varPi = U - W = \frac{1}{2}E \cdot A \cdot L \cdot \left[\left(\frac{u_i}{L}\right)^2 + \left(\frac{u_j}{L}\right)^2 - \frac{2u_i \cdot u_j}{L^2}\right] - (F_i \cdot u_i + F_j \cdot u_j) \tag{3-25}$$

从以上公式可以看出,势能是位移 u_i 和 u_j 的函数。根据最小势能原理,当结构处于稳定的平衡状态时,其总势能最小,根据高等数学求极值方法,可以令势能 $\varPi$ 分别对 u_i 和 u_j 求一阶偏导等于0,从而求得极小值(具体是极小值还是极大值需要对其二次求导,这里不深入探讨,有兴趣读者可以自行查阅资料)。

令势能 $\varPi$ 对 u_i 求一阶偏导等于0得

$$\Pi = \frac{\partial\left(\frac{1}{2}E \cdot A \cdot L \cdot \left[\left(\frac{\boldsymbol{u}_i}{L}\right)^2 + \left(\frac{\boldsymbol{u}_j}{L}\right)^2 - \frac{2\boldsymbol{u}_i \cdot \boldsymbol{u}_j}{L^2}\right] - (\boldsymbol{F}_i \cdot \boldsymbol{u}_i + \boldsymbol{F}_j \cdot \boldsymbol{u}_j)\right)}{\partial \boldsymbol{u}_i}$$

$$= \frac{EA}{L}(\boldsymbol{u}_i - \boldsymbol{u}_j) - \boldsymbol{F}_i = 0 \tag{3-26}$$

令势能 Π 对 $\boldsymbol{u}_j$ 求一阶偏导等于 0 得

$$\Pi = \frac{\partial\left(\frac{1}{2}E \cdot A \cdot L \cdot \left[\left(\frac{\boldsymbol{u}_i}{L}\right)^2 + \left(\frac{\boldsymbol{u}_j}{L}\right)^2 - \frac{2\boldsymbol{u}_i \cdot \boldsymbol{u}_j}{L^2}\right] - (\boldsymbol{F}_i \cdot \boldsymbol{u}_i + \boldsymbol{F}_j \cdot \boldsymbol{u}_j)\right)}{\partial \boldsymbol{u}_j}$$

$$= \frac{EA}{L}(-\boldsymbol{u}_i + \boldsymbol{u}_j) - \boldsymbol{F}_j = 0 \tag{3-27}$$

将式(3-26)和式(3-27)写成矩阵形式:

$$\frac{EA}{L}\begin{bmatrix} 1 & -1 \\ -1 & 1 \end{bmatrix}\begin{bmatrix} \boldsymbol{u}_i \\ \boldsymbol{u}_j \end{bmatrix} = \begin{bmatrix} \boldsymbol{F}_i \\ \boldsymbol{F}_j \end{bmatrix} \tag{3-28}$$

至此采用能量原理推导出一维杆单元的静力学典型方程,其过程虽然比直接法推导过程烦琐,但其过程更具备普适性,梁单元、壳单元及实体单元形函数构造过程相比杆单元更为复杂,但其推导过程与杆单元类似。

3.3　非线性问题及其求解方法

静力学问题本质上都是非线性的,线性是非线性的一个特例,它需要满足:①材料本构是线弹性的;②结构不存在大变形;③加载边界条件性质不变。当任意一条不满足时其将变为非线性问题。

非线性结构通常分为 3 类:材料非线性、几何非线性(大变形)和状态非线性(接触)。

3.3.1　材料非线性

材料的应力-应变关系呈现曲线状态是一种典型的材料非线性,如图 3-8 所示。常见的非线性材料有钢筋混凝土结构、橡胶结构等。

3.3.2　几何非线性

当结构受载后其变形状态远离结构初始状态即有可能引起结构非线性响应,一般几何非线性包含大应变、大挠度和应力刚化。

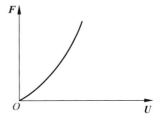

图 3-8　材料非线性

在日常生活中,钓鱼过程中鱼竿的变化是典型的几何非线性现象,鱼上钩后,鱼竿将出现大挠度,此时鱼竿的力臂减小,力与位移的关系不再保持线性关系,而是呈现非线性状态,如图 3-9 所示。

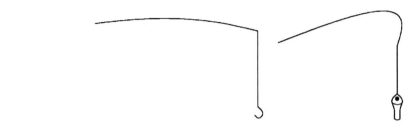

图 3-9　几何非线性

图 3 10　应力刚化现象

应力刚化指的是结构在外力作用下其刚度明显增大,比较典型的案例是一根钢丝绳在无预应力状态时,施加载荷位于钢丝绳中部,其下挠值远大于有预应力状态的钢丝绳,如图 3-10 所示。

3.3.3　状态非线性

状态非线性发生于多个零部件之间的相互接触或单个零部件由于自身发生大变形导致其自接触,由于接触的发生导致结构刚度发生变化,如图 3-11 所示。

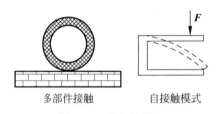

多部件接触　　　　自接触模式

图 3-11　状态非线性

3.3.4　非线性方程求解方法

对于线性静力学问题,刚度矩阵在整个结构受载期间其刚度矩阵为常数,可通过式(3-29)求解

$$[\boldsymbol{K}]\{\boldsymbol{U}\} = \{\boldsymbol{F}\} \tag{3-29}$$

而对于非线性静力学,由于刚度矩阵在整个结构受载期间不再保持为常数,其表现为

$$[\boldsymbol{K}(\boldsymbol{U})]\{\boldsymbol{U}\} = \{\boldsymbol{F}\} \tag{3-30}$$

从式(3-30)可知,力学平衡方程中刚度矩阵是位移的函数。为求解式(3-30),常用两种方法,分别为增量法和牛顿-拉弗森迭代法。

1. 增量法

增量法顾名思义,就是将载荷切分为多个载荷量,每施加一个载荷增量,计算结构的位移、应变和应力等场量,在每个增量计算过程中,刚度矩阵是线性的,即增量法是用多个线性替代非线性曲线,如图 3-12 所示。

以欧拉折线法为例:假设一个载荷分为 n 个增量,则所有的载荷为

$$F = \sum_{i=1}^{n} \Delta F_i \qquad (3\text{-}31)$$

每增加一个载荷增量,则必然产生对应位移 $\Delta \delta_i$,因此当 n 个载荷全部施加后,总的位移为

$$\delta_n = \delta_{n-1} + \Delta \delta_n \qquad (3\text{-}32)$$

在计算第 n 个位移增量时,刚度矩阵取上一级载荷增量结束时的线性刚度矩阵 K_{n-1},即第 n 级载荷开始的线性刚度矩阵为

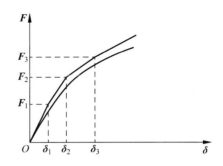

图 3-12　增量法计算过程示意图

$$[K]_{n-1} \{\Delta \delta\}_n = \{\Delta F\}_n \qquad (3\text{-}33)$$

整个欧拉折线法求解过程为

$$\begin{cases} \{\Delta \delta\}_n = [K]_{n-1}^{-1} \{\Delta F\}_n \\ \{\delta\}_n = \{\delta\}_{n-1} + \{\Delta \delta\}_n \end{cases} \qquad (3\text{-}34)$$

欧拉折线法计算过程简单,但由于采用线性刚度矩阵逼近非线性行为,所以随着载荷级数的增加其偏离曲线的程度变大。

2. 牛顿-拉弗森迭代法

牛顿-拉弗森迭代法与增量法类似,同样需要多次计算不断逼近且刚度矩阵亦为线性,但与增量法不同的是,牛顿-拉弗森法不是增量过程而是迭代过程,如图 3-13 所示。

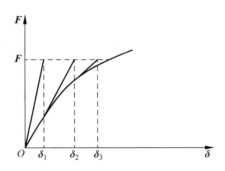

图 3-13　牛顿-拉弗森迭代法示意图

牛顿-拉弗森迭代法首先施加一级载荷 F,取其第 1 次的刚度矩阵 K_0 求得初始近似位移:

$$\{\delta_1\} = [K_0]^{-1} \{F\} \qquad (3\text{-}35)$$

通过初始位移计算得到结构应变、应力进而求得各节点的载荷 F_1。用对应于 δ_1 的即时切线刚度矩阵 K_1,在载荷 $\Delta F_1 = F - F_1$ 作用下求得位移增量 $\Delta \delta_2$,即

$$\{\Delta \delta_2\} = [K_1]^{-1} \{\Delta F_1\} \qquad (3\text{-}36)$$

第 2 次的位移近似值为

$$\{\boldsymbol{\delta}_2\} = \{\boldsymbol{\delta}_1\} + \{\Delta \boldsymbol{\delta}_2\} \tag{3-37}$$

重复以上步骤,直到最后一次的位移近似值与上一次位移近似值相近,则计算结束。

牛顿-拉弗森求解非线性方程组由于其具有收敛速度快、误差可知可控等优点已成为求解非线性方程组的主要计算方法。

3. 收敛准则

为了判断非线性方程组求解结果是否可以结束,必然诞生出一系列收敛准则,当结果满足收敛条件时判定结果收敛,计算成功;反之则判定结果发散,计算失败。在实际应用中常用两种判定方法:其一为不平衡节点力,其二为位移增量。

由于非线性方程组计算过程实际上是计算多个线性方程组的过程,所以收敛准则必然涉及向量及范数计算。

取一列向量 $\boldsymbol{V} = \begin{bmatrix} V_1 & V_2 & V_3 & \cdots & V_n \end{bmatrix}^{\mathrm{T}}$,则该向量可定义以下 3 个范数。

(1)各元素绝对值之和

$$\| \boldsymbol{V} \|_1 = \sum_{i=1}^{n} |V_i| \tag{3-38}$$

(2)各元素平方和的根

$$\| \boldsymbol{V} \|_2 = \sqrt{\sum_{i=1}^{n} V_i^2} \tag{3-39}$$

(3)元素中绝对值的最大者

$$\| \boldsymbol{V} \|_\infty = \max_n |V_i| \tag{3-40}$$

一旦求得范数并选定,即可使用范数与预先指定的一个数相互比较,如果小于指定的数,则为收敛,以不平衡节点力为判定依据,即

$$\| \boldsymbol{P}_{\mathrm{RESULT}} \| = \alpha \| \boldsymbol{P} \| \tag{3-41}$$

式中:$\| \boldsymbol{P}_{\mathrm{RESULT}} \|$ 为求得范数,为 $\| \boldsymbol{V} \|_1$、$\| \boldsymbol{V} \|_2$ 或 $\| \boldsymbol{V} \|_3$;

α 为指定的一个小数,称为收敛允许值;

$\| \boldsymbol{P} \|$ 为施加的载荷(已经化为节点荷载)向量的范数。

第4章　ANSYS Workbench 软件界面及功能简介

ANSYS 公司于 1970 年由 John Swanson 博士创立,ANSYS 软件是美国 ANSYS 公司研制的大型通用有限元分析(FEA)软件,其能与大多数计算机辅助设计实现数据的共享和交换,如 SolidWorks、UG、Pro/Engineer、AutoCAD 等。是融结构、流体、电场、磁场、声场分析于一体的大型通用有限元分析软件之一,在各类工业领域有着广泛的应用。ANSYS 功能强大,操作简单方便,现在已成为国际最流行的有限元分析软件之一,目前,中国 100 多所理工院校采用 ANSYS 软件进行有限元分析或者作为标准教学软件。

在 ANSYS 2020 版本以前,软件的界面均为英文版本,自 2020 版本开始 ANSYS Workbench 平台开始支持中文界面,本书所有的案例使用的是 ANSYS 2020 R2 版本,以此展示软件的操作过程。

打开 ANSYS Workbench 平台,软件默认为英文界面,如图 4-1 所示。

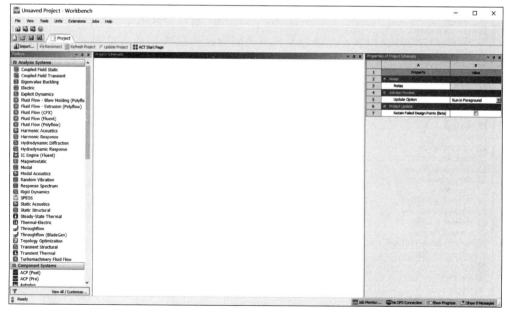

图 4-1　ANSYS Workbench 界面

Workbench界面区域主要功能介绍如下：

顶端为菜单栏，依次为"文件""查看""工具""单位制""扩展""任务""帮助"，如图4-2所示。

其次为主工具条，功能分别为"新建项目""打开项目""保持项目""另存为项目"，如图4-3所示。

图4-2 菜单栏

图4-3 主工具条

主工具条下方为标签工具条，从左到右依次为"导入项目""重新连接已完成的后台任务""刷新项目""更新项目""ACT开始页面"，如图4-4所示。

图4-4 标签工具条

图4-5 工具箱

界面左侧为工具箱，ANSYS的各个分析功能均集中于工具箱，用户可以根据自己的需要选择相应的分析功能，如图4-5所示。

界面正中部位为项目原理图，用户可将分析工具箱中的分析模块拖曳至项目原理图空白区域。以线性屈曲分析为例，需将一个静力分析系统Static Structural拖曳至项目原理图空白区域，再将一个线性屈曲分析系统Eigenvalue Buckling拖曳至静力学分析系统的Solution，两分析模块之间通过连接线完成模块间的数据传递。连接线分为两类，一类连接线的颜色为蓝色，线的尾部为方形，其功能是实现各模块之间的数据共享；另一类连接线的颜色为紫色，线的尾部为圆形，其功能是将前端模块的数据传递至后端的模块，如图4-6所示。

界面右侧为属性屏，如图4-7所示。

界面底部为状态栏，主要功能是显示软件的执行状态，如图4-8所示。

当用户想要激活Workbench的中文界面时，首先应依次单击菜单栏Tools→Options，在Options对话框中单击Appearance并将滚动条拖动至底部，勾选Beta Options，如图4-9所示。

关闭Options对话框。再重新打开Options对话框，单击Regional and Language Options，在Language下拉选项中选择Chinese(Beta)，如图4-10所示。

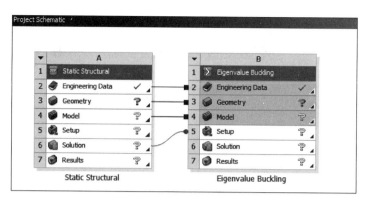

图 4-6　项目原理图

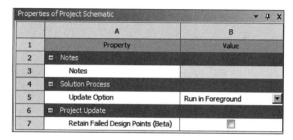

图 4-7　属性屏

图 4-8　状态栏

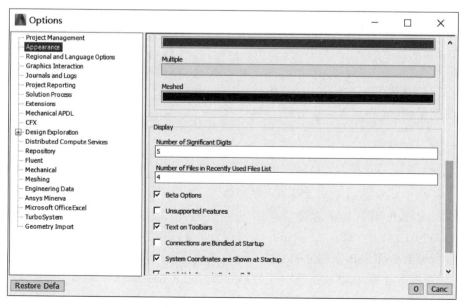

图 4-9　勾选 Beta Options

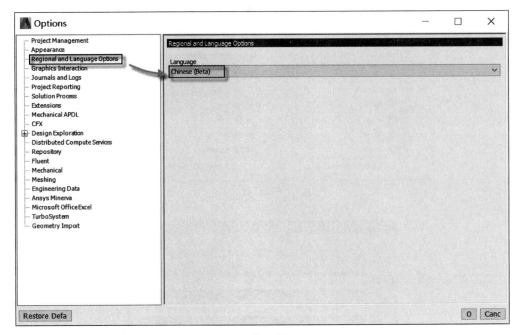

图 4-10　激活中文界面

关闭 Workbench 平台并重新打开 Workbench,中文界面即可激活。

用户可将需要使用的分析模块直接拖曳到项目原理图空白区域,以静态分析模块 Static Structural 为例,当 Static Structural 被拖曳至项目原理图后,会生成静力分析系统,系统分为 7 个 Cell,如图 4-11 所示,从上至下分别为

第 1 行 Cell 为 Static Structural,此行为分析系统的类型,表征本分析系统为静力学分析系统;

第 2 行 Cell 为 Engineering Data,双击即可进入本分析系统的材料管理功能模块;

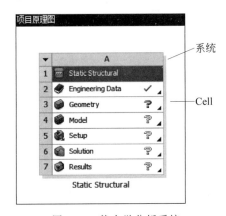

图 4-11　静力学分析系统

第 3 行 Cell 为 Geometry,为本分析系统的建模模块,Workbench 目前提供两款建模软件,分别为 SpaceClaim(SCDM)及 Design Modeler,软件默认打开 SCDM,用户可在 Geometry 上右击自由选择所需要打开的建模软件;

第 4 行至第 7 行 Cell 分别为 Model、Setup、Solution 及 Results,分别代表网格划分、边界设置、求解及后处理,任意双击其中一个 Cell 即可进入 Mechanical 环境。

4.1 工程材料模块

双击 Engineering Data 进入工程材料管理模块,如图 4-12 所示。

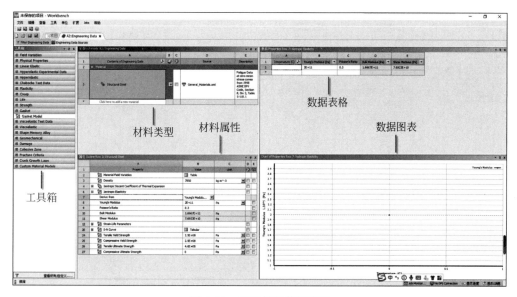

图 4-12 工程材料数据窗口

软件界面共分为工具箱、材料类型、材料属性、数据表格、数据图表 5 大窗口。

工具箱窗口内包含了大部分材料的属性,当工程材料数据源内的数据无法满足用户需求时,用户可在工具箱中将材料相对应的属性拖曳至材料属性窗口从而实现自定义材料属性。

材料类型窗口中列举了当前材料,软件默认仅列举了结构钢材料 Structural Steel,当用户需要增加新材料时,可以单击本窗口下方的空白区域输入新材料的名称实现新建材料。

材料属性窗口列举了材料的各个属性,如弹性模量、泊松比、屈服强度、抗拉强度等重要属性信息。

数据表格窗口中以表格的形式保存了材料属性数据。

数据图表窗口中以图表的形式绘制了材料的属性数据。

因打开工程材料窗口时软件仅提供了结构钢材料 Structural Steel,当用户需要添加其他材料时,可以单击 Engineering Data Sources 按钮调用软件内已保存的材料,如图 4-13 所示。

单击工程数据源后,软件内增加了一个工程数据源窗口,该窗口内列举了软件可以提供的各类材料类型。单击 General Materials 后软件会显示通用材料数据源中的各类材料,单击 Stainless Steel 的加号即可将 Stainless Steel 添加至材料数据中供分析时使用,如图 4-14 所示。

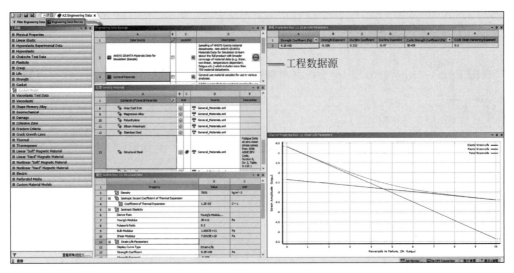

工程数据源

图 4-13　添加材料

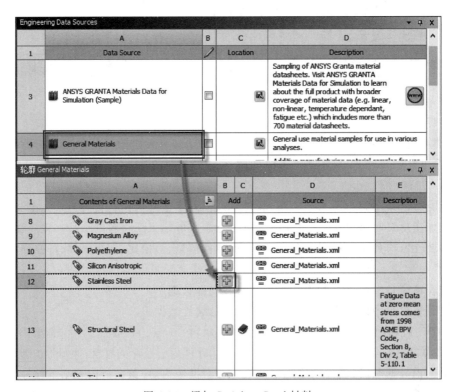

图 4-14　添加 Stainless Steel 材料

再次单击 Engineering Data Sources 按钮可以关闭工程数据源。

4.2　SCDM 与 DesignModeler 建模模块

ANSYS Workbench 提供了 SCDM 及 DesignModeler 两种建模软件，DesignModeler 一直跟随 Workbench 平台沿用至今，而 SCDM 则是 ANSYS 公司通过收购后纳入 Workbench 平台。DesignModeler 与其他大部分建模软件一样基于参数化建模，SCDM 则是直接建模软件。

4.2.1　SCDM 建模

双击 Geometry 默认打开 SCDM，其界面如图 4-15 所示。

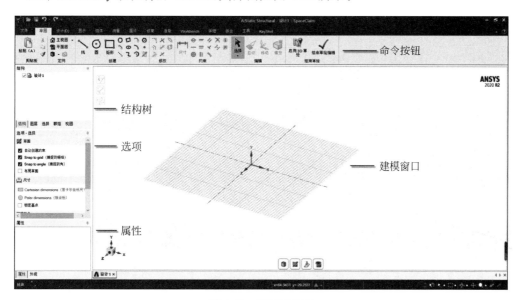

图 4-15　SCDM 窗口

软件窗口上端为菜单栏，每个菜单对应不同的命令按钮。

文件菜单用于打开、保存、打印文件及设置 SpaceClaim 选项等，如图 4-16 所示。

草图建模功能集中于草图菜单中，如图 4-17 所示。

三维建模功能集中于设计菜单中，如图 4-18 所示。

模型及视图显示功能集中于显示菜单中，如图 4-19 所示。

零件之间的装配及新零件的插入功能集中于组件菜单中，如图 4-20 所示。

模型尺寸、质量、面法向及曲率测量功能集中于测量菜单中，如图 4-21 所示。

面体模型修复等操作集中于面片菜单中，如图 4-22 所示。

模型修复功能集中于修复菜单中，如图 4-23 所示。

模型简化、梁壳单元设置功能集中于准备菜单中，如图 4-24 所示。

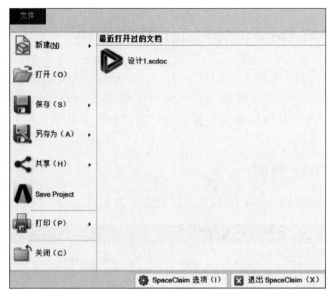

图 4-16　文件菜单

图 4-17　草图菜单

图 4-18　设计菜单

图 4-19　显示菜单

图 4-20　组件菜单

图 4-21　测量菜单

图 4-22　面片菜单

图 4-23　修复菜单

图 4-24　准备菜单

SCDM 可以为 Icepak 做分析前的准备和模型拓扑连接显示,当模型处理完毕后可直接在 SCDM 中启动 AIM、Mechanical 和 Fluent 进入分析环境,如图 4-25 和图 4-26 所示。

图 4-25　Workbench 菜单(1)

图 4-26　Workbench 菜单(2)

模型尺寸标注功能集中在详细菜单中,如图 4-27 所示。

图 4-27　详细菜单

钣金建模功能集中在钣金菜单中,如图 4-28 所示。

图 4-28　钣金菜单

反向设计和机械制造功能集中于工具菜单中,如图 4-29 所示。

图 4-29　工具菜单

模型渲染功能集中于 KeyShot 菜单中,SCDM 默认未安装此功能,可根据需要下载并安装,如图 4-30 所示。

图 4-30　KeyShot 菜单

SCDM 通过结构树显示模型的当前零部件与装配体,如图 4-31 所示。

在使用不同的建模命令时,其命令的选项屏位于软件左侧,如图 4-32 所示。

图 4-31　结构树

图 4-32　选项屏

属性屏位于软件左下角,零部件的拓扑关系、材料、文件信息均集中于属性屏内,如图 4-33 所示。

图 4-33　属性屏

4.2.2　DesignModeler 建模

DesignModeler 界面分别由菜单栏、工具栏、树轮廓、图形窗口、详细信息视图及状态栏构成,如图 4-34 所示。

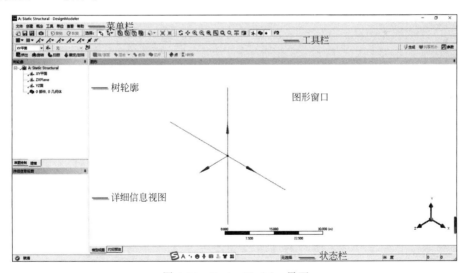

图 4-34　DesignModeler 界面

文件打开、保存、第三方格式模型导入等功能集中于文件菜单中,如图 4-35 所示。

新草图平面建立、主要建模功能集中于创建菜单中,如图 4-36 所示。

梁、壳单元建模功能集中于概念菜单中,如图 4-37 所示。

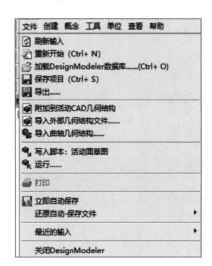

图 4-35　文件菜单　　　　　图 4-36　创建菜单　　　　图 4-37　概念菜单

模型修改、修复等功能集中于工具菜单中,如图 4-38 所示。

建模前应选择模型的单位制,模型单位功能集中于单位菜单中,如图 4-39 所示。

模型显示特性集中于查看菜单,如图 4-40 所示。

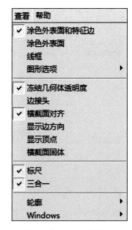

图 4-38　工具菜单　　　　　图 4-39　单位菜单　　　　图 4-40　查看菜单

帮助功能集中于帮助菜单，如图 4-41 所示。

模型草图绘制功能和三维建模结构树均位于树轮廓的显示屏中，如图 4-42 所示。

详细信息视图根据结构树中的内容显示相对应的详细信息，如图 4-43 所示为 XY 平面的详细信息。

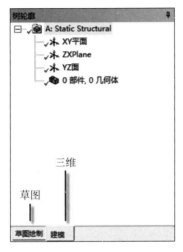

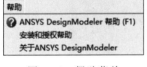

图 4-41　帮助菜单　　　　　图 4-42　树轮廓显示屏　　　　　图 4-43　详细信息视图

4.2.3　第三方模型文件格式导入

ANSYS 支持其他各类主流三维建模软件的文件格式（SolidWorks、UG、Pro\E 等）及第三方后缀名文件格式，如 IGS、Step、X_T 等文件。

导入主流三维软件的模型文件前应先将 ANSYS Workbench 平台与三维软件关联。关联分为事前关联及事后关联。事前关联指的是先安装三维建模软件，在安装 ANSYS 的过程中选中三维建模软件进行关联。事后关联指的是 ANSYS 安装完毕后，通过 ANSYS 提供的 CAD Configuration Manager 2020 软件进行关联。

笔者以 SolidWorks 2017 和 ANSYS 2020 R2 为例，在 Windows 10 操作系统中事后关联过程如下。

单击"开始"→ ANSYS 2020 R2 → CAD Configuration Manager 2020，右击 CAD Configuration Manager 2020→"更多"→"以管理员身份运行"，如图 4-44 所示。

Windows 系统会弹出对话框，提示用户"你要允许此应用对你的设备进行更改吗？"，单击"是"按钮打开"ANSYS CAD 配置管理器 2020 R2"软件。软件中分别有"CAD 选择""Creo Parametric""NX""CAD 配置" 4 个选项卡片。

在"CAD 选择"选项卡中选择 SOLIDWORKS，选择"Workbench 关联接口"，单击"下一个"按钮，如图 4-45 所示。

图 4-44　打开 CAD 配置软件

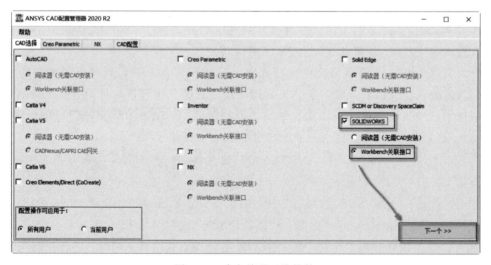

图 4-45　确定关联三维软件

　　进入"CAD 配置"选项卡后,单击"配置选定的 CAD"界面,当软件提示"必备条件……配置成功"后,则表明 ANSYS 与 SolidWorks 关联成功,否则表示关联失败,如图 4-46所示。

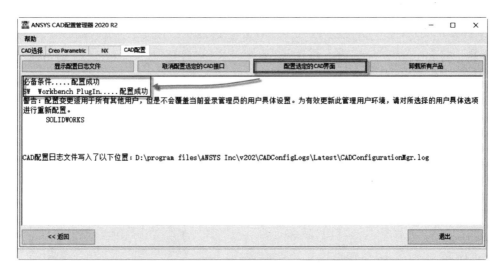

图 4-46 配置 CAD

关联成功后,打开 SolidWorks 软件,单击"工具"菜单,可以在菜单中找到 ANSYS 2020 R2,单击子菜单即可直接进入 ANSYS Workbench 平台,如图 4-47 所示。

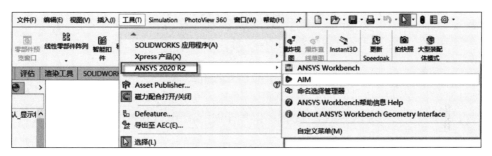

图 4-47 SolidWorks 中 ANSYS 的接口位置

注意:无论用户在桌面打开 Workbench 平台或是在 SolidWorks 中打开 Workbench 平台,当需要导入 SolidWorks 格式的模型时,务必确认该模型已经在 SolidWorks 中打开并已保存,否则 SCDM 或 DesignModeler 将出现导入失败的提示。

4.3 Mechanical 模块

网格划分功能、边界条件施加及结果后处理均集中于 Mechanical 模块内。软件窗口由标签栏、选项栏、结构树(导航树)、详细信息栏、动画控制窗口、表格数据及底部的状态栏构成,如图 4-48 所示。

标签卡片集合了 Mechanical 软件的所有命令,标签栏下的命令按组归类,每组下集合多个操作命令,如图 4-49 所示。

图 4-48　Mechanical 窗口

图 4-49　标签栏

导航树中保存了用户在 Mechanical 中的前处理和后处理操作,标签栏的大部分命令在导航树对象右击可以找到对应的菜单,如图 4-50 所示。

单击导航树中的对象或标签栏下命令组中的命令,详细信息栏中的信息会随着改变,如图 4-51 所示。

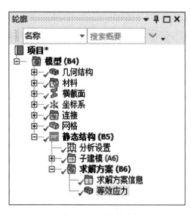

图 4-50　导航树

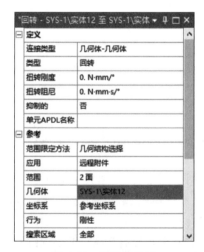

图 4-51　详细信息栏

动画控制窗口用于后处理中浏览结构的变形趋势和变形动画导出，如图 4-52 所示。

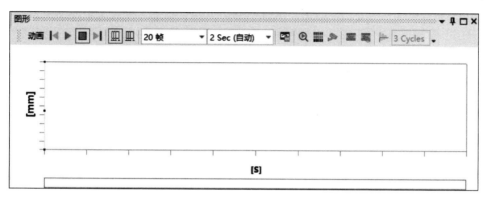

图 4-52　动画控制窗口

表格数据窗口用于前处理中边界条件设置或后处理中各类场量的统计，如图 4-53 所示。

图 4-53　表格数据

4.3.1　网格划分

网格划分是仿真分析过程中至关重要的一环，网格的数学本质是由各类多项式构成的位移插值函数，插值函数的精度需要依靠构造体的形状质量，所以网格质量的好坏直接关系到仿真的结果，尤其在非线性分析过程中，较差的网格质量时常会导致结果不收敛甚至无法分析的情况发生。

ANSYS 公司为分析结构工程提供了众多单元种类，有模拟零部件接触的 Contact 和 Target 单元；模拟零部件运动关系的 MPC 单元；模拟结构三维构造的结构单元等。由于三维结构造型的多样性，ANSYS 开发了模拟细长构件的线体单元（以 Link 单元、Beam 单元为主）、模拟平面问题和壳体结构的二维实体单元（以 Plane 单元、Shell 单元为主）及模拟三维实体的实体单元（Solid 单元为主）。

ANSYS 的单元命名以英文名称加数字构成，英文名称表示单元类型，数字表示单元的序号。以 Solid186 为例，Solid 表征本单元为实体单元，186 表征单元的序号。

线体单元一般用于模拟由众多细长构件组成的结构，如输电塔、塔式起重机等结构。线体单元主要分为 Link 单元和 Beam 单元，两者的主要区别是 Link 单元仅能承受拉压载荷，而 Beam 单元不仅可以承受拉压载荷，同时可以承受弯矩和剪力。线体单元因为仅需要拟合结构长度方向形状，所以梁杆结构采用线体单元模拟可以高效地划分网格。目前常用的线体单元有 Link180、Beam188 及 Beam189。

Link180 的单元构造如图 4-54 所示，Link180 单元有两个节点，每个节点有 UX、UY、UZ 三个平动自由度，从图 4-54 的坐标系可以看出 Link180 单元可以模拟三维结构分析。

图 4-54　Link180 单元形状

Beam188 的单元构造如图 4-55 所示，Beam188 单元有 3 个节点，I 节点与 J 节点有 UX、UY、UZ 3 个平动自由度和 ROTX、ROTY、ROTZ 转动自由度，K 节点为方向节点。从图 4-55 的坐标系可以看出 Beam188 单元可以模拟三维结构分析。

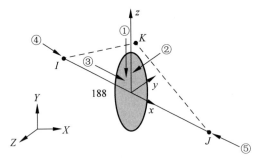

图 4-55　Beam188 单元形状

二维实体单元的单元名称以 Plane 开头，Plane 单元可以模拟平面应力、平面应变和轴对称问题，常用的 Plane 单元有 Plane182 和 Plane183 单元。Plane182 有 I、J、K、L 共 4 个节点，每个节点有 UX 和 UY 两个方向平动自由度，单元形状有四边形和三角形，如图 4-56 所示。

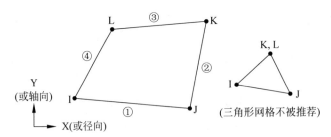

图 4-56　Plane182 单元形状

Plane183 单元每条边比 Plane182 单元多出一个中间节点，单元形状与 Plane182 相同。

虽然 Plane182 单元节点仅有 UX 和 UY 两个方向的平动自由度，但在 Z 方向，弹性力学做了一定假设（如对于平面应力问题，假设 $\sigma_Z = 0$），故在分析完成后，后处理仍可以获取

Z 方向的场量。

　　三维实体单元的单元名称以 Solid 开头,三维实体单元可以模拟线体单元和二维实体单元无法模拟的三维实体结构,常用的 Solid 单元有 Solid185 和 Solid186 单元。Solid185 单元有 I、J、K、L、O、P、M、N 共 8 个节点,每个节点有 UX、UY 和 UZ 共 3 个平动自由度,单元形状有六面体、四面体、棱柱体、棱锥体(又称五面体或金字塔型),如图 4-57 所示。

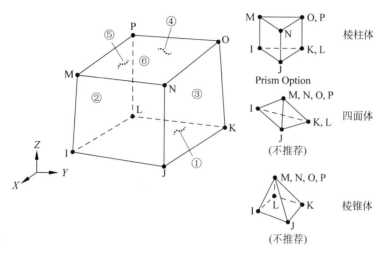

图 4-57　Solid185 单元形状

　　Solid186 单元每条边比 Solid185 多出一个中间节点,单元形状与 Solid185 相同。

　　三维模型的构造特性会直接影响网格的质量,线体结构仅需考虑长度方向,故网格划分最为简单,二维结构需要考虑长度和宽度两个方向,故二维实体单元网格划分难度次之,三维结构因为需要考虑三个方向的结构特征,故网格划分难度最大。

　　一般情况下,网格划分符合以下流程:

　　(1)全局网格控制。

　　(2)局部网格控制。

　　(3)生成网格。

　　(4)错误排查、修改设置。

　　(5)检查网格质量。

1. 全局网格控制

　　全局网格控制用于对模型整体网格显示、网格尺寸控制、网格质量查看、膨胀层设置、高级管理及网格数量统计,如图 4-58 所示。

　　1)显示

　　显示风格用于控制模型窗口中模型的显示方式,其下拉列表提供了使用几何结构设置、单

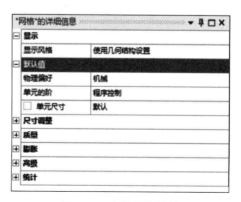

图 4-58　全局网格控制

元质量、纵横比、雅克比比率(MAPDL)、雅克比比率(角节点)、雅克比比率(高斯点)、翘曲系数、平行偏差、最大拐角角度、偏度、正交质量、特征长度。默认状态下以"使用几何结构设置"显示模型,当网格划分成功后,将显示风格变更为其他选项显示时,窗口将以云图的方式显示网格质量。

2)默认值

【物理偏好】:根据模型分析的物理场选择相应的选项,分为机械、非线性机械、电磁、CFD、显示、自定义(Beta)、流体动力学。

【单元的阶】:控制整体网格是否包含单元中间节点,分为线性的、二次的,默认为程序控制。

【单元尺寸】:控制模型表面整体的网格尺寸大小。

3)尺寸调整

【使用自适应尺寸调整】:分为是、否两个选项,默认为是,不同的选项软件提供了不同的尺寸控制方式。图4-59分别为选择"是"与"否"时的尺寸控制功能。

图4-59 使用自适应尺寸调整

选择"是"时软件提供了以下的尺寸控制功能:

【分辨率】:数值范围为−1~7,数值越小则整体网格尺寸越大,数值越大则整体网格尺寸越小。

【网格特征清除】:分为是、否两个选项,可以在网格划分时清除模型中的细小特征。

【特征清除尺寸】:当网格特征清除为"是"时,可以定义特征清除尺寸,当模型中尺寸小于或等于该尺寸时,则细小特征将在划分网格时被清除。

【过渡】:分为快速、缓慢两个选项,本选项用于控制小网格到大网格之间的过渡速度。

【跨度角中心】:分为大尺度、中等和精细3个选项,用于设置含有曲率模型处网格的精细程度。每个选项对应不同的跨度角的角度。

大尺度选项：角度范围－91°～60°。

中等选项：角度范围－75°～24°。

精细选项：角度范围－36°～12°。

【初始尺寸种子】：分为装配体和部件两个选项。

装配体选项：系统以装配体的网格尺寸作为网格初始化尺寸参考。

部件选项：系统以部件的网格尺寸作为网格初始化尺寸参考。

【边界框对角线】：装配体或部件所形成的对角线尺寸。

【平均表面积】：装配体或部件的平均表面积。

【最小边缘长度】：装配体或部件最短边的长度。

4）质量

Mechanical 提供了 11 种网格质量判别方法用于网格质量检查。网格划分完成后，单击网格对象，在详细信息栏中单击网格度量标准下拉列表，列表中分别以柱状图形式提供了单元质量、纵横比、雅克比比率（MAPDL）、雅克比比率（角节点）、雅克比比率（高斯点）、翘曲系数、平行偏差、最大拐角角度、偏度、正交质量、特征长度，如图 4-60 所示。

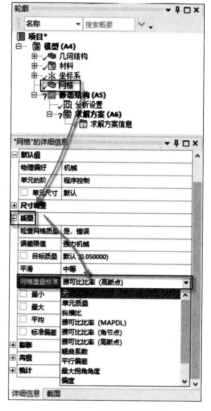

图 4-60　查看网格质量

单元质量：单元质量提供了一个网格综合质量的检查标准，其值从 0 到 1,1 表示完美，0 表示最差。

不同类型单元的单元质量计算方法不同,二维三角形和四边形单元质量计算方法见式(4-1)。

$$Quality = C \cdot \left[\frac{area}{\sum (Edgelength)^2} \right] \qquad (4-1)$$

式中：Quality 为单元质量；

　　　C 为常数，见表 4-1；

　　　area 为单元面积；

　　　Edgelength 为单元边的长度。

三维实体单元质量计算方法见式(4-2)

$$Quality = C \cdot \left[\frac{volume}{\sqrt{\left(\sum (Edgelength)^2 \right)^3}} \right] \qquad (4-2)$$

式中：Quality 为单元质量；

      C 为常数,见表 4-1；

      volume 为单元体积；

      Edgelength 为单元边的长度。

表 4-1　单元质量 C 值表

序　　号	单 元 名 称	C　值
1	三角形	6.928 203 23
2	四边形	4.0
3	四面体	124.706 580 2
4	六边形	41.569 219 38
5	棱柱体	62.353 290 5
6	五面体(金字塔型)	96

纵横比：纵横比计算可以分为三角形单元纵横比和四边形单元纵横比,1 为完美,数值越大,网格质量越差。

等边三角形的单元纵横比为 1,数值为 20 的三角形单元纵横比其两条边远大于第三条边,如图 4-61 所示。

图 4-61　三角形单元纵横比

正方形单元的纵横比为 1,数值为 20 的四边形单元长度远大于宽度,如图 4-62 所示。

图 4-62　四边形单元纵横比

计算三角形单元纵横比时,首先以三角形的一个顶点和三条边的中点绘制两个四边形,一个三角形可以绘制 6 个四边形,绘制方法如图 4-63 所示。

在 6 个四边形中选取长与宽比值数值最大的一个四边形,将其比值除以 $\sqrt{3}$ 即为三角形的单元纵横比：

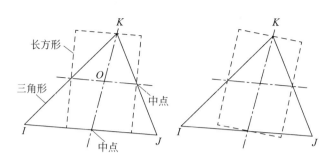

图 4-63　三角形单元纵横比四边形绘制方法

$$\text{ARCT} = \frac{L}{W} \cdot \frac{1}{\sqrt{3}} \tag{4-3}$$

式中：ARCT 为三角形单元纵横比；

　　　L 为长方形长度；

　　　W 为长方形宽度。

　　计算四边形单元纵横比时，分别沿四边形的四条边绘制两个长方形，在两个长方形中选取长与宽比值最大的为四边形单元的纵横比，如图 4-64 所示。

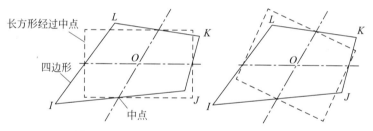

图 4-64　三角形单元纵横比四边形绘制方法

　　雅克比率常用来评估带有中间节点的网格，其质量越好，则表示网格形状与实际形状映射得越贴近；反之则映射较差。

　　Mechanical 有两种雅克比率计算的取样方法，分别为雅克比比率（角节点）、雅克比比率（高斯点）。

　　基于角节点的取样方法又包含两种计算方式，分别为雅克比比率（角节点）和雅克比比率（MAPDL）。

　　雅克比比率（角节点）的取值范围为 −1～1，数值为 1 表示完美的网格，应当避免小于 0 的数值。

　　雅克比比率（MAPDL）的取值范围是负无穷到正无穷，一般情况下，软件将小于 0 的数值全部收集并赋值为 −100，应当避免数值小于 0 的网格，理想的雅克比比率（MAPDL）数值为 1，数值越大则网格质量越差。

　　雅克比比率（高斯点）的取值范围为 −1～1，数值为 1 表示完美的网格，应当避免数值小于 0 的网格，如图 4-65 所示。

翘曲系数一般用于四边形壳网格、带四边形的实体网格、棱柱体和五面体网格(金字塔型)的网格质量判定,完美的网格翘曲系数数值为0,数值越大则表示翘曲越大,壳体单元的翘曲系数如图 4-66 所示。

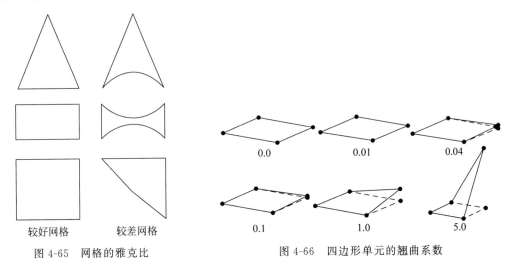

图 4-65 网格的雅克比

图 4-66 四边形单元的翘曲系数

实体单元的翘曲系数如图 4-67 所示。

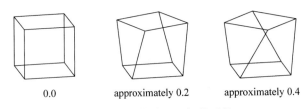

图 4-67 实体单元的翘曲系数

平行偏差表征单元边的平行度,完美的平行偏差数值为 0,数值越大则平行偏差越高,网格质量越差,如图 4-68 所示。

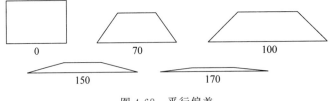

图 4-68 平行偏差

最大拐角角度表征网格顶点的最大角度,对于平面三角形,完美的最大拐角角度为 60°,如图 4-69 所示。

对于平面四边形,完美的最大拐角角度为 90°,如图 4-70 所示。

偏度描述的是网格的偏斜程度,如图 4-71 所示。

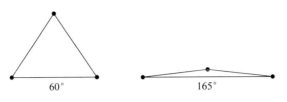

图 4-69 三角形单元拐角角度

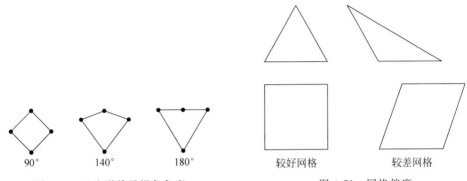

图 4-70 四边形单元拐角角度 图 4-71 网格偏度

ANSYS 帮助文件给出了网格偏度由 1 到 0 的质量等级,1 为最差,0 为最好,如表 4-2 所示。

表 4-2 网格偏度质量

偏　　度	质　　量
1	Degenerate
0.9～<1	Bad
0.75～0.9	Poor
0.5～0.75	Fair
0.25～0.5	Good
>0～0.25	Excellent
0	Equilateral

正交质量的取值范围从 0 到 1,正交质量为 0 表示较差,1 表示最好。

特征长度用于计算流体力学(Courant-Friedrichs-Lewy,CFL)的时间步,见式 4-4。

$$\Delta t \leqslant f \cdot \left(\frac{h}{c}\right)_{\min} \tag{4-4}$$

式中:Δt 为增量时间步;

　　f 为时间步安全系数(默认为 0.9);

　　h 为特征长度;

　　c 为材料的声波速度。

5）膨胀

【使用自动膨胀】：其下拉列表提供了 3 种方式，分别如下。

无：系统不进行膨胀层网格划分，可以在局部网格控制时插入膨胀层控件进行局部膨胀层设置。

程序控制：系统将所有的面均作为膨胀层面，除了被定义为接触的面、对称面、不支持膨胀层划分方法的网格算法定义的面等。

选定的命名选中的所有面：仅对通过创建命名选择而建立的面进行膨胀层网格划分。

【膨胀选项】：其下拉列表提供了 5 种方式，分别如下。

总厚度：通过设置总的膨胀层厚度定义膨胀层，当选择此项后，可以采用层数、增长率及最大厚度设置膨胀层的生成方式。

第 1 层厚度：通过定义第 1 层的膨胀层厚度设置膨胀层，当选择此项后，可以采用第 1 层高度、层数及增长率设置膨胀层的生成方式。

平滑过渡：在相邻层之间保持平滑的增长方式定义膨胀层，选定此项后，可以采用过渡比、最大层数及增长率设置膨胀层的生成方式。

第 1 个纵横比：通过定义第 1 层膨胀层网格的纵横比定义膨胀层，当选定此项后，可以采用第 1 个纵横比、最大层数和增长率控制膨胀层的生成方式。

最后的纵横比：通过定义最后一层膨胀层网格的纵横比定义膨胀层，当选定此项后，可以采用第 1 层高度、最大层数和纵横比（底/高）控制膨胀层的生成方式。

【膨胀算法】：膨胀层网格划分算法分为 Pre 及 Post 两种。

Pre：系统首先划分面上的膨胀层网格，其次生成体网格。

Post：使用一种在四面体网格生成后作用的后处理方法。

【查看高级选项】：默认为关闭状态，打开后，将出现以下 3 种选项。

避免冲突：主要用于检测和调整狭窄区域的膨胀层网格，其下拉列表提供了 3 种方式，分别为无、层压缩、梯步。

增长率选项：用于控制膨胀层高度的增长方式，其下拉列表提供了 3 种方式，分别为指数、几何及线性的，同时可采用最大角度和圆角率调整膨胀层在折角过渡和圆角过渡处的膨胀层网格。

使用后平滑：用于控制膨胀层过渡是否平滑，并提供平滑迭代改善平滑过渡的质量，其数值为 1～20，默认值为 5。

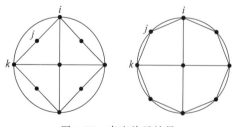

图 4-72　直边单元效果

6）高级

【用于并行部件网格剖分的 CPU 数量】：默认为程序控制，可以根据计算机的实际配置设置对应的物理核心数量。

【直边单元】：用于控制含有中间节点单元拟合圆角模型处时中间节点在单元中的位置，如图 4-72 所示，左图为打开直边单元效果图,右图为关闭直边单元效果图。

【刚体行为】:该选项只有在刚体动力学中有效,其下拉选项分为全网格和尺寸减小。

全网格:系统将对被选定的刚体采用六面体和四面体进行网格剖分。

尺寸减小:系统将采用一个高级节点代替整个刚体部分。

【三角形表面网格剖分器】:该选项决定了表面三角形网格的剖分策略,分为程序控制和前沿,默认为程序控制。

【拓扑检查】:该选项用于检查所选定对象与其网格是否正确关联,如果关联失败,则网格需要重新被剖分。

【收缩容差】:该选项用于模型中细小特征清除,需要定义一个容差值,低于此容差值的特征将被清除。

【刷新时生成缩放】:有两个选项,当设置为是时,若几何体发生改变,则所有收缩控制将被删除。当设置为否时,即使几何体发生改变,收缩控制仍得到保留。

7) 统计

【节点】:网格剖分后,统计所有节点的数量。

【单元】:网格剖分后,统计所有单元的数量。

2. 局部网格控制

全局网格控制仅控制模型整体网格的剖分方式,大多数分析案例需要对模型局部区域进行网格控制,此时需要插入局部网格控制方案对模型局部区域进行网格剖分。

有两种方法可以对模型局部区域进行网格控制。

第 1 种方法:右击"网格"→"插入",如图 4-73 所示。

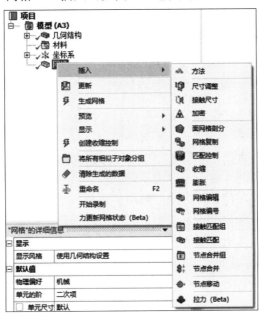

图 4-73　插入局部网格控制方法一

第2种方法：单击导航树中的"网格"，标签页将显示"网格"标签，在网格标签中提供了局部网格剖分工具栏，如图4-74所示。

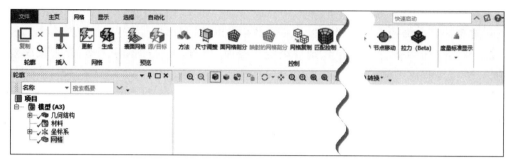

图4-74　插入局部网格控制方法二

局部网格控制提供了众多方法。主要包括方法、尺寸调整、接触尺寸、加密、面网格剖分、网格复制、匹配控制、收缩、膨胀。不同的局部控制方法实现的网格划分功能各不相同，但最终目的都是控制网格质量，提高计算精度。

1）方法

应用方法控制共有7种方法，分别为自动、四面体、Hex Dominant、扫掠、MultiZone、笛卡儿及分层四面体，如图4-75所示。

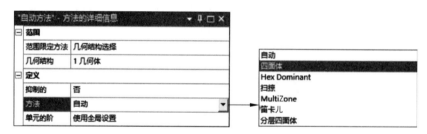

图4-75　网格控制方法

（1）自动网格剖分方法：根据模型的形状在四面体划分和扫掠方法之间切换，当模型形状规则时，采用扫掠方法，当模型形状不规则时，采用四面体剖分方法。

（2）四面体网格剖分方法：将模型全部剖分为四面体，其提供了补丁适形和补丁独立两种剖分算法。

补丁适形：该方法采用的是自底向上的网格剖分方法，即按照线、面、体的顺序生成网格，因为充分考虑了模型的特征，故补丁适形方法适用于已经处理干净的模型。

补丁独立：该方法采用的是自顶向底的网格剖分方法，即按照体、面、线的顺序生成网格，故补丁独立方法适用于质量较差的模型。

（3）Hex Dominant方法：用于划分以六面体网格为主导，部分区域使用金字塔单元或四面体单元填充。该算法首先生成自由面四边形或者三角形网格，其次对实体填充划分实体网格。

【单元的阶】：提供了 3 个选项，分别是使用全局设置、线性的及二次的。

【自由面网格类型】：提供了两个选项，分别是四边形/三角形和全部四边形。

（4）扫掠方法：采用六面体网格或者棱柱形单元划分可扫掠的几何体（规则的自由体），主要控制参数如下。

【算法】：提供了两个选项，分别为程序控制及轴对称。程序控制用于传统的可扫掠模型，轴对称选项用于轴对称模型。

【单元的阶】：提供了 3 个选项，分别是使用全局设置、线性的及二次的。

【Src/Trg 选择】：用于确定选择源面与目标面的选择方法，提供了 5 种选项，分别为自动、手动源、手动源和目标、自动薄和手动薄。

【源】：几何源面。

【目标】：几何目标面。

【自由面网格类型】：提供了两个选项，分别是四边形/三角形和全部四边形。

【类型】：定义从源面到目标面网格分段的形式，提供了两个选项，分别为单元尺寸和分区数量。

【扫掠 Num Div】：从源面到目标面划分网格的数量。

2）尺寸调整

尺寸调整功能可用于修改线、面、体的单元尺寸，其尺寸修改的类型随所选几何体的不同而不同，例如当几何体为线体时，其尺寸修改类型可提供单元尺寸、分区数量和影响范围 3 个选项，当几何体类型为实体时，其尺寸修改类型仅提供了单元尺寸与影响范围两个选项。以修改线体尺寸为例，其主要控制参数如下。

【类型】：提供了 3 个选项，分别为单元尺寸、分区数量及影响范围。

单元尺寸：定义单元的尺寸。

分区数量：切割的份数。

影响范围：系统采用球体的方式对球体范围内的几何体进行网格划分，球体采用球心、球体半径定义位置和大小。

3）接触尺寸

接触尺寸主要用于有部件相互接触的场合，当在导航树内的连接根目录中定义了接触对后，插入接触尺寸可以控制接触面之间的网格尺寸，如图 4-76 所示。

图 4-76　接触尺寸控制方法

4）加密

加密功能与尺寸调整功能类似,两者都是对几何体加密,但加密功能相对简单,选择加密功能后,系统通过1、2、3共3个级别对几何体网格加密,数值越大,网格数量被划分得越多。

5）面网格剖分

面网格剖分功能可以对面进行映射并划分出一致的网格,故划分的网格质量相对较高,有助于提高计算效率,增加求解精度。

为控制面映射的效果,系统提供了以下3个选项控制面顶点与面内部网格节点之间的映射。

【指定的边】:在面内部有网格的一个节点与指定的点相连。

【指定的拐角】:在面内部有网格的两个节点与指定的点相连。

【指定的端】:在面内部没有网格的节点与指定的点相连。

指定的边、指定的拐角和指定的端划分效果如图4-77所示。

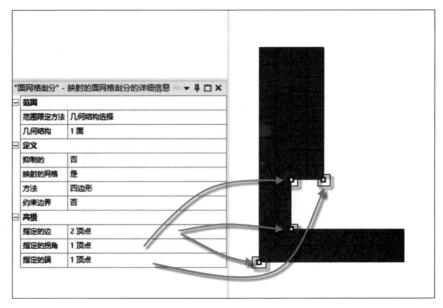

图4-77　面网格剖分高级选项定义

6）网格复制

网格复制功能可以将具有相同体积、相同形状和相同面积源面的网格复制到目标面,如图4-78所示。

7）匹配控制

匹配控制功能用于针对具有阵列和旋转特性的模型进行网格划分,以旋转特性的模型为例,分别指定模型的高几何结构面和低几何结构面,并选定以 Z 轴为旋转轴的坐标系,其网格划分效果如图4-79所示。

8）收缩

网格收缩功能可以简化模型的狭小特征,在网格划分时忽略模型的细小特征。

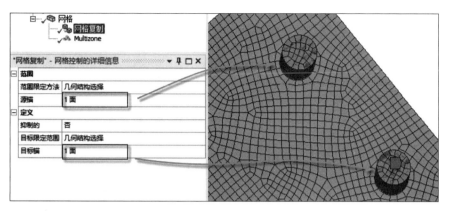

图 4-78 网格复制功能

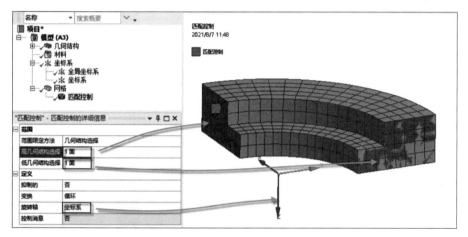

图 4-79 网格匹配功能

当网格划分前未对狭小特征进行处理时,系统为了拟合模型的狭小特征,将在这些特征处划分较小的网格,若这些特征并非结构的关心区域,则细小网格的存在将增加求解时间,如图 4-80 所示。

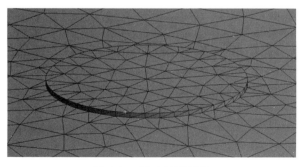

图 4-80 狭小特征网格

使用网格收缩功能简化凸台特征,主几何结构选择凸台的下圆边,从几何结构选择凸台的上圆边,将容差设置为 0.5mm,如图所 4-81 示。

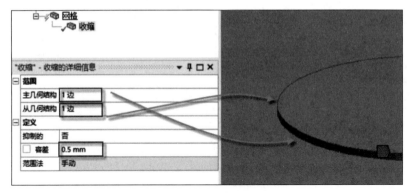

图 4-81　设置网格收缩

网格划分后凸台消失,效果如图 4-82 所示。

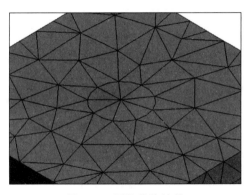

图 4-82　网格收缩效果

9）膨胀

网格膨胀功能用于设置流体膨胀层边界,功能设置与全局网格控制中的膨胀功能类似,此处不再赘述。

网格划分时,较为规整的模型可以划分出规整的网格,而构造奇特、细小特征较多的模型在网格划分时,由于软件需要拟合细小特征的构造,所以很难划分出高质量的网格。

Workbench 平台的 Mesh 模块提供了较多的网格划分算法以划分出高质量的网格,但算法并非一劳永逸,最为直接的方法则是用户切分出规整的三维模型,结合 Mesh 提供的高效网格划分算法及局部网格控制功能方可划分出符合计算要求的网格。

【例 4-1】　采用 Mesh 模块划分钱币造型网格。

（1）从组件系统工具栏中将 Mesh 模块拖曳至项目原理图区域,如图 4-83 所示。

（2）右击 Geometry→Import Geometry→Browse...,导入"钱币模型. scdoc"模型文件。

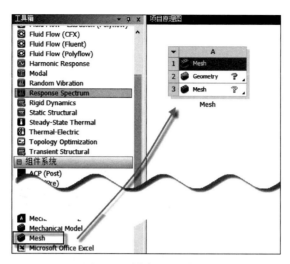

图 4-83　创建 Mesh 模块

（3）双击 Mesh，进入 Mechanical 环境划分网格。

（4）右击"网格"→"插入"→"方法"，如图 4-84 所示。

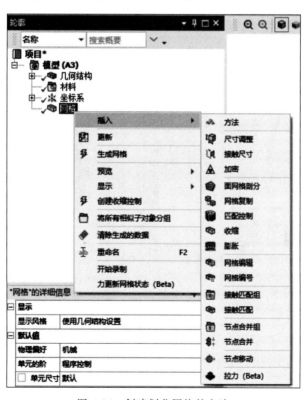

图 4-84　创建划分网格的方法

（5）选择体筛选器，选择钱币模型，在"几何结构"中单击"应用"，"方法"选择 Hex Dominant，如图 4-85 所示。

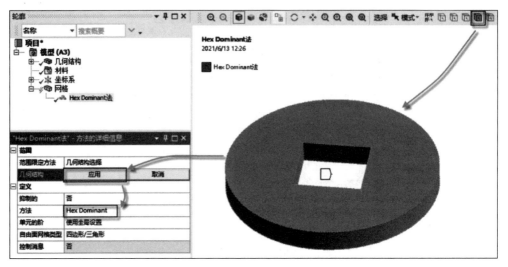

图 4-85　使用 Hex Dominant 方法划分网格

（6）单击导航树中"网格"，在网格的详细信息栏中将"单元尺寸"更改为 3mm，如图 4-86 所示。

（7）右击导航树中"网格"→"生成网格"，划分结果如图 4-87 所示。

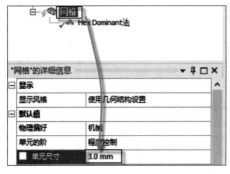

图 4-86　更改单元网格尺寸

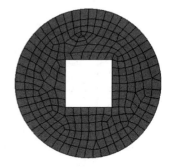

图 4-87　网格划分结果

（8）单击标签栏中"网格"→"度量标准显示"→"度量标准图"→"单元质量"，查看网格结果质量，如图 4-88 所示。

系统对网格质量进行统计，横轴为单元质量，0 为最差，1 为最佳；纵轴为单元的数量。表格上方为单元类型，分别为 Tet10（10 节点 4 面体单元）、Hex20（20 节点 6 面体单元）、Wed15（15 节点棱柱单元）及 Pyr13（13 节点棱锥单元），如图 4-89 所示。

虽然将网格划分方法设置为 Hex Dominant，但软件在划分时依然使用了棱形单元进行了填充。

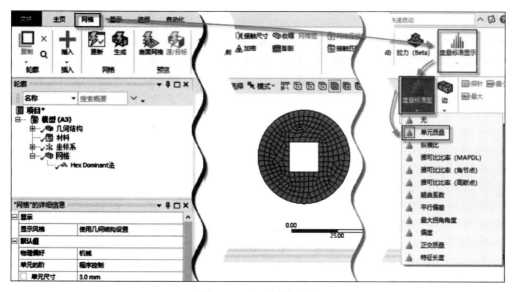

图 4-88　查看网格质量

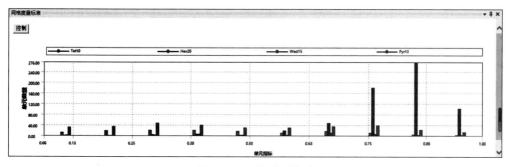

图 4-89　网格质量统计

单击柱状图中的柱形,系统将在模型浏览区显示对应的网格模型。

（1）单击导航树"网格",在详细信息栏中将"网格质量标准"设置为"单元质量",可以看到最小质量为 4.4787e−2、最大质量为 0.990 04 及平均质量为 0.658 62,如图 4-90 所示。

（2）双击 Geometry,进入 SCDM 模块对模型进行切割。

首先依靠钱币中间的正方体的对角边创建两个切割平面。

（3）单击"设计"→"平面"→"构建平面",选择正方体的两个对角边,软件通过虚线显示两个分别经过对角边的平面,用鼠标分别单击虚线平面,系统将自动创建两个平面,如图 4-91 所示。

（4）单击"设计"→"分割主体"→"选择目标",选择钱币模型,如图 4-92 所示。

（5）单击"选择刀具",分别选择创建的两个平面,软件将钱币模型切割为 4 个实体,如图 4-93 所示。

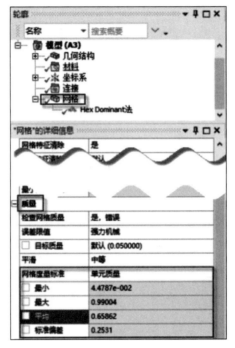

图 4-90　网格质量统计

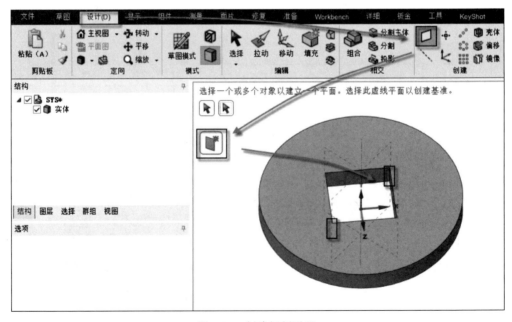

图 4-91　创建切割平面

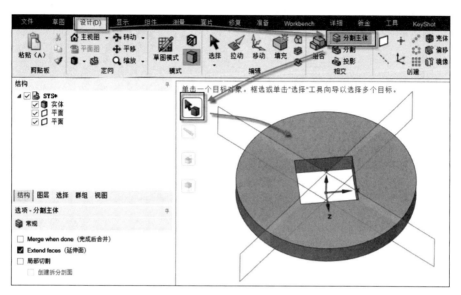

图 4-92　选择切割主体

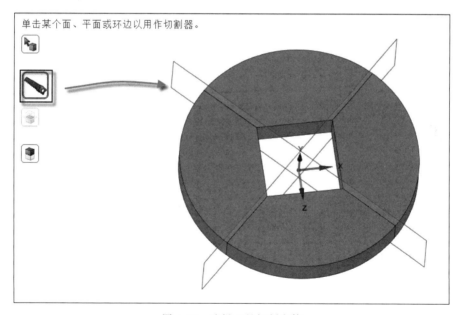

图 4-93　选择刀具切割主体

单击键盘上的 Esc 键可退出各项命令。

钱币模型被分为 4 个实体后，在拓扑关系上 4 个主体彼此分开，导入 Mechanical 将形成装配关系，所以在导入 Mechanical 之前应将拓扑关系设置为共享使其在切割边界上共享节点。

（6）单击结构树中的 SYS，在属性栏中将"共享拓扑"设置为"共享"，如图 4-94 所示。

（7）打开 Mechanical 软件，单击"文件"→"刷新所有数据"，将 SCDM 切割后的模型在 Mechanical 中刷新，如图 4-95 所示。

（8）数据刷新后，钱币模型通过 4 种不同颜色显示，说明已经分割成功。右击 Hex Dominant→"删除"，删除六面体网格划分，如图 4-96 所示。

（9）右击"网格"→"生成网格"，网格切分结果及质量如图 4-97 所示。从图中可知，即使不采用 Hex Dominant 方法，经过切分后，Mechanical 的网格切割算法依然可以划分出纯 Hex20 单元的网格，并且平均质量达到 0.911 72，由此可见，模型切割对网格划分的质量至关重要。

【例 4-2】 采用结构过渡网格划分如图 4-98 所示的阶梯轴模型。

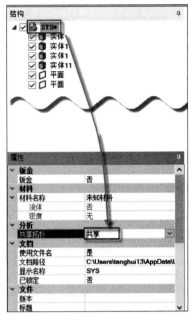

图 4-94　设置共享拓扑关系

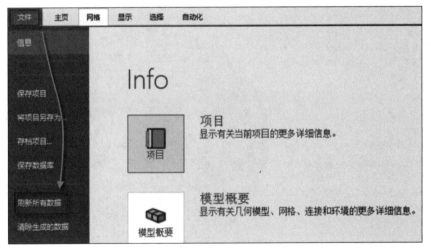

图 4-95　刷新数据

阶梯轴受载后，通常在轴肩圆角过渡区域产生应力集中，故在网格划分时，通常将圆角附近的网格数量划分得较密一些，远离圆角区域的网格划分得较为稀疏，由于阶梯轴模型简单，网格密集区域与网格稀疏区域可以通过四边形网格完成精细网格与粗糙网格之间的过渡。

典型的四边形网格过渡如图 4-99 所示，图中 6、7、8 号单元为密集网格区域，5 号单元为稀疏网格区域，两者之间需要通过 1、2、3、4 号单元完成过渡。

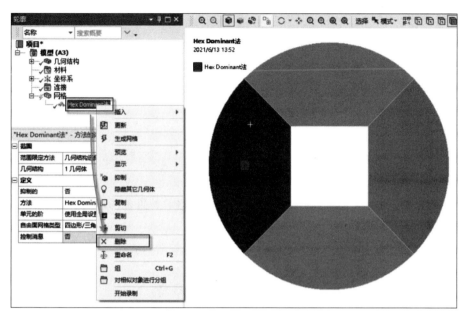

图 4-96　删除六面体网格划分

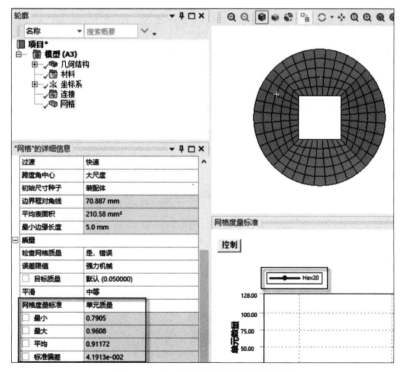

图 4-97　切割后网格及其划分质量

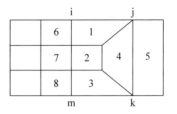

图 4-98　阶梯轴模型　　　　　　　　　　图 4-99　网格过渡示意图

划分过渡网格时,应遵循以下 3 点要求:

(1) 首先确定密集区域网格尺寸的大小。

(2) 稀疏区域网格单元的边长应当为密集区域网格单元边长的 3 倍。

(3) 网格划分方法应定义为 MultiZone。

如图 4-99 所示,网格划分时,应当首先确定 6、7、8 号单元的尺寸,其次确定 5 号单元 jk 边长应当等于 6 号单元边长的 3 倍。

下面采用 Workbench 的 Mesh 模块对阶梯轴划分网格。

(1) 从组件系统工具栏中将 Mesh 模块拖曳至项目原理图区域。

(2) 右击 Geometry→Import Geometry→Browse,导入"阶梯轴. scdoc"模型文件。

(3) 双击 Geometry,进入 SCDM 对模型切割。

(4) 单击"设计"→"分割"→"选择目标",单击阶梯轴,如图 4-100 所示。

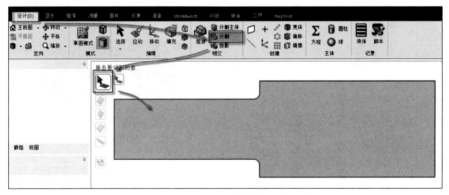

图 4-100　选择阶梯轴作为切割目标

(5) 单击"选择垂直切割器点",将鼠标移动至阶梯轴圆角过渡处顶点位置,随后向左平移鼠标,屏幕将显示鼠标与圆角顶点位置的百分比及距离尺寸,默认激活的是百分比距离,按下键盘上的 Tab 键,激活尺寸,输入 0.25,如图 4-101 所示。

按下键盘上的 Enter 键确认,阶梯轴被分割为两部分,单击左键可分别选择阶梯轴的左右两个面,但在结构树中,两个面仍保存在一个剖面对象中,如图 4-102 所示。

(6) 单击"分割主体"→"选择目标",选择左侧阶梯轴平面,如图 4-103 所示。

(7) 单击"选择刀具",选择阶梯轴中间的切割线,如图 4-104 所示。

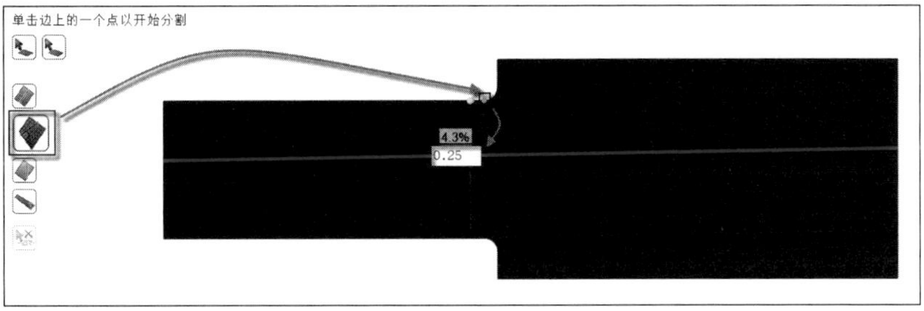

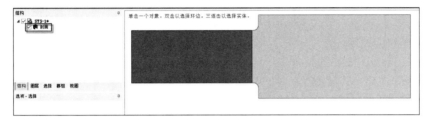

图 4-101 选择阶梯轴作为切割目标

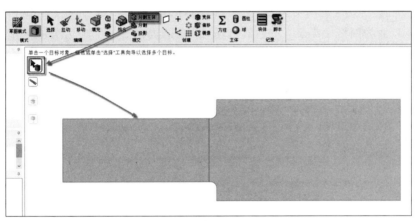

图 4-102 切割为两个面

图 4-103 切割阶梯轴主体

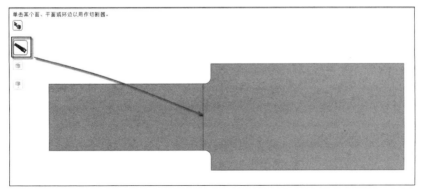

图 4-104 选择刀具切割主体

完成切割主体操作后,阶梯轴将被分为两个主体,结构树中也将有两个剖面对象。

（8）以相同的方法继续切割阶梯轴,切割完成后的结果如图 4-105 所示（虚线 1、2、3、4 分别为切割线,点画线为阶梯轴中心线）,阶梯轴被切分为 A、B、C、D、E 共 5 个主体。

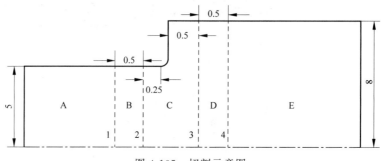

图 4-105 切割示意图

关闭 SCDM 软件,打开 Mechanical 软件。

划分网格前,首先确定网格尺寸。本例中,将应力集中区域（C 面体）面网格尺寸划分为 0.25mm,B、D 面为网格由小至大的过渡区域,A、E 两面由于是非应力关心区域,故面网格尺寸定义为 1mm。

因 C 面尺寸为 0.25mm,2 号线的长度为 5mm,镜像后 2 号线尺寸为 10mm,故将 2 号线分割为

$$\frac{10}{0.25} = 40$$

向上取 3 的倍数,则 2 号线切分段数为 42 段。

1 号线的分割段数根据 2 号线分割段数确定,其段数应为 2 号线的 1/3,故 1 号线的分割段数为

$$\frac{42}{3} = 14$$

3 号线的长度为 8mm,镜像后 3 号线尺寸为 16mm,故将 3 号线分割为

$$\frac{16}{0.25} = 64$$

向上取 3 的倍数,则 3 号线切分段数为 66 段。

4 号线的分割段数根据 3 号线分割段数确定,其段数应为 3 号线的 1/3,故 4 号线的分割段数为

$$\frac{66}{3} = 22$$

阶梯轴切割尺寸见表 4-3。

表 4-3　几何分割尺寸统计表

几 何 标 记	尺寸与分段数	几 何 标 记	尺寸与分段数
A 面	1mm	1 号线	14 段
B 面	0.25mm	2 号线	42 段
C 面	0.25mm	3 号线	66 段
D 面	0.25mm	4 号线	22 段
E 面	1mm		

（9）单击尺寸调整，选择 1 号线，单击"应用"，在"类型"下拉选项中选择"分区数量"，将"分区数量"定义为 14，将行为设置为"硬"，如图 4-106 所示。

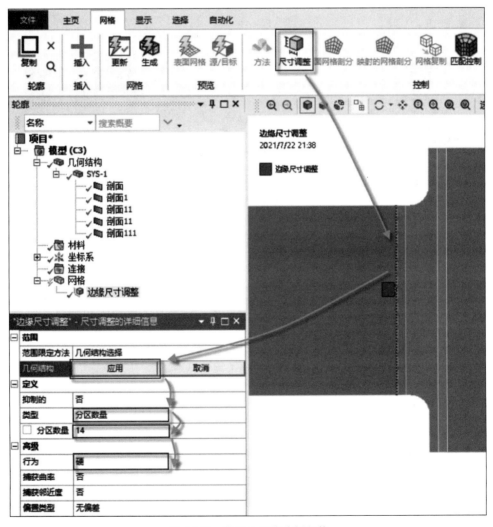

图 4-106　定义 1 号线分割段数

（10）以同样方法分割2、3、4号线，线体分割段数见表4-3。

（11）单击网格标签页下的"方法"工具按钮，选择B、C、D 3个面，单击几何结构中的"应用"，"方法"选择为MultiZone Quad/Tri，将"表面网格法"选择为"均匀"，将"自由面网格类型"选择为"全部四边形"，并将单元尺寸定义为0.25mm，如图4-107所示。

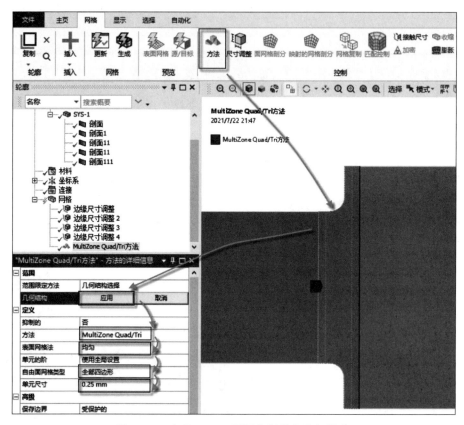

图4-107　定义B、C、D面网格划分方法与尺寸

（12）单击网格标签页下的"方法"工具按钮，选择A、E两个面体，在几何结构中单击"应用"，"方法"选择MultiZone Quad/Tri，其余选项默认，如图4-108所示。

（13）定义总体网格尺寸，单击"网格"对象，将"单元尺寸"定义为1mm，如图4-109所示。

（14）单击"更新"按钮，划分阶梯轴网格。

网格划分效果如图4-110所示。

3. 外部网格导入

Workbench平台内可以采用Mesh模块划分网格，同时也支持将由其他第三方软件划分的网格导入Workbench平台。比较常用的网格划分软件有Hypermesh、ANSA、Gambit等，以下主要介绍如何采用Hypermesh将划分后的网格导入Workbench供结构分析使用。

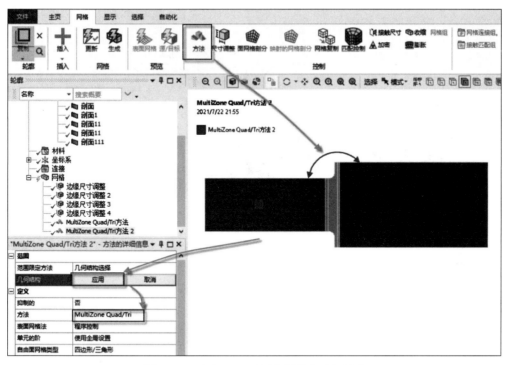

图 4-108 定义 A、E 面网格划分方法与尺寸

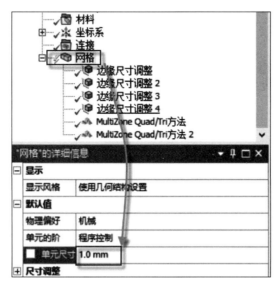

图 4-109 定义总体网格尺寸

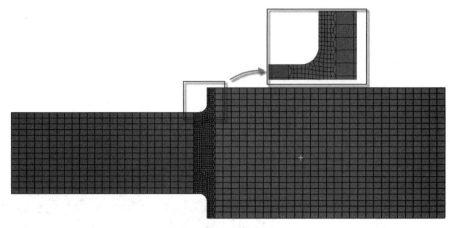

图 4-110　网格划分结果

Hypermesh 软件不仅可以为 Workbench 划分网格,同时也可以将大部分边界条件在软件内设置完成后提交至 Workbench 自动完成计算。

将由 Hypermesh 生成的网格文件导入 Workbench 平台的流程如下:

(1) Hypermesh 划分网格并导出后缀名为 cdb 的文件格式。

(2) 将 Hypermesh 划分的网格文件导入 ANSYS 经典界面,刷新格式后输出后缀名为 cdb 文件格式。

(3) 在 Workbench 平台导入经过 ANSYS 经典界面刷新后的 cdb 文件。

注意:导入第三方软件划分的网格文件时,应将 Workbench 平台设置为英文界面。

具体的导入操作如下:

(1) 打开 ANSYS 经典界面,单击 File 菜单,单击 Read Input from...菜单,在弹出的对话框中根据文件存放位置选择相应的目录,选择 HM_ANSYS_PIPE.cdb 文件,如图 4-111 所示。

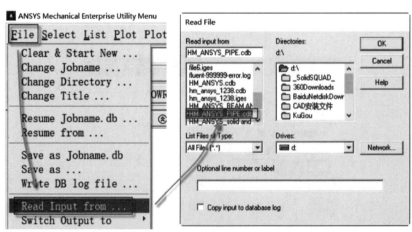

图 4-111　将文件导入 ANSYS

注意：文件保存的目录及文件名称不能存在中文字符。

（2）文件导入后软件界面默认不显示模型和单元，单击 Plot 菜单，然后单击 Elements，图形界面将显示导入的单元，如图 4-112 所示。

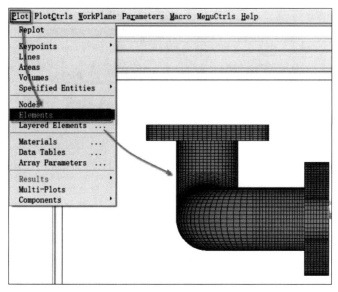

图 4-112　经典界面中显示导入的单元

（3）单击 Preprocessor→Archive Model→Write，在弹出的对话框中将导出的文件分别命名为 D：\ HM＿AYSYS＿PIPE＿WORKBENCH. cdb 和 D：\ HM＿AYSYS＿PIPE＿WORKBENCH. iges 文件，单击 OK 按钮输出 . cdb 文件和 . iges 文件，如图 4-113 所示。

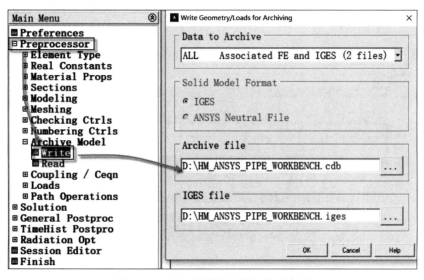

图 4-113　导出有限元文件及模型文件

（4）关闭经典界面，打开 Workbench 平台。

（5）在 Component Systems 工具箱中找到 External Model 并拖曳至 Project Schematic 区域，如图 4-114 所示。

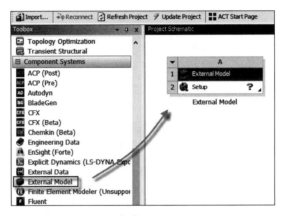

图 4-114　拖曳 External Model

（6）双击 Setup 进入 External Model，如图 4-115 所示，单击 Location 列的 ▦ 按钮，单击 Browse 打开 Open Files 对话框，选择 D:\HM_AYSYS_PIPE_WORKBENCH. cdb 文件。

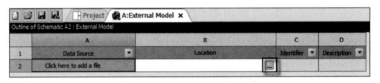

图 4-115　导入文件对话框

（7）文件导入成功后，单击序号为 2 的 D:\HM_AYSYS_PIPE_WORKBENCH. cdb 文件，将 Unit System 的单位设置为 Metric(kg,mm,s,℃,mA,N,mV)，如图 4-116 所示。

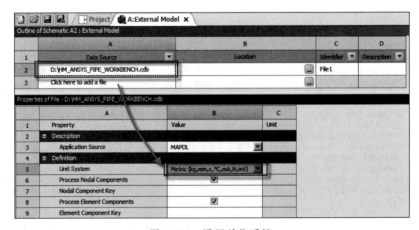

图 4-116　设置单位系统

注意：Workbench 平台内的单位系统应与建模时及使用 Hypermesh 软件划分网格时的单位系统一致。

（8）关闭 External Model，将 Static Structural 拖曳至 Project Schematic 区域，将 External Model 中的 Setup 与 Static Structural 的 Model 相连，如图 4-117 所示。

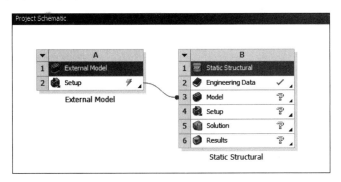

图 4-117　将网格文件传递至静力分析系统

（9）右击 External Model 系统中的 Setup 弹出菜单，单击 Update 更新数据。

（10）双击 Static Structural 系统中的 Model，打开 Mechanical 软件，图形显示窗口可以看到导入的网格，如图 4-118 所示。

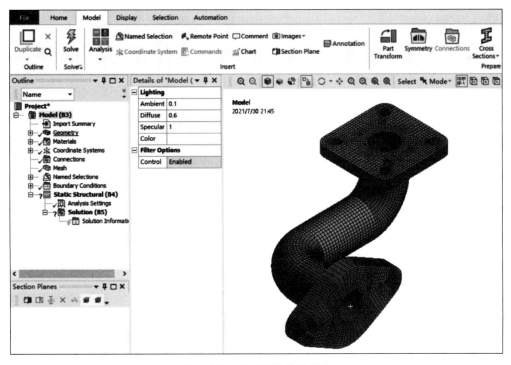

图 4-118　导入网格单元成功

4.3.2　边界条件

不同类型的边界条件需要在不同的环境中施加,零部件之间的接触边界和连接副可以单击导航树中"连接",系统将显示各类接触边界的施加工具按钮,如图 4-119 所示。

图 4-119　接触与连接副边界条件

单击导航树中"静态结构",系统将显示各类支撑及载荷边界的施加工具按钮,如图 4-120 所示。

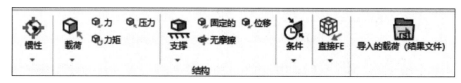

图 4-120　支撑与载荷边界条件

1. 接触与连接副边界

1) 接触边界

接触行为属性高度非线性分析,计算时因需要多次迭代,故需要消耗大量的计算资源。通常当使用有限元软件分析多个零件相互接触时,应满足以下物理接触现象:

(1) 多个零件的接触表面不可互相渗透。

(2) 多个零件之间可以传递正向压力和摩擦力。

(3) 不能传递法向拉伸力。

Mechanical 提供了可以模拟零件之间相互作用的接触边界及相互之间连接的边界条件,其中接触边界分为绑定、无分离、无摩擦、摩擦的、粗糙及强制摩擦,如图 4-121 所示。

(1) 绑定接触用于模拟两个零件互相焊接在一起,从分析开始到结束两个零件始终处于绑定状态。

(2) 无分离接触用于模拟两个零件之间有相互切向运动,但在运动过程中始终无法分离。

图 4-121　接触类型

(3) 无摩擦运动用于模拟两零件之间的相互切向运动(光滑摩擦),但在运动过程中有可能发生相互分离。

(4) 摩擦接触用于模拟零件之间的相互切向运动,由用户定义摩擦系数,但在运动过程中有可能发生相互分离。

(5) 粗糙接触用于模拟零部件之间可能会发生相互分离现象,但无法实现切向运动。

各类接触类型的特性统计见表 4-4。

表 4-4　不同接触类型的特性

接 触 类 型	迭 代 次 数	法 向 分 离	切 向 滑 移
绑定	1	无间隙	无法滑移
无分离	1	无间隙	允许滑移
无摩擦	多次	允许有间隙	允许滑移
摩擦	多次	允许有间隙	允许滑移
粗糙	多次	允许有间隙	无法滑移

2）连接副边界

连接副边界条件主要模拟零件之间或零件与固定面之间的相对运动关系，Mechanical 软件提供了几何体-地面、几何体-几何体两类连接工具按钮，每类工具按钮下提供了各种连接方式，如图 4-122 所示。

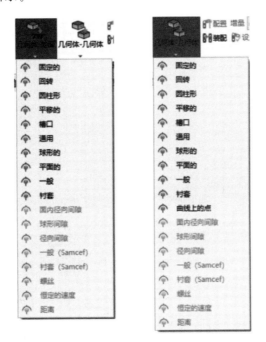

图 4-122　连接类型

常用的连接副有固定的、回转、圆柱形、平移的、槽口、通用、球形的、平面的、一般。

（1）固定的：约束所有的固定几何体（点、线、面）的自由度。

（2）回转：匀速所有的平动自由度及两个旋转自由度，释放一个旋转自由度，如图 4-123 所示。

（3）圆柱形：约束两个平动自由度及两个旋转自由度，释放一个平动自由度和一个旋转自由度,如图 4-124 所示。

(4)平移的:约束两个平动自由度和 3 个旋转自由度,释放一个平动自由度,如图 4-125 所示。

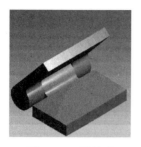

图 4-123　回转副

图 4-124　圆柱副

图 4-125　平移副

(5)槽口:约束两个平动自由度,释放一个平动自由度和所有转动自由度,如图 4-126 所示。

(6)通用:约束所有平动自由度和一个转动自由度,释放两个转动自由度,如图 4-127 所示。

(7)球形的:约束所有平动自由度,释放所有旋转自由度,如图 4-128 所示。

图 4-126　槽口副

图 4-127　通用副

图 4-128　球形副

(8)平面的:约束一个平动自由度和两个转动自由度,释放两个平动自由度和一个转动自由度,如图 4-129 所示。

(9)一般:共 6 个自由度,可根据零部件之间的连接关系由用户自由释放平动自由度和旋转自由度的数量。

2．支撑边界

支撑边界用于限制结构的运动范围,常被用于模拟结构与地面的运动关系,Mechanical 提供了支撑、固定的、位移、无摩擦等支撑边界条件,如图 4-130 所示。

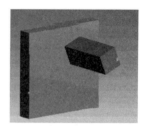

图 4-129　平面副

支撑边界条件又分为远程位移、速度、阻抗边界、极限边界、仅压缩支撑、圆柱形支撑、简单支撑、固定主几何体、弹性支撑,如图 4-131 所示。

结构分析常用的是远程位移、仅压缩支撑、圆柱形支撑、简单支撑及弹性支撑。

（1）远程位移：远程位移约束可以为点、线、面定义约束自由度，当为几何体施加远程位移后，可以定义几何体3个平动自由度和3个转动自由度，如图4-132所示。

图 4-130　支撑边界　　　　图 4-131　各类支撑边界　　　　图 4-132　远程位移边界

（2）仅压缩支撑：仅压缩支撑用于限制选定面在法向方向的约束。

（3）圆柱形支撑：圆柱形支撑可以施加在圆柱面上，可定义圆柱面径向、轴向和切向的运动。

（4）简单支撑：简单支撑可施加于梁单元或壳体的点及边缘，用于限制几何体平动方向自由度，但可以释放全部转动自由度。

（5）弹性支撑：弹性支撑用于定义选定面的弹簧刚度，与定义连接中的弹簧刚度不同的是，连接中弹簧的刚度单位为 N/mm，而弹性支撑中的弹簧刚度为 N/mm³，这是因为弹性支撑中的弹簧刚度考虑了选定面的面积。

假设一根圆柱形轴，其两端圆的面积为 313mm²，为其一端圆面施加弹性支撑，另一端圆面施加 100N 集中压力，为了保证圆柱面在集中压力作用下位移为 1mm，则弹性支撑的弹簧刚度应当设置为

$$\frac{100\text{N/mm}}{313\text{mm}^2}=0.3195\text{N/mm}^3$$

Mechanical 将常用的支撑单独创建了工具按钮，如固定的、位移、无摩擦，如图4-133所示。

（1）固定的：适用于点、线、面体，被定义的几何体各自由度刚度无限大。

（2）位移：与远程位移类似，但仅可定义3个方向的平动自由度。

（3）无摩擦：适用于面上限制其法向约束，一般用于实体零件对称约束边界。

图 4-133　固定的、位移、
无摩擦边界

3．惯性载荷

惯性载荷一般用于施加地球重力加速度或者其他各类速度及加速度，如图 4-134 所示。

当需要定义结构件重力时，可以通过加速度和标准地球重力两种方法施加，但以加速度方式施加时，其加速度方向应当与重力方向相反，而使用标准地球重力方式施加时，则施加方向应当与重力方向一致。

4．结构载荷

结构载荷分为载荷、力、压力及力矩，如图 4-135 所示。

载荷工具按钮又包含管道压力、静液力压力、远程力、轴承载荷、螺栓预紧力、广义平面应变、线压力、热条件、管道温度、连接副载荷、流体固体界面、系统耦合区域、旋转力及爆炸点，如图 4-136 所示。

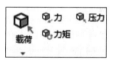

图 4-134　惯性载荷边界　　　图 4-135　结构载荷边界　　　图 4-136　载荷边界

结构分析中常用的载荷一般为静液力压力、远程力、轴承载荷、螺栓预紧力、线压力、连接副载荷。

（1）静液力压力：用于模拟流体介质对结构产生的压力。

（2）远程力：远程力可以在几何体上施加一个偏置的力，但偏置力将产生弯矩。

（3）轴承载荷：轴承载荷仅可施加在圆柱表面。

（4）螺栓预紧力：可以模拟螺栓预紧时的载荷，可施加在线体和圆柱面体上。

（5）线压力：多应用于梁结构载荷施加，如梁结构上均布载荷。

（6）连接副载荷：当结构中存在连接副边界条件时可以在连接副中施加载荷，载荷可以为力、速度和加速度等。

4.3.3　分析设置

分析设置通常用于案例求解前设置求解步数量、子步数量、求解时间、输出数据管理等。在导航树中单击"分析设置"即可打开分析设置详细信息窗口。不同求解模块其对应的分析设置内容亦不相同，以非线性静力学为例，其分析设置参数如图4-137所示。

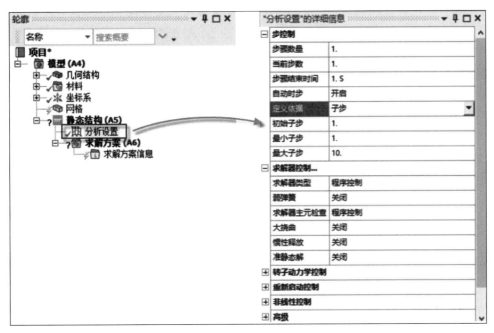

图4-137　分析设置窗口

【步骤数量】：当结构分析包含多个工作顺序时可以通过步骤数量设置多个载荷步，如一台塔式起重机调运物品需要3个载荷步，第1个载荷步将物品由地面起吊至空中，第2个载荷步将大臂选择一定角度或改变小车幅度到达指定地点，第3个载荷步将释放载荷完成一个调运循环。

【当前步数】：当存在多个步骤数量时，"当前步数"为每个载荷步设置对应的求解子步。

【步骤结束时间】：设置当前步结构分析的结束时间。

【自动时步】：分为打开或关闭两个选项。打开时由用户手动分配最大子步、最小子步和初始子步，关闭时由系统自动分配。

【定义依据】：分为"子步"和"时间"两个选项，两者关系互为倒数。

【初始子步】：软件求解初始期间载荷步的分割数量。

【最小子步】：载荷步分割的最小子步数量。

【最大子步】：载荷步分割的最大子步数量。

初始子步、最小子步、最大子步的关系为

$$最小子步 \leqslant 初始子步 \leqslant 最大子步$$

【求解器类型】：软件提供了直接求解器和迭代求解器供用户选择，当用户选择程序控制后，软件自动选择最优的求解方案。

【弱弹簧】：对于静力学仿真，弱弹簧可以通过防止数值不稳定来促进求解，常用于模拟结构未完全约束，但其受力是平衡的模型，如试棒的单轴拉伸实验，忽略其自重，其受到一对大小相等、方向相反的集中载荷。

【求解器主元检查】：在未完全约束的结构或接触相关求解模型中时常会出现病态矩阵，求解器主元检查可以侦测到病态矩阵。求解器主元检查提供了 4 个选项，分别是程序控制、警告、错误和关闭。

【大挠曲】：又称大变形，当结构涉及非线性计算时，应打开此选项。

【惯性释放】：静力学分析通常要求结构保持完全约束，但对于特定的结构，如飞行器、船舶等结构分析时不能完全约束，此时可以通过打开惯性释放功能对其加载分析。惯性释放的本质是通过在结构上施加与外力相平衡的加速度，加速度大小根据结构的质量矩阵和刚度矩阵计算而来，所以在计算前应确保材料属性中已经添加了材料密度。

【准静态解】：该选项仅存在于静力学分析中，对于本质上是静力学且无法收敛的分析，打开后可以有助于收敛。

4.3.4　结果后处理

Mechanical 分析的所有结果都可在后处理中选择查看，结构分析中的后处理结果包括变形、应变、应力、反力（支座反力、接触反力等）、安全系数、速度、加速度、梁工具、接触工具等。

当选择导航树中的"求解方案"时，Mechanical 会提供本分析模块内的各类后处理结果，以静力学为例，软件提供了变形、应变、应力、能量、损坏、线性化应力、体积、坐标系和用户定义的结果，如图 4-138 所示。

Mechanical 还为用户提供了各类探针工具、梁结果工具及接触工具，帮助用户获取关心区域的结果，如图 4-139 所示。

1. 变形结果

变形结果用于查看模型在指定坐标系方向的位移、速度和加速度，程序默认坐标系一般为总体笛卡儿坐标系，坐标系方向下的结果分为总计和定向两类。

定向：定向结果指的是在 X、Y、Z 方向的结果，记为 U_x、U_y 和 U_z。

总计：总计结果是 3 个方向结果的平方和后开方。

$$U_{\text{total}} = \sqrt{U_x^2 + U_y^2 + U_z^2} \tag{4-5}$$

2. 应变结果

对三维空间结构而言，应变有 6 个未知分量，分别为 ε_{xx}、ε_{yy}、ε_{zz}、γ_{xy}、γ_{yz} 及 γ_{zx}，这 6 个应变分量构成了应变计算的基本量，最大主应变、中间主应变、最小主应变、等效应变等一系列结果均是从 6 个应变分量计算而来。

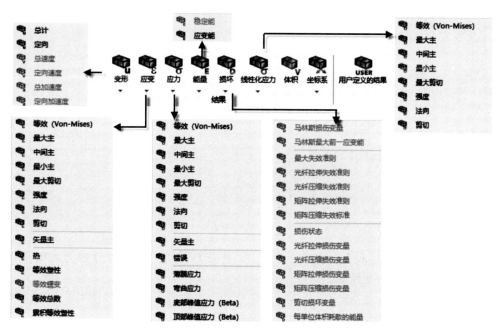

图 4-138　静力学模块后处理结果

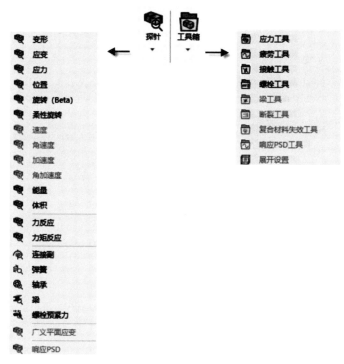

图 4-139　探针和工具箱

以线弹性各项同性材料为例,6个应变基本量可通过对位移函数求偏导获得

$$
\begin{cases}
\varepsilon_{xx} = \dfrac{\partial u}{\partial x} \\[2mm]
\varepsilon_{yy} = \dfrac{\partial v}{\partial y} \\[2mm]
\varepsilon_{zz} = \dfrac{\partial w}{\partial z} \\[2mm]
\gamma_{xy} = \dfrac{\partial v}{\partial x} + \dfrac{\partial u}{\partial y} \\[2mm]
\gamma_{yz} = \dfrac{\partial w}{\partial y} + \dfrac{\partial v}{\partial z} \\[2mm]
\gamma_{zx} = \dfrac{\partial u}{\partial z} + \dfrac{\partial w}{\partial x}
\end{cases}
\tag{4-6}
$$

在后处理结果中常提取主应变和等效应变,主应变从大到小排列,分别为 ε_1、ε_2 和 ε_3,以平面模型为例,其主应变计算式为($\varepsilon_3 = 0$)。

$$
\left.\begin{array}{c}\varepsilon_1\\\varepsilon_2\end{array}\right. = \frac{1}{2}(\varepsilon_{xx} + \varepsilon_{yy}) \pm \frac{1}{2}\sqrt{(\varepsilon_{xx} - \varepsilon_{yy})^2 + \gamma_{xy}^2}
\tag{4-7}
$$

等效应变的计算公式由主应变计算而来。

$$
\varepsilon_{\text{von}} = \sqrt{\frac{2}{9}\left[(\varepsilon_1 - \varepsilon_2)^2 + (\varepsilon_2 - \varepsilon_3)^2 + (\varepsilon_3 - \varepsilon_1)^2\right]}
\tag{4-8}
$$

3. 应力结果

应力结果通过应变结果派生而来,所以其结果类型与应变相似,同样有 6 个应力基本量、主应力及等效应力,如图 4-140 所示。

当应变求得后即可回代至材料的本构方程求得应力。

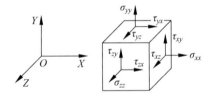

图 4-140 六面体应力分量

$$
\begin{cases}
\varepsilon_{xx} = \dfrac{1}{E}\left[\sigma_{xx} - \nu(\sigma_{yy} + \sigma_{zz})\right] \\[2mm]
\varepsilon_{yy} = \dfrac{1}{E}\left[\sigma_{yy} - \nu(\sigma_{xx} + \sigma_{zz})\right] \\[2mm]
\varepsilon_{zz} = \dfrac{1}{E}\left[\sigma_{zz} - \nu(\sigma_{xx} + \sigma_{yy})\right] \\[2mm]
\gamma_{xy} = \dfrac{1}{G}\tau_{xy} \\[2mm]
\gamma_{yz} = \dfrac{1}{G}\tau_{yz} \\[2mm]
\gamma_{zx} = \dfrac{1}{G}\tau_{zx}
\end{cases}
\tag{4-9}
$$

主应力结果与 6 个基本应力量有关,以平面模型为例$(\sigma_3 = 0)$。

$$\genfrac{}{}{0pt}{}{\sigma_1}{\sigma_2} = \frac{1}{2}(\sigma_{xx} + \sigma_{yy}) \pm \sqrt{\left(\frac{\varepsilon_{xx} - \varepsilon_{yy}}{2}\right)^2 + \tau_{xy}^2} \tag{4-10}$$

三维结构的等效应力与 3 个主应力有关。

$$\sigma_{von} = \sqrt{\frac{1}{2}\left[(\sigma_1 - \sigma_2)^2 + (\sigma_2 - \sigma_3)^2 + (\sigma_3 - \sigma_1)^2\right]} \tag{4-11}$$

4. 自定义结果

当 Mechanical 无法提供用户需要的后处理结果时,用户可以提取后处理中已有的数据经过简单的数学运算生成需要的结果。自定义函数表达式由数学运算符号和变量构成,Mechanical 的各类后处理变量统一汇集在工作表中。

单击"浏览"→"工作表"打开工作表,工作表一共有 5 列,分别为"类型""数据类型""数据格式""分量""表达式",如图 4-141 所示。

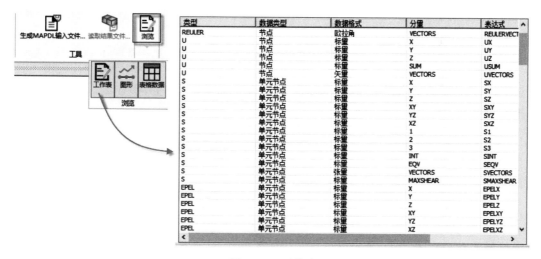

图 4-141　工作表

第 1 列"类型"代表的是数据表达的含义,如 U 表示位移、S 表示应力。

第 2 列"数据类型"分为节点、单元节点、单元等类型。

第 3 列"数据格式"表示数据的类型,分为标量、矢量、欧拉角等。

第 4 列"分量"代表的是数据的方向,如 X、Y、Z 分别为坐标系方向,EQV 为等效。

第 5 列"表达式"代表的是变量名称,自定义结果时函数表达式中使用的即是第 5 列中的变量名称,如 UX 表示的是 X 方向的位移,UY 表示的是 Y 方向的位移。

以结构的合位移为例,除了可以单击"位移"→"总计"查看合位移外,还可以采用插入用户定义的结果根据式(4-5)通过输入函数 sqrt(UX^2+UY^2+UZ^2)进行查看,如图 4-142 所示。

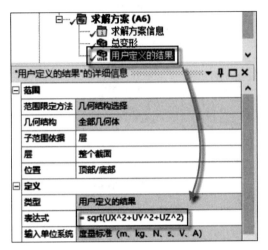

图 4-142　自定义合位移结果

4.3.5　常用功能

Mechanical 还为用户提供了众多丰富的功能使操作者能够快速地设置单击选择和查看模型,比较常用的功能有图形缩放功能、选择功能和隐藏部件功能,其中图形显示功能、移动缩放功能及选择工具均布置于图形工具条中,如图 4-143 所示。

图 4-143　图形显示功能(1)

1. 图形显示功能

图形显示功能位于图形工具条的最左端,从左到右依次为上一视图、下一视图、涂色外表面和特征边、涂色外表面、线框显示、显示网格,如图 4-144 所示。

2. 移动缩放功能

移动缩放功能可以快速旋转、移动、放大和缩小模型,从左向右依次为旋转、平移、缩放、缩放框、缩放匹配、缩放至选择,如图 4-145 所示。

图 4-144　图形显示功能(2)

图 4-145　移动缩放功能

3. 选择功能

选择功能可以帮助用户快速选择模型中的点、线、面、体、节点、单元面和单元体,如图 4-146 所示。

同时选择工具条还提供了单选和框选模式便于用户快速选择单个零件或是多个零件,如图 4-147 所示。

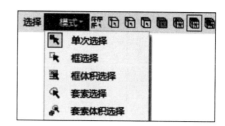

图 4-146　选择功能

图 4-147　单选与框选

注意：框体积选择、套索选择和套素体积选择需要单击选择节点、单元面或单元体以后方可激活菜单。

选择工具条的最右侧分别是坐标显示功能和标签功能。单击坐标显示按钮，当鼠标移动至模型上时，屏幕会显示鼠标目前的坐标信息。当后处理模型上遗留探针的结果时可以使用标签功能配合 Delete 键删除探针结果。

4. 隐藏部件功能

当零件比较复杂或存在多个零件时就需要使用隐藏功能将暂时不需要的点、线、面、体隐藏以便于选择所关心的区域。单击模型并配合快捷键 F9 可以快速隐藏，快捷键 Shift＋F9 用于快速显示全部几何体，也可以通过鼠标右键菜单实现隐藏和显示功能。

第5章

线性静力学

线性静力学分析是力学分析的基础,而现实世界中绝大多数的固体力学问题皆为非线性动力学问题,如式(5-1)所示。

$$[M]\{\ddot{u}\} + [C]\{\dot{u}\} + [K]\{u\} = \{F(t)\} \tag{5-1}$$

然而并非所有的固体力学问题都需要采用动力学方程进行求解,这是因为相当一部分力学问题当条件允许时,可以简化为静力学问题。例如不考虑结构阻尼及边界加载十分缓慢且加载频率远离结构的固有频率、不考虑结构的加速度、假定结构的应力应变关系为线性关系,以上关系均满足后,非线性动力学方程方可简化为结构静力学方程,如式(5-2)所示。

$$[K]\{u\} = \{F\} \tag{5-2}$$

静力学又分为线性静力学与非线性静力学。非线性静力学比静力学求解更为复杂,当结构存在大变形、接触、材料非线性当中的任意一种现象或者同时存在时,都应当采用非线性静力学求解,反之采用线性静力学求解即可。

5.1 支架静力学理论解

【例 5-1】 一根 L 形支架,一端固定,另一端承受集中力 $F = 1000N$ 作用,梁 AB 与 BC 的截面均为 $40mm \times 40mm$ 的正方形,计算其结构应力,其结构形式如图 5-1 所示。

根据材料力学理论分析,由于集中力的作用,L 形梁主要承受弯矩、轴力及剪切内力。

考察整根 L 形梁分析求得 A 点的支座反力 R_A,如图 5-2 所示。

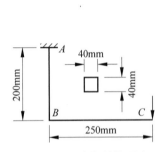

图 5-1　L 形支架结构形式

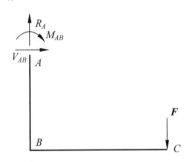

图 5-2　整体受力分析

列整体结构的 Y 轴方向平衡方程为

$$R_A - F = 0$$

得 A 点的支座反力为

$$R_A = F = 1000\text{N}$$

考察梁 BC 的内力,在 B 点附近切割梁 BC,因梁 BC 不存在 X 方向的轴向力,故梁内轴向力等于 0,其内力如图 5-3 所示。

剪力平衡方程为

$$F - V_{BC} = 0$$

由上式可知,梁 BC 段的剪力 V_{BC} 与集中力 F 相等,均为 1000N。

梁 BC 内部的弯矩取决于梁切分位置,弯矩平衡方程为

$$M_{BC} - F \cdot x = 0$$

上式中,变量 x 为梁 BC 上任意一点的切分位置,故 C 点的弯矩最小,$M_{CB} = 0$,B 点的弯矩最大,$M_{BC} = 1000 \times 250 = 250\,000\text{N} \cdot \text{mm}$。

考察梁 AB 的内力,在 B 点附近将梁 AB 与 BC 切开,其内力如图 5-4 所示。

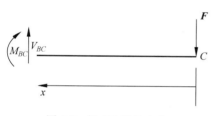

图 5-3　梁 BC 段的内力

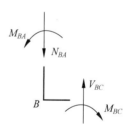

图 5-4　梁 B 点的内力

B 点的 Y 方向力平衡方程为

$$N_{BA} = V_{BC} = 1000\text{N}$$

N_{BA} 实际上为梁 AB 的轴向力。

B 点的弯矩平衡方程为

$$M_{BA} = M_{BC} = 250\,000\text{N} \cdot \text{mm}$$

由上式可知,梁 AB 内的任意一点的弯矩恒等于 M_{BC},即梁 AB 内部的弯矩处处相等。

整体结构的弯矩图如图 5-5 所示。

如图 5-5 所示,梁 BC 的弯矩与其长度呈线性变化,弯矩的最大位置在 B 点,即 B 点为弯矩最大的危险截面。梁 AB 内部的弯矩处处相等,故梁 AB 的所有位置都是弯矩最大的危险截面。

整体结构的轴力图如图 5-6 所示。

由图 5-6 可知,梁 BC 轴力等于 0,梁 AB 的轴力处处相等。

整体结构的剪力图如图 5-7 所示。

由图 5-7 可知,梁 AB 剪力等于 0,梁 BC 剪力处处相等,由于本例中剪力对梁的应力影响较小,故剪力忽略不计。

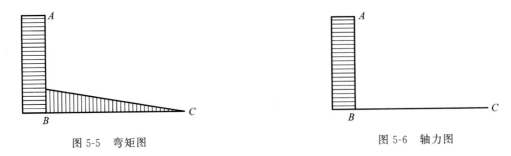

图 5-5 弯矩图   图 5-6 轴力图

至此整体梁结构的内力已全部解出,下面利用内力结果求解梁的应力,为阐述方便,图 5-8 分别给出了梁 AB 及梁 BC 的截面各角点的标记。图 5-8(a)为梁 AB 的各角点表述,图 5-8(b)为梁 BC 的各角点表述。

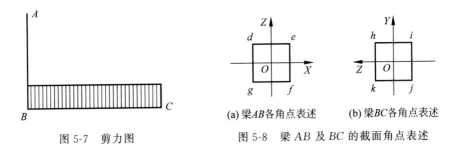

(a) 梁AB各角点表述   (b) 梁BC各角点表述

图 5-7 剪力图   图 5-8 梁 AB 及 BC 的截面角点表述

梁 BC 仅存在弯矩,并且弯矩的最大位置在 B 点,在弯矩作用下,梁中性轴(Z 轴)上部受拉,下部受压,根据式(1-50),在梁 B 点截面上直线 h-i 处的拉应力最大,其计算式为

$$\sigma_{BC} = \frac{M_{BC} \cdot y}{I_{BC}} = \frac{250\,000 \times 20}{\dfrac{40 \times 40^3}{12}} = \frac{5\,000\,000}{213\,333} = 23.4\text{MPa}$$

梁 BC 的压应力在截面直线 k-j 处,它与拉应力大小相等,互为相反数。

梁 AB 弯矩与轴力共存,故不仅需要计算弯矩引起的轴向应力,同时也要考虑轴向力引起的轴向应力。同理,在弯矩的作用下,中性轴(Z 轴)右侧受拉,左侧受压,受拉部位最大应力位置在直线 e-f 处。

弯矩引起的轴向应力为

$$\sigma_{AB弯矩} = \frac{M_{BA} \cdot y}{I_{AB}} = \frac{250\,000 \times 20}{\dfrac{40 \times 40^3}{12}} = \frac{5\,000\,000}{213\,333} = 23.4\text{MPa}$$

轴向力引起的轴向应力为

$$\sigma_{AB轴力} = \frac{N_{BA}}{A_{AB}} = \frac{1000}{40 \times 40} = \frac{1000}{1600} = 0.625\text{MPa}$$

梁 AB 的拉应力总和为

$$\sigma_{AB拉} = \sigma_{AB弯矩} + \sigma_{AB轴力} = 23.4 + 0.625 = 24\text{MPa}$$

梁 AB 的压应力最大位置位于截面直线 d-g 处,由于压应力与拉应力符号相反,故压应力计算式为

$$\sigma_{AB压} = \sigma_{AB弯矩} - \sigma_{AB轴力} = -23.4 + 0.625 = -22.8\text{MPa}$$

5.2 支架有限元分析过程

【**例 5-2**】 使用 ANSYS Workbench 平台求解 L 形支架的应力与位移。

(1) 打开 ANSYS Workbench 软件,将 Static Structural 拖曳到项目原理图区域,如图 5-9 所示。

图 5-9 创建线性静力学分析

(2) 右击 Geometry→Import Geometry→Browse,在对话框中选择文件 L 形支架. x_t 导入模型文件,如图 5-10 和图 5-11 所示。

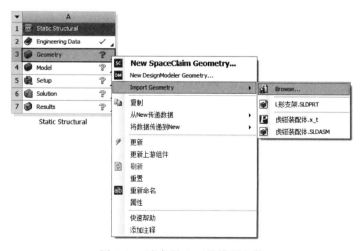

图 5-10 准备导入三维模型文件

图 5-11　选择 L 形支架.x_t 三维模型文件

（3）双击 Model 进入 Mechanical 环境,软件在左侧模型树中分别列出了几何结构、材料、坐标系、网格、静态结构等对象。对象的顺序定义了软件分析的流程,即分析过程分别为准备模型、定义材料、设置整体坐标系、划分网格、定义边界、求解,如图 5-12 所示。

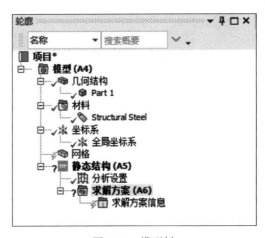

图 5-12　模型树

"几何结构"对象中包含了本次分析所需要的所有三维模型、平面模型、梁模型等。

"材料"对象中包含了用户定义的各项材料参数,软件默认为模型赋予 Structural Steel 材料。

"坐标系"对象中包含了全局坐标系,用户可以根据需要在"坐标系"定义局部坐标系,局部坐标系可以为笛卡儿坐标系,亦可以为圆柱坐标系。

"网格"对象主要用于用户对模型进行网格控制、划分。

"静态结构"对象用于定义各类边界条件。

注意：因为本例中拖入的是 Static Structural 分析，故"模型树"中显示的是"静态结构"，当用户拖入其他分析项目时，软件将依据用户拖入的项目类型显示相应的对象。

"求解方案"用于求解结束后的后处理，用户可以在"求解方案"中读取应力、应变、位移及各类其他参数并自定义各类参数之间的关系图表。

（4）双击 Model 后软件会自动将几何模型导入 Mechanical，故"几何结构"中的模型在本例中无须干预。

（5）Mechanical 默认为模型分配 Structural Steel 材料，单击 Structural Steel，软件右侧"工程数据：材料视图"将显示 Structural Steel 的密度、弹性模量、泊松比等众多相关材料参数，如图 5-13 所示，本例采用默认材料。

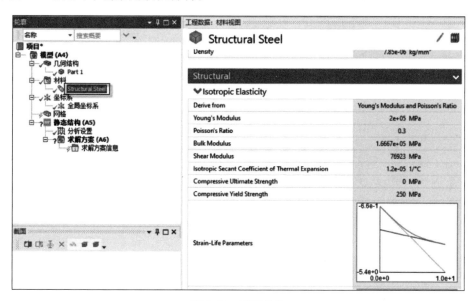

图 5-13　材料参数

（6）单击"网格"对象，将"尺寸调整"中的"分辨率"设置为 3，其余保持默认设置，如图 5-14 所示。

（7）单击"生成"按钮，软件将对模型划分网格，如图 5-15 所示。

（8）单击"静态结构（A5）"→"力"，选择 L 形支架的一个面，单击"几何结构"右侧的"应用"，设置"定义依据"为"分量"，将"Y 分量"设置为 −1000N，如图 5-16 所示。

（9）单击"固定的"，选择 L 形支架的另一面，单击"几何结构"右侧的"应用"，添加固定边界，如图 5-17 所示。

（10）单击"求解方案（A6）"→"应力"，分别选择"等效（Von-Mises）"与"法向"插入应力结果后处理，如图 5-18 所示。

图 5-14 "网格"的详细信息

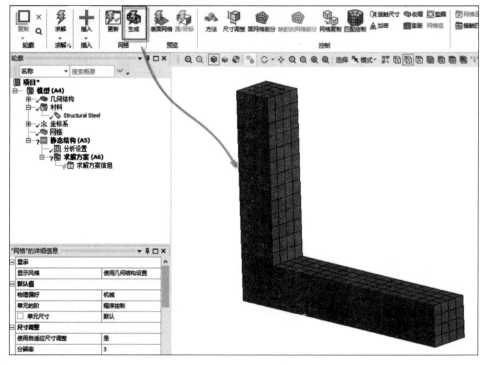

图 5-15 划分网格

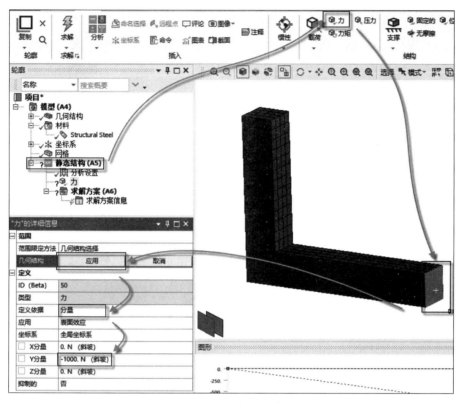

图 5-16 添加力载荷

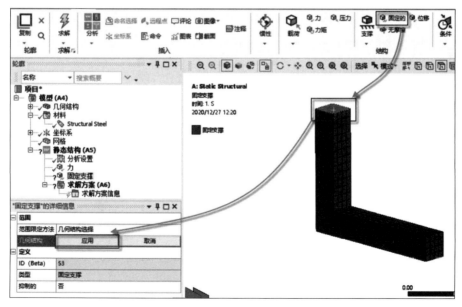

图 5-17 添加固定边界

图 5-18　添加应力后处理

（11）单击"求解"按钮开始求解。

（12）查看本案例的后处理结果，单击"等效应力"→"最大"，应力云图将会显示出最大等效应力位置，同时单击"探针"，用鼠标单击最大应力位置附近，应力云图上的标签显示为26.603MPa，最大等效应力的位置位于 L 形梁的拐角处，如图 5-19 所示。

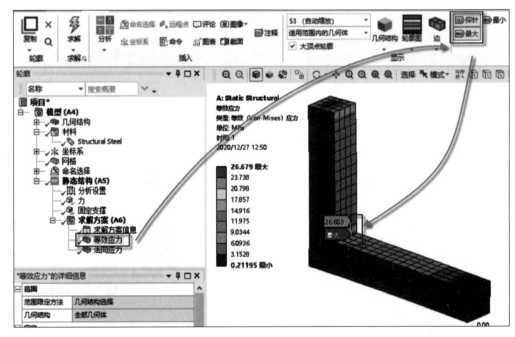

图 5-19　添加最大应力标签

（13）单击"法向应力"读取梁 AB 的轴向应力,软件默认的法向应力方向为 X 轴,将方向更改为 Y 轴,右击"法向应力",选择"评估所有结果",如图 5-20 所示。

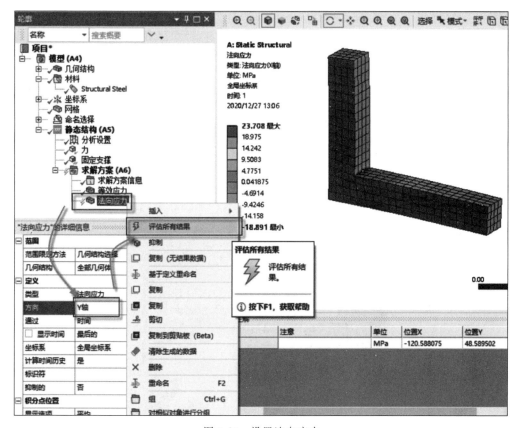

图 5-20　设置法向应力

注意：本例中,因为模型为 L 形梁,故 X 轴方向读取的是梁 BC 的轴向应力,而梁 AB 的轴向应力方向应当为 Y 轴。

（14）评估完成后,选择"探针",分别单击梁 AB 的受拉面与受压面,探针读取的结果分别为 22.189MPa 及 -20.936MPa,如图 5-21 所示。

对比理论计算得到的梁 AB 受拉侧轴向应力为 24MPa,受压侧轴向应力为 -22.8MPa,理论值与软件计算值的误差主要是由于理论计

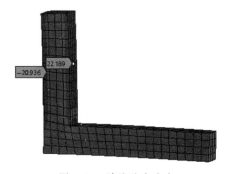

图 5-21　读取法向应力

算采用的是梁模型,而软件计算采用实体模型,由于模型差异产生的模型尺寸略有不同最终导致计算得到的应力结果有 2MPa 的误差。

注意：理论解与有限元结果相差的根本原因在于理论解基于线体模型计算，而有限元采用的是实体模型。理论解计算弯矩时，力臂均为250mm，而有限元的实体模型计算弯矩时，力臂为250mm－20mm＝230mm，由于弯矩结果的差异最终导致应力产生2MPa的误差。

（15）单击节点选取图标，选择梁 AB 上的626号节点，右击弹出菜单，选择"创建命名选择"菜单，弹出"选择名称"窗口，将626号节点命名为"626节点"，分别如图5-22和图5-23所示。

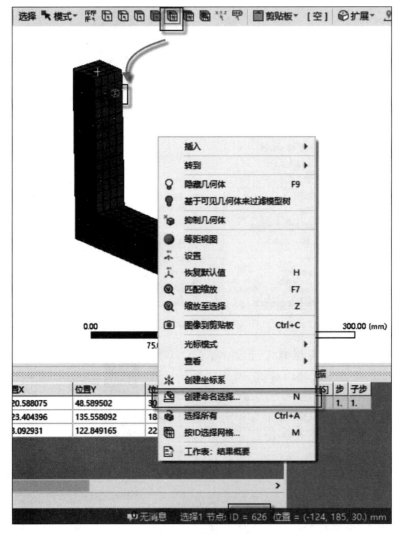

图5-22 选择节点

（16）单击"求解方案（A6）"→"应力"，分别选取"等效（Von-Mises）""最大主""中间主" "最小主"，如图5-24所示。

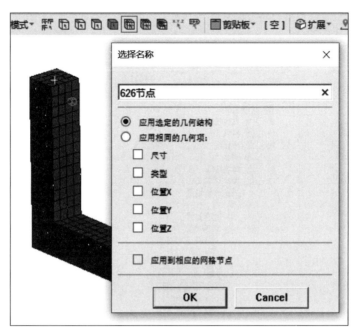

图 5-23　命名选取节点

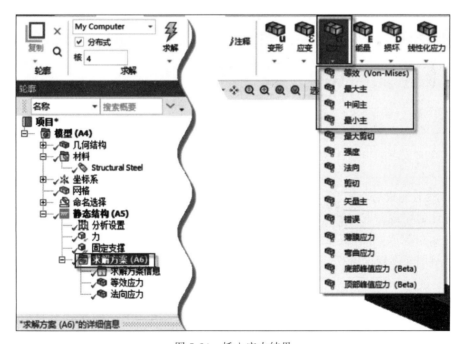

图 5-24　插入应力结果

（17）单击"最大主应力"，将"范围限定方法"设置为"命名选择"，在"命名选择"中选择"626 节点"，如图 5-25 所示。

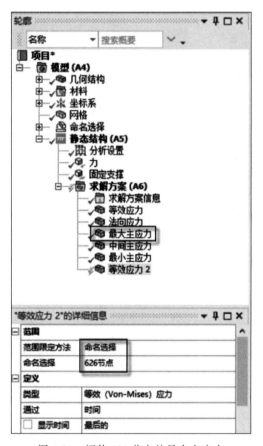

图 5-25　评估 626 节点的最大主应力

（18）626 节点的中间主应力、最小主应力及等效应力的读取可参照最大主应力方法设置。

（19）设置完成后右击"最大主应力"评估所有结果。

全部评估完成后，626 节点的最大主应力为 22.32MPa，中间主应力为 0.15MPa，最小主应力为 0.05MPa，等效应力为 22.22MPa。

根据第四强度理论由式（1-40）可知，软件的 626 节点 Von-Mises 等效应力计算方法为

$$\sigma_{626\text{von}} = \sqrt{\frac{1}{2}\left[(\sigma_1 - \sigma_2)^2 + (\sigma_2 - \sigma_3)^2 + (\sigma_3 - \sigma_1)^2\right]}$$

$$= \sqrt{\frac{1}{2}\left[(22.32 - 0.15)^2 + (0.15 - 0.05)^2 + (0.05 - 22.32)^2\right]}$$

$$= 22.22\text{MPa}$$

如前所述,在网格分辨率为 3 的情况下划分网格得到的最大等效应力的位置在 L 形梁的拐角处,其最大值约为 26.6MPa。为验证仿真结果是否收敛,将网格的分辨率提高至 6,此时"最大主应力"等子项前方将会出现问号,如图 5-26 所示。

注意: 当更改网格分辨率后,因为模型的网格需重新划分将导致节点编号相应变更,故依赖于网格节点编号的后处理结果将无法识别新的网格节点,最终导致其产生问号。

按 Ctrl 键,分别单击"最大主应力""中间主应力""最小主应力""等效应力 2"后右击,在弹出的菜单中选择"删除"。更新网格,将分辨率设置为 6 后划分的网格相对分辨率为 3 的网格更加细密。其余设置不变,重新求解。结果中最大等效应力仍位于 L 形梁的拐角处,此时最大应力约为 34.7MPa。

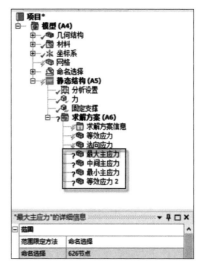

图 5-26 重新设置网格分辨率

随着网格不断加密,L 形支架拐角处的等效应力值不断增加,这种现象在有限元分析中称为应力奇异。

在模型特征上,应力奇异现象一般发生在模型以直线作为突变的位置。在边界条件上,当集中力施加于一点或将某一面完全固定时,其施加载荷的点位置与完全固定的约束处也会发生应力奇异现象。

为避免应力奇异现象发生,可将模型直线突变处根据实际情况添加圆角或倒角过渡。施加力时,将力施加于面上,而当不可避免地需要使用完全固定约束的边界条件时,其边界处的结果可通过插值法近似获取。当应力奇异处的位置并非关注位置时,可忽略应力奇异的结果。

注意: 使用插值法仅能近似地得到完全固定约束处的结果。

本例中,应力奇异处正是结构的最大应力位置,为了得到最大应力位置处的结果,需要对拐角处根据实际情况进行倒圆角处理,圆角半径为 R10mm。

重新拖曳一个 Static Structural,软件设置过程与前文一致。

针对不同的网格分辨率,其最大应力结果的位置均处于圆角过渡处,网格分辨率、节点数量与最大等效应力的关系如表 5-1 所示。

表 5-1 各种网格节点数量结果对照表

序 号	网格分辨率	节 点 数 量	最大等效应力/MPa
1	3	3158	35.9
2	5	16 000	39.57
3	7	86 562	38.26

从表 5-1 可以看出,网格分辨率 5 和 7 得到的最大等效应力结果仅相差 1.31MPa,两者应力误差为 3%(一般网格细化后,两次仿真结果之间的误差低于 5% 可以认为其解为收敛解),此时可以判定,39.57MPa 是最终的等效应力收敛解。观察图 5-27,梁 AB 受拉侧的应力均为 22MPa,而梁 BC 因为各截面的弯矩不一致,其应力值在梁长度方向呈线性变化。从图 5-27 中可知,圆角处的应力结果远大于其他部位的应力值,这种现象可以判定圆角处有应力集中。

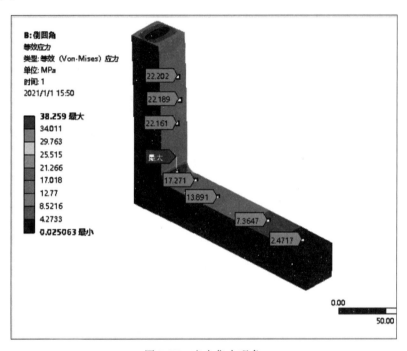

图 5-27   应力集中现象

应力集中和应力奇异在结构分析过程中其应力值的表现形式并不相同,两个概念不能混为一谈。应力奇异是由于网格不断细分其应力值呈现无穷大的趋势,应力值是发散的,而应力集中是由于结构的构造特性所引起的局部应力远大于其他部位的应力,例如本例中的 L 形梁的圆角过渡处及工程中常见的平面薄板的中间圆孔处等,随着网格的细化其应力值最终是收敛的。一般情况下,应力奇异的部位一定存在应力集中,而应力集中部位不一定有应力奇异。

5.3   支架子模型分析

例 5-2 的案例为了获取 L 形支架危险截面处的最大等效应力,网格分辨率需要调节至 5 和 7,其节点数量分别达到 16 000 和 86 562,两个不同节点数量计算得到的应力结果误差低于 5%,判定其有限元的应力解为收敛解。这种方法对于简单的模型尚可,而当遇到较为复杂的模型,采用过大的网格分辨率将导致整体网格数量激增,加剧计算机 CPU 与内存的运行负担,延长了求解时间,甚至有无法计算的情况发生。为缓解这一现象,在不改变计算机配置的状态下只能减少网格数量进行求解,而应力值与网格的密度关系密不可分,最终导致分析处于两难境地,即粗糙的网格产生了不准确的应力值,而细分的网格又加剧了计算机运行负担,降低了求解效率。

为此,ANSYS 提供了子模型分析技术,其核心思想是基于圣维南原理,即结构边界使用等效边界代替后,影响部位仅涉及所施加边界附近,而远离此边界部位的应变、应力、位移等不受其影响。ANSYS 的子模型技术采用的是切割边界法,对结构分析关注的部位周边切割边界,撤去非关注部位的模型与网格,仅细化关键部位网格,引入切割边界处的等效位移进行分析。子模型因为舍去了结构的大部分模型,仅保留了关注部位的模型,故仅需对关键部位进行网格细化,大大减少了网格数量,提高了计算效率。

采用子模型分析需要注意以下两点:

(1)因为子模型引入的是切割边界处的位移,故在使用子模型前应对整体结构进行一次分析,得到所需切割边界处的位移。

(2)子模型技术基于圣维南原理,圣维南原理中所涉及的"远"和"近"是相对概念,并未在数值上予以确认,故在使用子模型分析时应当对不同的切割边界的位置分别进行分析,确保所切割边界并未影响结构的应力集中部位。

【例 5-3】　使用子模型方法分析 L 形支架圆角处的应力。

(1)新拖曳一个 Static Structural 到项目原理图区域,命名为"子模型",按住鼠标左键将 B6 拖曳至 C5 使其相连完成数据传递,如图 5-28 所示。

(2)右击"子模型"模块的 Geometry,在弹出的菜单中选择 Import Geometry→Browse 仍导入"L 形支架-倒圆角. x_t"模型文件。

(3)右击"子模型"模块的 Geometry,在弹出的菜单中选择 Edit Geometry in Design Modeler,打开 DesignModeler 建模软件。

(4)进入 DesignModeler 软件后其图形窗口未显示任何模型,此时需要在"树轮廓"面板内右击"导入 1",选择"生成",如图 5-29 所示。

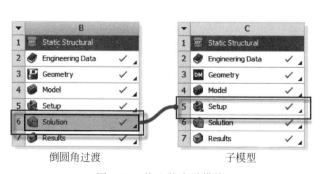

图 5-28　拖入静力学模块

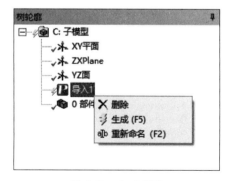

图 5-29　生成模型

（5）单击"XY 平面"，再单击新建草图按钮，在 XY 平面上新建一张草图，如图 5-30所示。

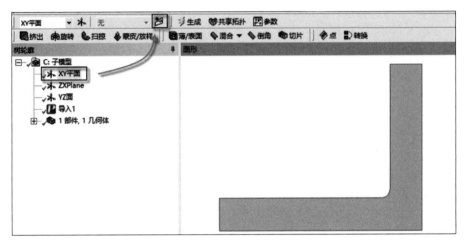

图 5-30　新建草图

（6）单击"草图绘制"选项卡，选择"圆"，在 L 形支架圆角附近位置绘制一个圆形，如图 5-31 所示。

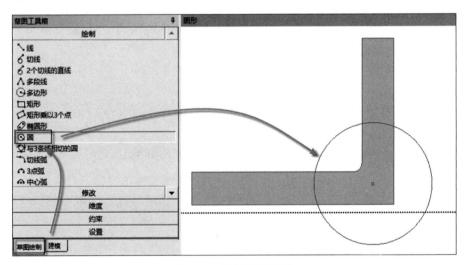

图 5-31　绘制圆形草图

（7）单击"维度"，选择"通用"，单击草图圆标注尺寸，将圆的直径设置为 0.15m，如图 5-32所示。

（8）单击"挤出"按钮，选择草图圆，单击几何结构右侧的"应用"，操作方式选择"切割材料"，如图 5-33 所示。

（9）按下 F5 快捷键或者单击工具条上的"生成"按钮完成切割操作。

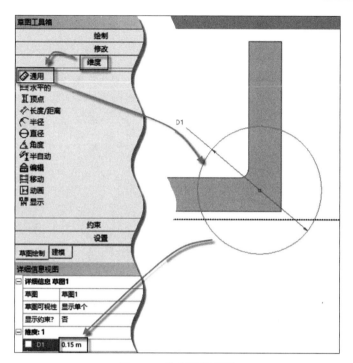

图 5-32　绘制圆形草图

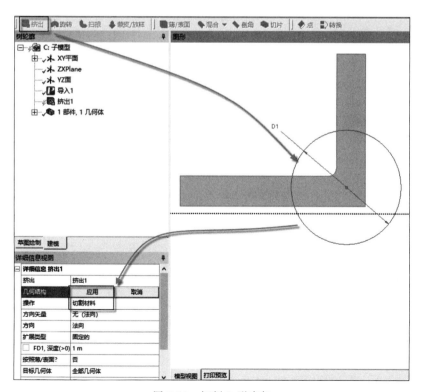

图 5-33　切割 L 形支架

切割完成后,可以看到原有的 L 形支架已经变更为"3 部件,3 几何体",选择第 1 个及第 2 个固体,右击弹出菜单,选择"抑制固体",仅保留含有圆角的固体,如图 5-34 所示。

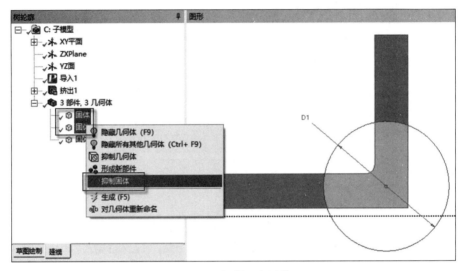

图 5-34　抑制两个固体

(10) 关闭建模软件,进入 Mechanical 环境。

(11) 将网格分辨率设置为 2。

(12) 右击"子建模(B6)"→"插入"→"切割边界约束",如图 5-35 所示。

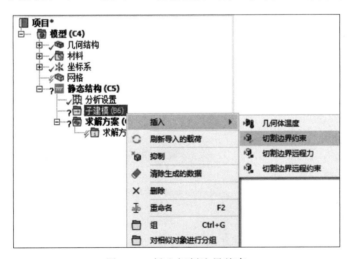

图 5-35　插入切割边界约束

(13) 单击"导入的切割边界约束",选择模型上的两个切割边界面,单击"应用"按钮,如图 5-36 所示。

(14) 右击"导入的切割边界约束",在弹出的菜单中选择"导入载荷",如图 5-37 所示。

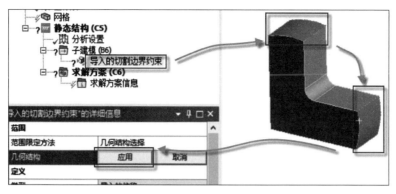

图 5-36 导入切割边界处

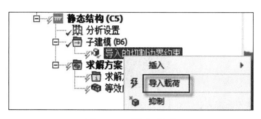

图 5-37 导入载荷

（15）插入等效应力等后处理结果，单击"求解"。

（16）等效应力结果如图 5-38 所示。从图中可知，其应力最大值仍在圆角过渡处，结果为 38.898MPa。

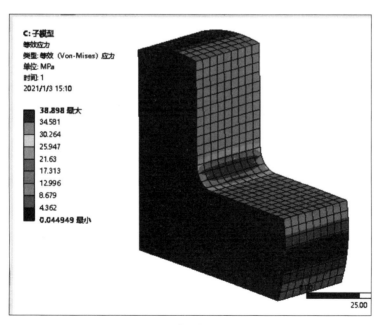

图 5-38 子模型等效应力结果

本例因为结构较为简单,故子模型的优势并未得到充分体现,当分析复杂模型且整体结构的网格较多时,子模型的优势将非常突出。当然,除了采用子模型方法可以提高分析效率外,对于关注的区域采用细密网格,对于非关注区域采用粗糙网格同样能起到节省网格数量的效果,从而可减少计算时间。

5.4 收敛工具

Workbench平台提供了收敛工具帮助用户对结构最大应力处自动细分网格并判断结果是否收敛。

右击后处理结果,在菜单中选择"插入"→"收敛"即可打开收敛工具,在详细信息窗口内分别提供"类型"和"允许更改"两个选项供用户设置,求解结束后,软件以工作表的形式给出求解的收敛曲线图和结果数据列表,如图5-39所示。

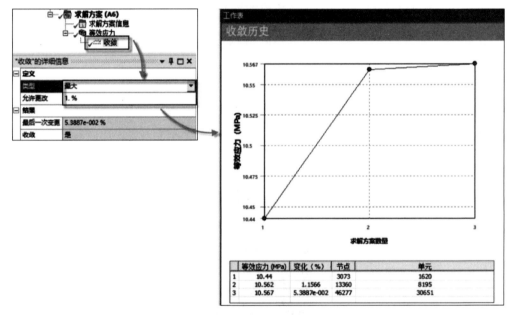

图 5-39 收敛工具

【类型】:有"最大"和"最小"两个选项。

【允许更改】:用户自定义数据,当求解的两次结果小于用户定义的数据时求解结束。

【例5-4】 一根连接臂,两个圆孔仅释放绕 Z 轴的自由度,顶端圆孔承受集中载荷 $F=$ 500N,使用收敛工具求解该结构的最大等效应力。

(1)打开 ANSYS Workbench 软件,将 Static Structural 拖曳到项目原理图区域,导入模型文件"连接臂.IGS"。

(2)双击 Model 进入 Mechanical 环境。

（3）连接臂两个圆孔仅释放一个方向的转动自由度，使用连接副边界可以很好地模拟此类边界。连接副工具位于连接工具箱内，对于多体部件，Mechanical 加载时会在导航树中自动打开连接工具，但由于本例是单体零件，所以要打开连接工具，需要在导航树中右击"模型（Λ4）"，在弹出的菜单中选择"插入"→"连接"，如图 5-40 所示。

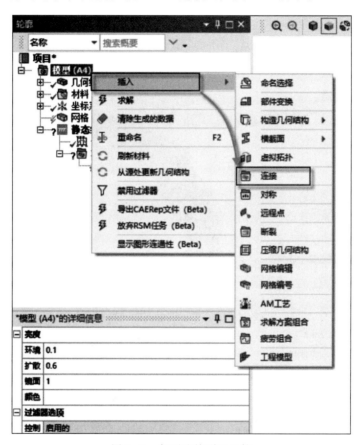

图 5-40　打开连接副工具箱

（4）单击"几何体-地面"→"回转"，选择连接臂底部圆孔的两个内侧面，如图 5-41 所示。

（5）从图 5-41 的图形浏览窗口左上角标记 RZ 和圆孔的局部坐标系可以看出，系统默认的是圆孔绕局部坐标系的 Z 轴旋转，显然这与实际情况不符，应更改局部坐标系 Z 轴方向使其与圆孔轴向一致。

单击"回转-接地 至 连接臂-FreeParts"目录下的"参考坐标系"，在其详细信息窗口中找到 Z 轴下方的"几何结构"，选择模型中任意一条沿圆周轴向的线体，单击"应用"按钮即可改变局部坐标系的 Z 轴沿圆周轴向方向，如图 5-42 所示。

（6）以同样的方法设置连接臂中间圆孔的约束边界条件。

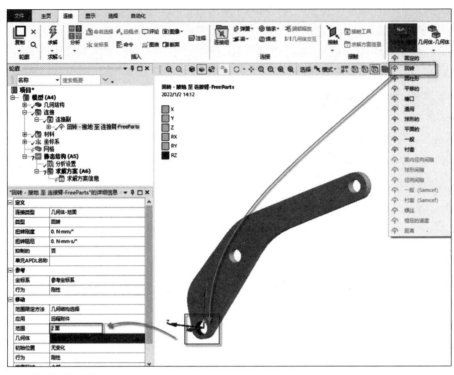

图 5-41　设置圆孔回转约束

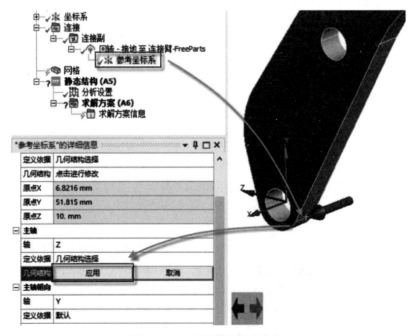

图 5-42　改变局部坐标系方向

（7）顶端圆孔加载集中载荷500N，单击"力"按钮，选择顶端内部的两个面，单击"应用"，将"定义依据"设置为"分量"，将"Y分量"定义为−500N，如图5-43所示。

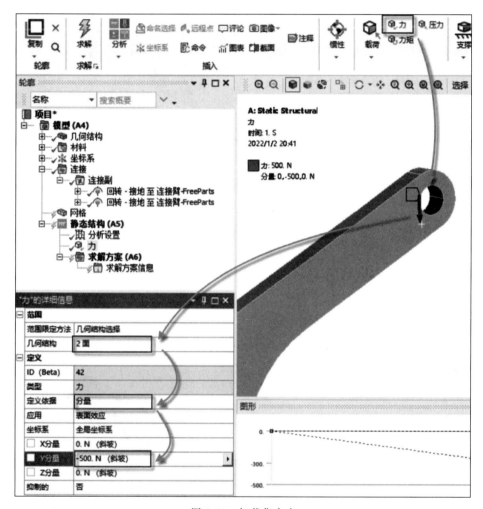

图 5-43　加载集中力

所有约束边界和载荷边界如图5-44所示。

（8）网格采用默认设置，单击"求解"按钮开始求解。

（9）插入等效应力后处理结果，其最大等效应力处于连接臂底部圆弧过渡处，结果为10.446MPa，如图5-45所示。

（10）插入收敛工具，右击导航树中的"等效应力"→"插入"→"收敛"，在详细信息窗口中将"类型"设置为"最大"，将"允许更改"设置为"0.2％"，如图5-46所示。

注意：一般情况下，两次结果相差不大于5％即可认为数值解已收敛，本例为了演示迭代过程将其"允许更改"设置为0.2％。

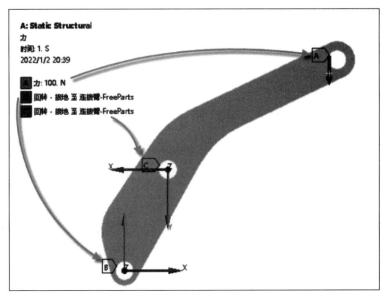

图 5-44　边界条件

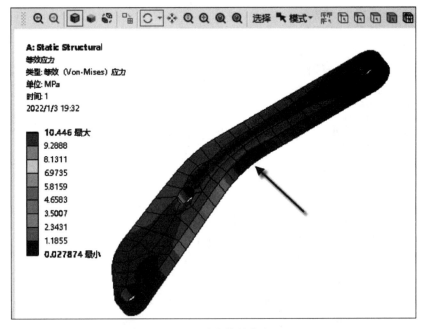

图 5-45　最大等效应力

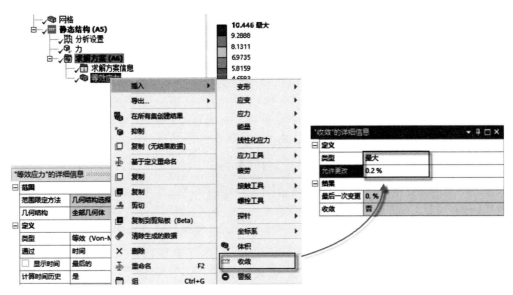

图 5-46 插入收敛工具

（11）重新求解，经过 4 次迭代后，结果稳定在 10.57MPa，如图 5-47 所示。

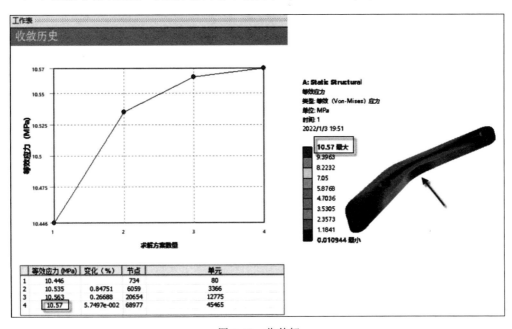

图 5-47 收敛解

注意：由于各种计算机配置的多样性可导致每次迭代后其网格数量与笔者计算机的计算结果不一致，甚至可导致其迭代次数和结果与书本有差异。

5.5　工况组合

工况组合指的是结构服役期间存在多种载荷,并且不同载荷按照不同组合方法施加于结构之上。

以桥式或门式起重机械为例,结构主体结构安装完毕后,至少存在以下 3 种工况:

(1) 结构自重的原因导致主梁部分产生下挠。

(2) 当起吊额定载荷(最大载荷)后,结构因为受载下挠。

(3) 为了保证结构的安全性,初次制造的新型起重机械,还需要进行 1.25 倍额定载荷的静载试验。

3 种工况可以单独存在于起重机,也可以通过不同组合同时存在于起重机。例如,结构自重为恒定载荷,所以工况 1 必然存在于起重机。当要考量结构安全性时,需要分析工况(1+3),当要考虑结构受恒定载荷的影响时,需要分析工况(1+2)。

【例 5-5】　一台桁架型起重机,如图 5-48 所示,主梁长度为 12m,额定载荷为 5t,在自重状态时分别考核额定载荷和 1.25 倍载荷时的下挠值和等效应力值。

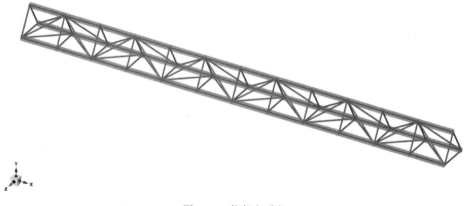

图 5-48　桁架起重机

(1) 将 Static Structural 拖曳到项目原理图区域并命名为"自重效应",右击 Geometry 导入模型"桁架起重机.scdoc",模型中梁截面形状已经赋予完成。

(2) 单击网格标签页下"尺寸调整"工具按钮,选择模型全部线体,将"类型"设置为"分区数量",将"分区数量"设置为 10,如图 5-49 所示。

(3) 设置桁架左侧的边界条件,单击"支撑"→"远端位移",选择桁架左侧的 3 个顶点,在详细信息栏内单击"应用"按钮,将"X 分量""Y 分量""Z 分量"均设置为 0,将"旋转 X""旋转 Y"均设置为 0,将"旋转 Z"设置为"自由",如图 5-50 所示。

图 5-49　调整网格尺寸

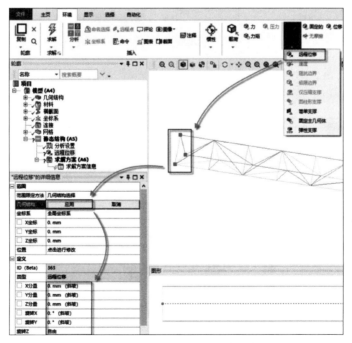

图 5-50　设置桁架左侧远端位移

（4）设置桁架右侧的边界条件，同样插入远端位移，选择桁架右侧的 3 个顶点，将"X 分量"设置为"自由"，将"Y 分量""Z 分量"均设置为 0，将"旋转 X""旋转 Y"均设置为 0，将"旋转 Z"设置为"自由"，如图 5-51 所示。

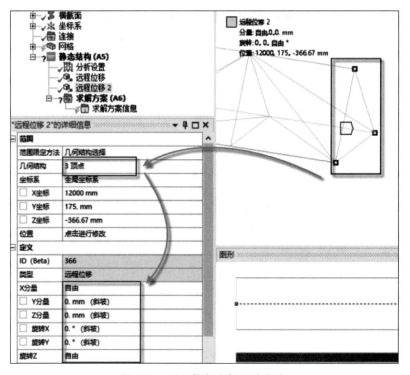

图 5-51　设置桁架右侧远端位移

（5）添加地球重力加速度，单击"惯性"→"标准地球重力"，在详细信息栏中将"方向"设置为"−Y 方向"，如图 5-52 所示。

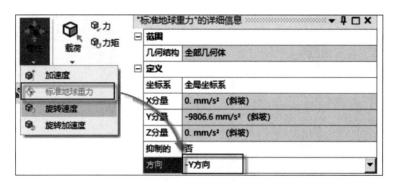

图 5-52　添加重力加速度

（6）单击"求解"按钮开始求解。

（7）查看模型 Y 方向的变形，单击"变形"→"定向"，选择"全部几何体"，将"方向"设置为"Y 轴"，评估变形结果，其最小变形为－1.6255mm，如图 5-53 所示。

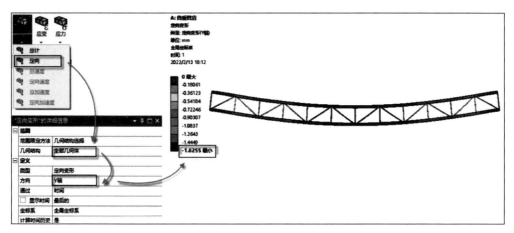

图 5-53　查看 Y 方向变形

（8）查看模型等效应力结果，在导航树内选择"求解方案（A6）"，在详细信息栏中将"梁截面结果"设置为"是"。随后右击"求解方案（A6）"→"插入"→"应力"→"等效（Von-Mises）"，如图 5-54 所示。

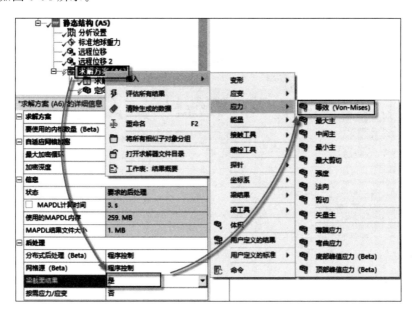

图 5-54　插入等效应力结果（1）

（9）评估等效应力结果，最大等效应力为 10.668MPa，位于斜腹杆与下弦杆连接处。使用探针功能查看上弦杆中间部位的最大应力为 8.6MPa，如图 5-55 所示。

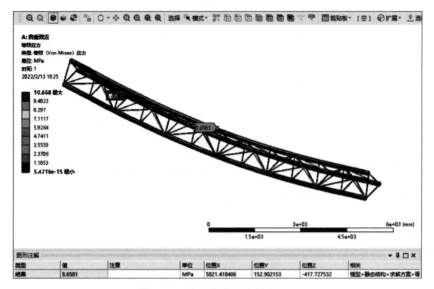

图 5-55　插入等效应力结果(2)

至此桁架起重机受重力作用时的静力学响应已求解完毕,下面求解桁架起重机在额定载荷状态下的变形和等效应力。

(10) 再次建立静力学分析系统,将 Static Structural 拖曳至 A4 Model 并命名为"额定载荷响应",如图 5-56 所示。

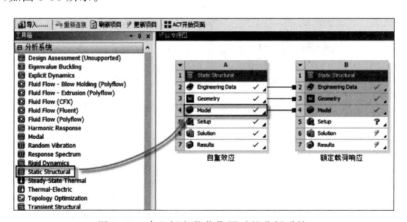

图 5-56　建立额定载荷作用时的分析系统

(11) 进入 Mechanical 软件,添加集中力,单击"力"工具按钮,选择桁架中间部位下弦杆的两个点,在详细信息栏中将"定义依据"设置为"分量",将"Y 分量"设置为 −50 000N,如图 5-57 所示。

(12) 桁架左右两侧远程位移约束与步骤(3)和步骤(4)一致。

(13) 单击"求解"按钮开始求解。

(14) 查看 Y 方向定向变形,桁架跨中变形最大,其变形值为 −11.014mm,如图 5-58 所示。

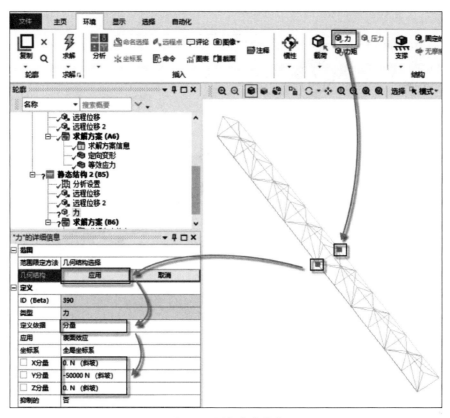

图 5-57　添加集中载荷

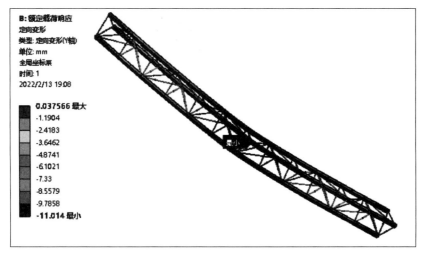

图 5-58　Y 方向定向变形

（15）查看等效应力，最大值位于桁架跨中位置，其值为 80.687MPa，如图 5-59 所示。

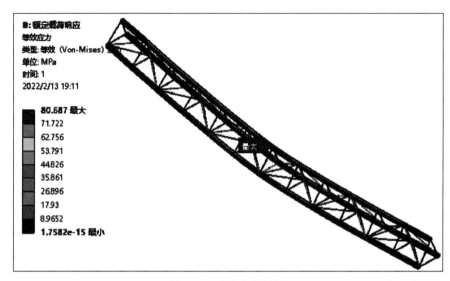

图 5-59　等效应力结果

至此桁架起重机在额定载荷作用下的响应已求解完毕。

（16）在分析系统工具箱中找到 Design Assessment 并拖曳至 B4 Model 建立工况组合分析系统，如图 5-60 所示。

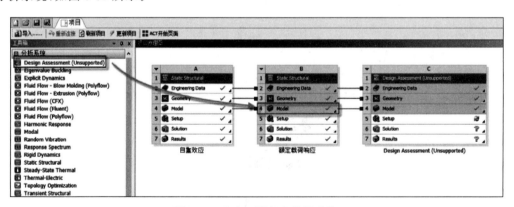

图 5-60　建立工况组合分析系统

成功建立分析系统后，在 Mechanical 软件导航树中会增加"设计评估"对象。

（17）单击导航树中"设计评估(C5)"目录下的"求解方案选择"，在右侧工作表中右击，在弹出的菜单中选择"添加"，如图 5-61 所示。

（18）添加自重工况和额定载荷工况组合，在下拉列表"环境项目"一列中，分别添加"静态结构"和"静态结构 2"，其中"静态结构"为结构自重工况，而"静态结构 2"为额定载荷工况，如图 5-62 所示。

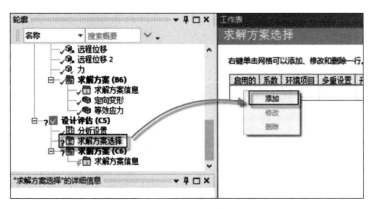

图 5-61 添加设计工况

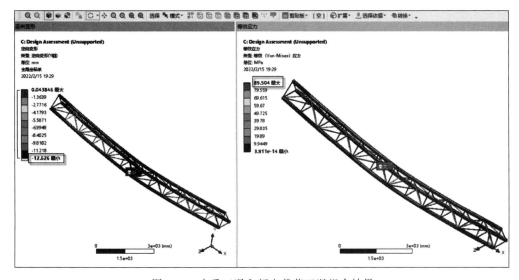

图 5-62 添加两个设计工况

（19）将"求解方案（A6）"下的"梁截面结果"设置为"是"，在后处理结果中插入定向变形和等效应力结果，分别评估后处理，最大变形位于桁架中间位置，其值为-12.626mm，最大等效应力同样发生在桁架中部，其值为 89.504MPa，如图 5-63 所示。

图 5-63 自重工况和额定载荷工况组合结果

（20）设置自重工况和1.25倍额定载荷工况，在工作表中将"静态结构2"的"系数"更改为1.25，如图5-64所示。

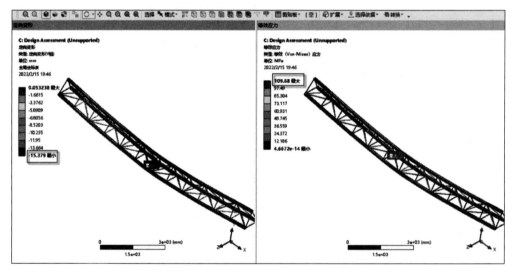

图5-64 设置自重工况和1.25倍额定载荷工况

（21）重新求解，查看定向变形和等效应力，变形最大位于桁架中部，其值为-15.379mm，等效应力最大位于桁架中部，其值为109.68MPa，如图5-65所示。

图5-65 自重工况和1.25倍额定载荷工况组合结果

注意：当改变环境项目的系数后，需要重新求解方可查看后处理结果，所以更为普通的方法是增加一个环境项目，即在Workbench平台中拖曳一个静力学模块，施加1.25倍载荷并求解，组合工况时直接选择1.25倍载荷的环境项目即可避免重新求解，从而提高用户多次切换各类工况时的效率。

为了便于理解工况之间的相互组合，将自重工况、额定载荷工况及1.25倍载荷工况组合结果统计列表，见表5-2。

观察表5-2定向变形和等效应力值可以发现，自重＋额定载荷工况组合的结果是自重载荷工况的结果与额定载荷工况结果之和，即

表 5-2 各类工况及工况组合汇总表

序 号	工 况 结 果	定向位移（Y 轴）/mm	等效应力/MPa
1	自重载荷工况	1.626	8.68
2	额定载荷工况	11.014	80.687
3	自重＋额定载荷工况组合	12.626	89.504
4	自重＋1.25 倍载荷工况组合	15.379	109.68

Y 向位移结果：

$$u_y = 1.626\text{mm} + 11.014\text{mm} = 12.64\text{mm} \tag{5-3}$$

等效应力结果：

$$\sigma_{\text{von}} = 8.68\text{MPa} + 80.687\text{MPa} = 89.367\text{MPa} \tag{5-4}$$

而自重＋1.25 倍载荷工况组合的结果则是自重载荷工况的结果与 1.25 倍额定载荷工况结果之和，即

Y 向位移结果：

$$u_y = 1.626\text{mm} + 11.014\text{mm} \times 1.25 = 15.394\text{mm} \tag{5-5}$$

等效应力结果：

$$\sigma_{\text{von}} = 8.68\text{MPa} + 80.687\text{MPa} \times 1.25 = 109.549\text{MPa} \tag{5-6}$$

第 6 章

概念建模、分析与后处理

在 ANSYS Workbench 平台内,概念建模主要指的是梁、杆结构及板壳结构。这两类结构在几何特征上有明显特点,梁杆单元在长度上的尺寸远大于其他两个方向的尺寸,而板壳单元在长、宽两个方向上的尺寸远大于厚度方向的尺寸。基于以上的模型特点,ANSYS 提供了 Beam 单元、Link 单元、Plane 单元及 Shell 单元以适应这三类结构的分析,在 Workbench 平台中统称为概念建模分析。

Beam188 与 Beam189 为常用的梁结构单元。Beam188 单元一共有 I 和 J 两个节点,每个节点有 6 个自由度,分别为 X、Y、Z 方向的平动自由度及绕 X、Y、Z 轴的转动自由度,当考虑梁截面的翘曲时可通过关键字打开第 7 个翘曲自由度,K 点为梁单元截面的方向节点,主要用于控制梁截面的方向。图 6-1 为 ANSYS Help 文件提供的 Beam188 单元描述。

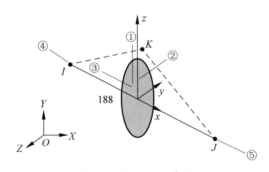

图 6-1　Beam188 单元

分析完成后 Workbench 平台可直接提取 Beam188 单元的部分后处理结果,而经典界面需要通过特定的 Item(项目)及 Sequence Number(序号)提取梁的内力及应力应变,见表 6-1。

表 6-1 中的内力及应力应变数据是基于单元的局部坐标系获得的。

Beam189 单元比 Beam188 单元多了一个中间节点。

Link180 为常用的杆单元,其有 I 和 J 两个节点,每个节点有 3 个自由度,分别是 X、Y、Z 方向的平动自由度。Workbench 对 Link180 单元后处理支持有限,笔者建议分析完成后转入经典界面获取 Link180 单元的后处理结果,其单元描述如图 6-2 所示。

表 6-1 结构单元 Beam188 的输出参数表

输出参数	Item(项目)	Sequence Number(序号)		备 注
		I	J	
Fx	SMISC	1	14	沿 X 方向的轴向力
My	SMISC	2	15	绕 Y 轴的弯矩
Mz	SMISC	3	16	绕 Z 轴的弯矩
TQ	SMISC	4	17	扭矩
SDIR	SMISC	31	36	轴向应力
SByT	SMISC	32	37	梁截面$+Y$ 一侧由弯矩引起的应力
SByB	SMISC	33	38	梁截面$-Y$ 一侧由弯矩引起的应力
SBzT	SMISC	34	39	梁截面$+Z$ 一侧由弯矩引起的应力
SBzB	SMISC	35	40	梁截面$-Z$ 一侧由弯矩引起的应力

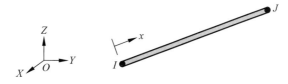

图 6-2 Link180 单元

Item 及 Sequence Number 见表 6-2。

表 6-2 结构单元 Link180 的输出参数表

输出参数	Item(项目)	Sequence Number(序号)			备 注
		E	I	J	
Force	SMISC	1	—	—	沿 X 方向的轴向力
Sxx	LS	—	1	2	轴向应力

表 6-2 中的内力及应力应变数据是基于单元的局部坐标系获得的。

DesignModeler 及 SCDM 软件均可为 Workbench 平台提供概念建模的前处理,本书以 DesignModeler 软件为例讲述其操作过程。

6.1 杆结构分析案例

【例 6-1】 采用 Link180 单元分析如图 6-3 所示的平面桁架结构内力、位移及应力,图中 $F_1=1000\text{N}$,$F_2=1500\text{N}$,杆 AB、BC、DC 及 AD 截面均为 25mm×25mm 的正方形截面,长度均为 300mm,杆 BD 为 ϕ20mm×2mm 的圆管截面,长度为 424.26mm。

(1) 打开 ANSYS Workbench 软件,将 Static Structural 拖曳到项目原理图区域,右击 Geometry,在弹出的菜单中选择 New DesignModeler Geometry 打开 DesignModeler。

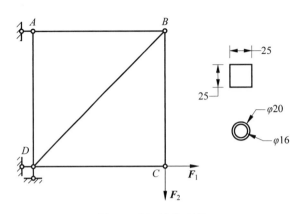

图 6-3　平面桁架结构

（2）单击"单位"菜单，将单位制由"米"更改为"毫米"。

（3）在 XY 平面新建草图1，采用"绘制""维度"等功能绘制桁架的草图，并标注尺寸，如图 6-4 所示。

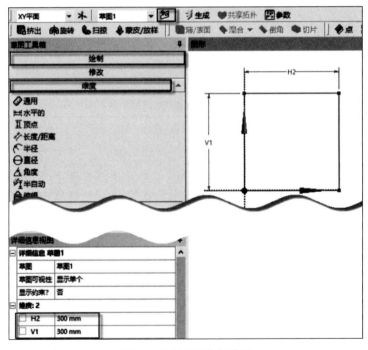

图 6-4　绘制平面桁架草图

　　注意：因斜杆的截面与其他杆的截面不一致，故草图 1 中未绘制斜杆，若读者将斜杆一并绘制于草图 1 中将会导致以后为草图赋予截面时所有杆的截面一致。另外，绘制时注意线与线的端点应闭合。

（4）单击新建草图按钮，在 XY 平面新建草图 2，绘制斜杆。

（5）单击菜单"概念"→"横截面"→"矩形"，软件会自动建立矩形截面，将尺寸 B 与尺寸 H 均设置为 25mm，如图 6-5 所示。

（6）单击菜单"概念"→"横截面"→"圆形管"，软件会自动建立圆管截面，将尺寸 Ro（圆管外径）与尺寸 Ri（圆管内径）分别设置为 10mm 和 9mm。

（7）单击菜单"概念"→"草图线"，选择"草图 1"，单击"应用"，单击"生成"按钮创建"线 1"，如图 6-6 所示。

（8）单击菜单"概念"→"草图线"，选择"草图 2"，单击"应用"，在操作左侧选择"添加冻结"，单击"生成"按钮创建"线 2"，如图 6-7 所示。

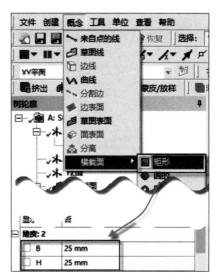

图 6-5 设置矩形截面尺寸

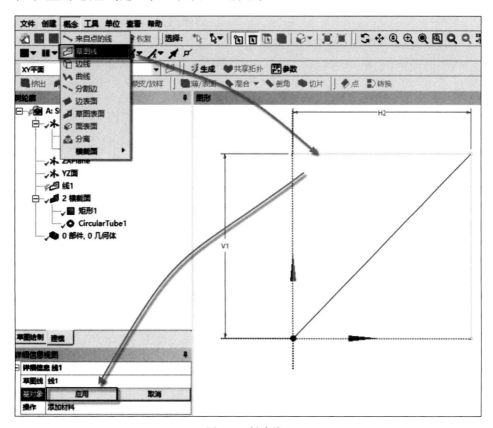

图 6-6 创建线 1

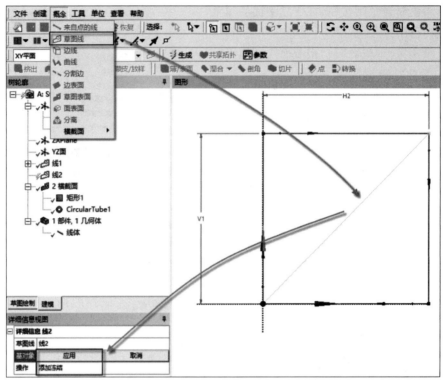

图 6-7   创建线 2

注意：在生成"线 2"之前，应将操作设置为"添加冻结"，这样方能确保生成两个部件并可分别设置杆的截面。

（9）选择第 1 个线体，在详细信息视图中将"横截面"设置为"矩形 1"，如图 6-8 所示。

（10）选择第 2 个线体，在详细信息视图中将"横截面"设置为 CircularTube1，如图 6-9 所示。

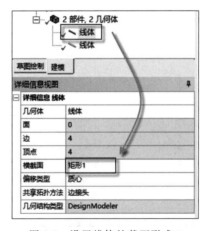

图 6-8   设置线体的截面形式 1

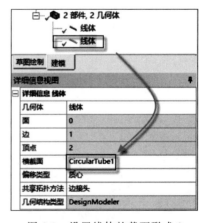

图 6-9   设置线体的截面形式 2

（11）截面设置完成后，为确认线体截面是否正确，单击菜单"查看"→"横截面固体"，以图形方式显示每根线体的横截面形状，如图 6-10 所示。

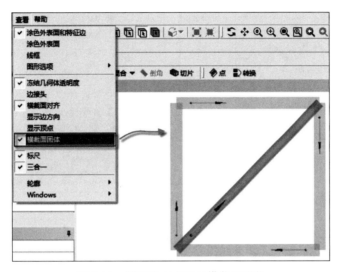

图 6-10　以图形方式显示横截面形状

（12）选择两根线体，右击弹出菜单，选择"形成新部件"，将两根线体合并为一个部件，如图 6-11 所示。

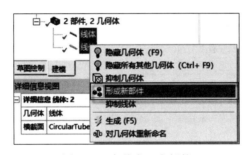

图 6-11　合并为一个部件

注意：两个部件意味着模型为两个零件，若不执行"形成新部件"操作，将意味着两个零件之间没有任何连接关系并处于分离状态，导入 Mechanical 环境分析将导致矩阵奇异从而终止求解。

（13）关闭 DesignModeler 软件，打开 Mechanical 软件。

（14）单击线体，将模型类型设置为"杆/桁架"，在详细信息卡片中可以查看梁截面的面积、惯性矩、体积等基本信息，如图 6-12 所示。

（15）右击"网格"→"插入"→"尺寸调整"，如图 6-13 所示。

（16）在"几何结构"选择模型的 5 根线，单击"应用"，将"类型"设置为"分区数量"，将"分区数量"设置为 1，表示将 5 根线分别划分为 1 个网格，如图 6-14 所示。

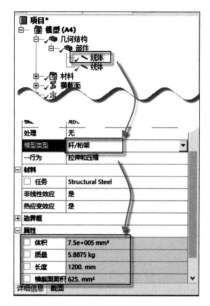

图 6-12　将构件设置为杆并查看杆基本信息

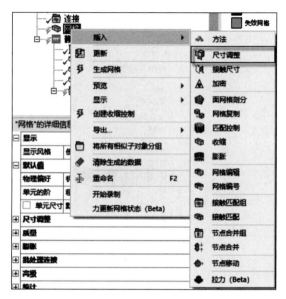

图 6-13　插入网格尺寸调整

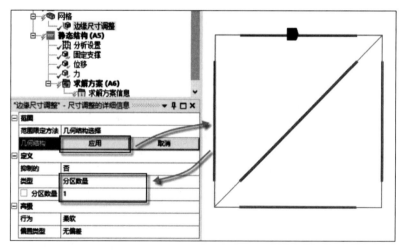

图 6-14　将线体划分为 1 个网格

注意：分析桁架结构时，应将每根杆划分为一个单元。如网格划分不当，误将一根杆划分为多个杆单元，由于每个杆单元之间的铰接关系，将使原本的几何不变体系变更为几何可变体系（类似链条结构），在静力学求解过程中，使用低版本的 ANSYS 软件求解将报错，高版本 ANSYS 2020 可以求解，但结果应慎重对待。

（17）单击网格"生成"按钮，软件将对模型划分网格。

（18）设置桁架的边界条件，单击"静态结构（A5）"→"固定的"，选择桁架的左下角点，在"固定支撑"的详细信息栏中单击"应用"，如图 6-15 所示。

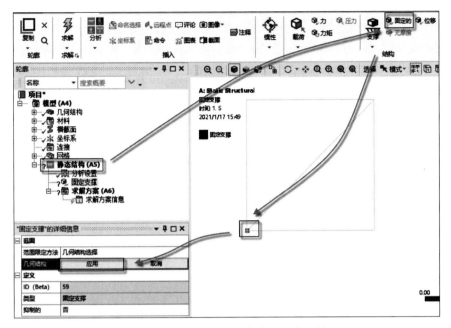

图 6-15　设置桁架左下角点的固定边界

（19）单击"位移"，选择桁架左上角点，单击应用，将"X 分量"设置为 0，其余分量默认为"自由"，如图 6-16 所示。

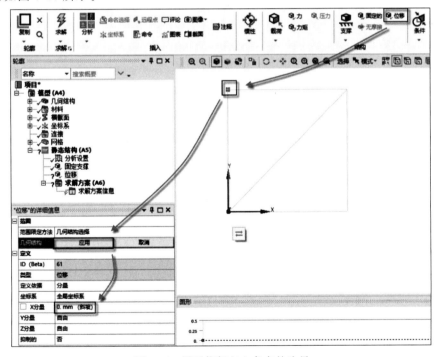

图 6-16　设置桁架左上角点的边界

（20）单击"力"，选择桁架的右下角点，单击"应用"，将"定义依据"设置为"分量"，将"X分量"设置为 1000N，将"Y分量"设置为－1500N，如图 6-17 所示。

图 6-17　设置桁架右下角点的力边界

（21）插入后处理结果，单击"求解方案（A6）"→"梁结果"→"轴向力"与"弯曲力矩"，分别查看杆的轴向力与弯矩，如图 6-18 所示。

（22）默认状态下 ANSYS Workbench 关闭了查看杆单元的应力和应变功能，在求解前需设置方可查看杆单元的应力应变。单击"求解方案（A6）"，将"梁截面结果"设置为"是"，如图 6-19 所示。

（23）单击"求解方案（A6）"→"应力"→"等效（Von-Mises）"，查看杆单元的等效应力，如图 6-20 所示。

（24）单击"求解"按钮开始求解。

求解结束后查看桁架的轴力图、弯矩图及等效应力，轴力最大为 1500N，分别为 AB 杆与 BC 杆，DC 杆的拉力为 1000N，AD 杆的轴力为 0N，BD 杆的轴力为－2121N，为受压杆，如图 6-21 所示。

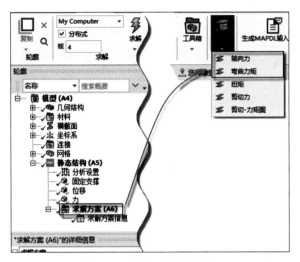

图 6-18 插入后处理结果

图 6-19 打开查看杆单元应力应变功能

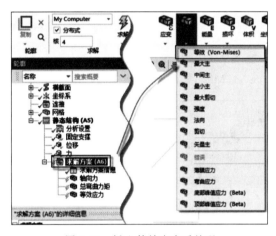

图 6-20 插入等效应力后处理

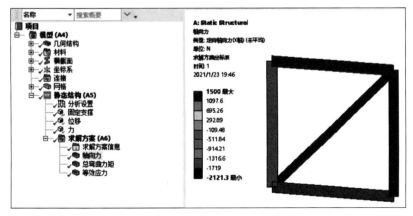

图 6-21 轴力图

由于本结构为桁架结构,故查看弯矩图时其杆所有弯矩均为0,如图6-22所示。

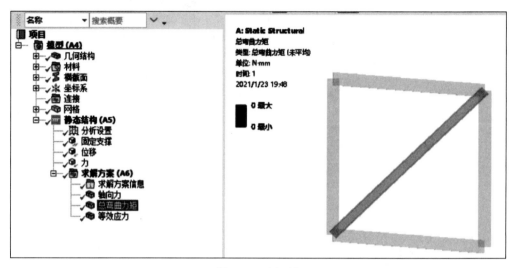

图 6-22　弯矩图

查看等效应力,AB 杆与 BC 杆均为 2.4MPa,CD 杆为 1.6MPa,AD 杆为 0MPa,BD 杆为 35.541MPa,如图 6-23 所示。

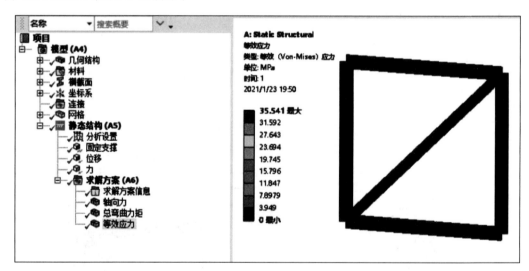

图 6-23　等效应力图

(25)图 6-21 为整体桁架的轴力图仅可查看桁架的最大轴力与最小轴力,若需要查看具体某根杆的轴力,如斜杆 BD 的轴力,可单击"梁结果"→"轴向力",选择 BD 杆,单击"应用"即可查看斜杆 BD 的轴力,如图 6-24 所示。

查看其余杆轴力或应力操作类似。

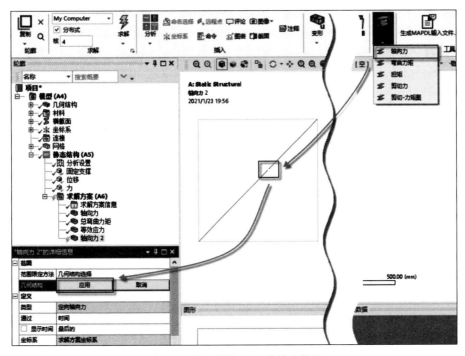

图 6-24 插入斜杆 *BD* 的轴力结果

6.2 梁结构分析案例

梁结构建模与截面设置过程和桁架结构过程类似,但网格划分和后处理过程与桁架结构相比复杂许多:

(1)桁架结构由于其没有转动自由度,故划分单元时每根杆仅可划分 1 个单元;但梁单元包含转动自由度,故每根梁可划分为多个单元,并且为得到较为准确的数值解,分析过程应验证网格无关性。

(2)梁结构的受力形式要比杆结构更为复杂,杆仅承受轴向力作用,而梁除了承受轴向力同时还有剪力与弯矩同在,剪力与弯矩的作用使梁截面的应力相比杆截面在后处理的结果评估方面相对烦琐。

(3)与面积作为杆单元计算的唯一截面特性相比,梁单元包含众多的截面特性,并且在结构设计过程中,为了增加某个截面特性(如惯性矩)提高梁的强度与刚度,需要将梁设计为形式各样的组合截面,如角钢对拼、槽钢对拼等。由于 Workbench 平台仅提供了常见的截面形式,对于特殊构造的截面需要采用自定义梁截面功能建模分析。

(4)Workbench 平台在默认设置下无法查看自定义梁截面的等效应力等后处理,需要在软件设置中打开两个关键选项方可查看自定义梁截面的等效应力。

下面以一个十字形截面悬臂梁结构分析为例阐述自定义梁截面分析的设置过程及后处理过程中的一些重要注意事项。

【例 6-2】 十字形截面悬臂梁如图 6-25 所示,长度为 500mm,一端分别受到 $F_1=100$N 的竖向力、$F_2=200$N 的横向力及 $F_3=1000$N 的轴向力,求解本结构的最大应力。

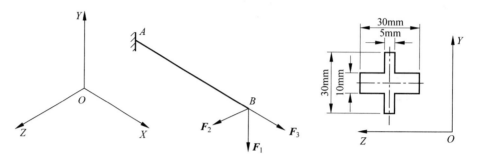

图 6-25 自定义截面悬臂梁

本例的核心内容是如何采用 DesignModeler 软件建立自定义梁截面及如何正确理解 ANSYS Workbench 的梁结构后处理,故本例重点介绍自定义梁截面的设置及分析后软件得到的梁结果应力与理论解对比,通用操作过程仅文字描述,不再使用截图形式详细赘述。

(1)打开 ANSYS Workbench 软件,将 Static Structural 拖曳到项目原理图区域,右击 Geometry,在弹出的菜单中选择 New DesignModeler Geometry 打开 DesignModeler。

(2)单击"单位"菜单,将单位制由"米"更改为"毫米"。

(3)在 XY 平面新建草图 1,采用"绘制""维度"等功能绘制梁的草图,并标注线的尺寸为 500mm。

(4)单击菜单"概念"→"横截面"→"用户定义",绘制自定义十字形截面,如图 6-26 所示。

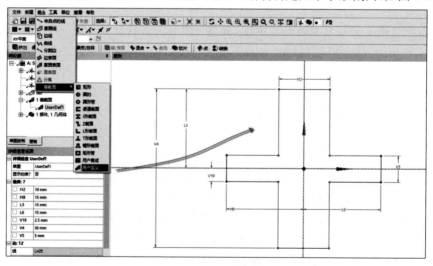

图 6-26 绘制自定义截面形状

（5）单击菜单"概念"→"草图线"，选择 XY 平面绘制的草图 1，单击"生成"，生成 1 部件和 1 几何体。

（6）单击"线体"，在横截面一栏选择 UserDef1，将自定义的十字形截面赋予线体，如图 6-27 所示。

（7）单击菜单"查看"→"横截面固体"可查看梁截面的方向，当软件默认的截面方向与实际不符时，可单击梁模型中的线（选中后线体将变为绿色），通过"旋转"及"反向方位"调节梁截面的方向，本例截面方向采用默认设置，如图 6-28 所示。

（8）退出 DesignModeler，进入 Mechanical。

（9）将网格尺寸调整中的分辨率设置为 6。

（10）单击"固定的"，选择模型的一个端点，单击"应用"，将模型一端固定，如图 6-29 所示。

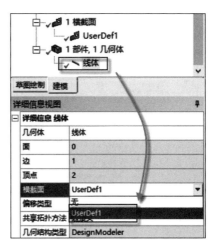

图 6-27　为线体赋予十字形截面

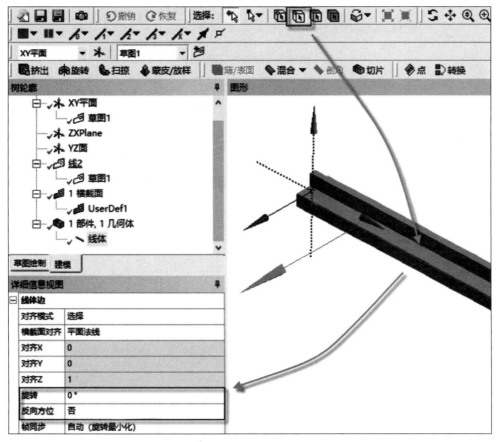

图 6-28　调节截面方向

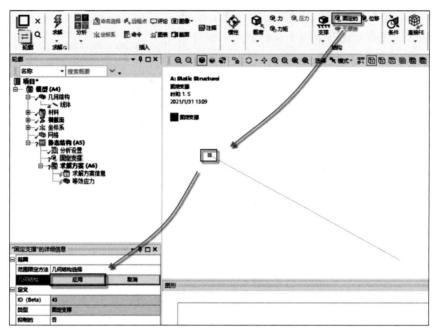

图 6-29 添加固定边界

（11）单击"力"，选择模型的另外一个端点，单击"应用"，将"定义依据"设置为"分量"，X 分量为1000，Y 分量为-100N，Z 分量为200N，如图 6-30 所示。

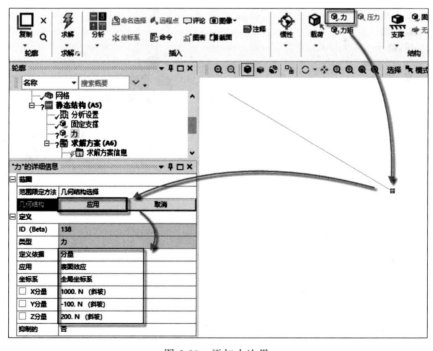

图 6-30 添加力边界

（12）默认状态下，Mechanical 对自定义梁后处理结果做了较多的限制，为了便于查看梁工具中的各类应力及应变后处理，首先应单击几何结构中的"线体"，将"横截面（用于求解器）"设置为"网格"，如图 6-31 所示。

（13）单击"求解方案（A6）"，将"梁截面结果"设置为"是"，如图 6-32 所示。

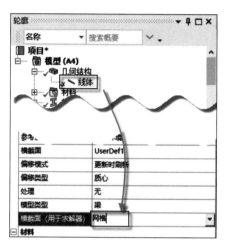

图 6-31　将线体横截面设置为"网格"

图 6-32　设置梁截面结果

根据图 6-31 和图 6-32 的设置可以在后处理中插入自定义梁截面的等效应力等结果。

（14）右击"求解方案（A6）"→"应力"→"等效（Von-Mises）"，插入等效应力结果。

（15）右击"求解方案（A6）"→"梁工具"→"梁工具"，插入梁工具结果，插入后可以看到梁工具内默认仅包含"直接应力""最小复合应力""最大组合应力" 3 个结果，为添加弯曲应力，可右击"梁工具"→"插入"→"梁工具"→"应力"，插入"最小弯曲应力"和"最大弯曲应力"。

（16）单击"求解"按钮开始求解。

查看梁结构的等效应力，最大值为 87.331MPa，如图 6-33 所示。

将梁的等效应力及梁工具内的应力汇总如表 6-3 所示。

表 6-3　梁结构的后处理结果表

序　号	应 力 名 称	应力值/MPa
1	直接应力	2.5
2	最小弯曲应力	−66.1
3	最大弯曲应力	66.1
4	最小复合应力	−63.6
5	最大组合应力	68.6
6	等效应力	87.3

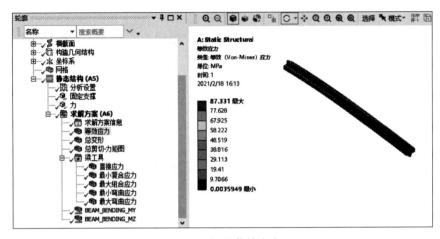

图 6-33　梁的等效应力

表 6-3 中包含了多个应力结果,对于结构设计者而言将面临两个重要问题:

(1) 每个应力结果在软件中是如何求得的?

(2) 结构强度判定时以哪个应力作为判定依据?

为理解表 6-3 中的各应力结果,首先应了解 ANSYS 软件中梁单元的单元坐标系的建立方法及梁截面应力的计算方式。

ANSYS 的梁单元始终以长度方向作为 X 轴,以 Y 轴及 Z 轴定义梁的两个截面方向。Y 轴和 Z 轴并非始终不变,当用户更改了梁截面的方向后,Y 轴和 Z 轴的方向也随之改变。

注意:ANSYS 软件的整体坐标系与梁单元的单元坐标系并不始终保持一致,用户在建立梁结构并划分网格后,梁单元的单元坐标系与软件的整体坐标系是相互独立的,梁单元的后处理结果以单元坐标系为参照进行计算。

了解梁单元的坐标系后,不妨重新回忆表 6-1 中的 5 个应力量,分别为 SDIR、SByT、SByB、SBzT 及 SBzB。

SDIR 为梁单元的轴向应力,计算公式为

$$\mathrm{SDIR} = \frac{\boldsymbol{F}_x}{A} \tag{6-1}$$

式中:$\boldsymbol{F}_x$ 为梁单元的轴向力;

A 为梁截面的面积。

SByT 为绕 Z 轴的弯矩引起的梁单元截面的正应力,计算公式为

$$\mathrm{SByT} = \frac{-M_Z \cdot y_{\max}}{I_{ZZ}} \tag{6-2}$$

式中:M_Z 为绕梁截面 Z 轴的弯矩;

$y_{\max}$ 为形心轴到梁截面边缘的最大距离;

I_{ZZ} 为梁截面 Z 轴的惯性矩。

SByB 为绕 Z 轴的弯矩引起的梁单元截面的正应力,计算公式为

$$\mathrm{SByB} = \frac{-M_Z \cdot y_{\min}}{I_{ZZ}} \tag{6-3}$$

式中：M_Z 为绕梁截面 Z 轴的弯矩；

　　　$y_{\min}$ 为形心轴到梁截面边缘的最小距离；

　　　I_{ZZ} 为梁截面 Z 轴的惯性矩。

SBzT 为绕 Y 轴的弯矩引起的梁单元截面的正应力，计算公式为

$$\mathrm{SBzT} = \frac{M_Y \cdot z_{\max}}{I_{YY}} \tag{6-4}$$

式中：M_Y 为绕梁截面 Y 轴的弯矩；

　　　$z_{\max}$ 为形心轴到梁截面边缘的最大距离；

　　　I_{YY} 为梁截面 Y 轴的惯性矩。

SBzB 为绕 Y 轴的弯矩引起的梁单元截面的正应力，计算公式为

$$\mathrm{SBzB} = \frac{M_Y \cdot z_{\min}}{I_{YY}} \tag{6-5}$$

式中：M_Y 为绕梁截面 Y 轴的弯矩；

　　　$z_{\min}$ 为形心轴到梁截面边缘的最小距离；

　　　I_{YY} 为梁截面 Y 轴的惯性矩。

为求得梁截面的应力，根据式(6-1)～式(6-5)，首先应得到梁的内力及截面惯性矩，梁的结构内力和惯性矩可以通过 Workbench 平台及 ANSYS 经典界面获得，下面对这两种方法分别进行介绍。

1. Workbench 平台获取梁结构内力

（1）右击导航树"模型（A4）"→"插入"→"构造几何结构"→"路径"，如图 6-34 所示。

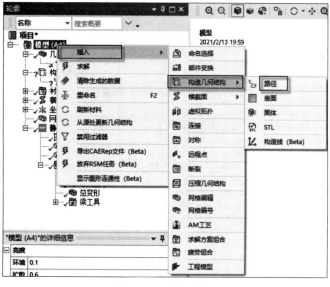

图 6-34　插入路径

（2）将"路径类型"设置为"边"，选择模型窗口的线体模型，单击"应用"，如图 6-35 所示。

图 6-35　设置路径(1)

（3）右击导航树"求解方案（A6）"→"插入"→"梁结果"→"剪切-力矩图"，如图 6-36 所示。

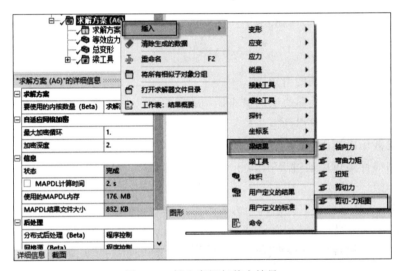

图 6-36　插入弯矩与剪力结果

（4）将"范围限定方法"设置为"路径"，"路径"选择之前创建的路径，如图 6-37 所示。

图 6-37　设置路径(2)

（5）设置完成后评估结果，软件得到的结果为 $1.118e+5N \cdot mm$，如图 6-38 所示。

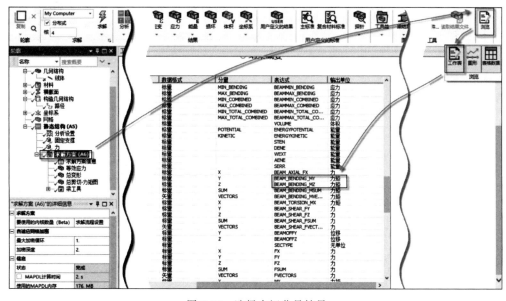

图 6-38 弯矩与剪力图

图 6-38 的弯矩综合考虑了力 $\boldsymbol{F}_1$ 和 $\boldsymbol{F}_2$ 对梁产生的弯矩效应，是根据平行四边形法则计算得到的弯矩，实际上为组合弯矩，通常为了计算梁截面的应力，应分别获取绕 Y 轴和绕 Z 轴的分量弯矩。

（6）单击导航树"求解方案（A6）"，选择"浏览"→"工作表"，按 Ctrl 键同时选择工作表内的 BEAM_BENDING_MY 及 BEAM_BENDING_MZ，如图 6-39 所示。

图 6-39 选择力矩分量结果

（7）选中后，右击 BEAM_BENDING_MY，在菜单中选择"创建用户定义结果"，软件将同时插入 BEAM_BENDING_MY 及 BEAM_BENDING_MZ，如图 6-40 所示。

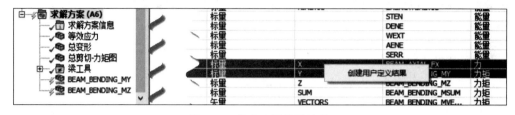

图 6-40　插入力矩分量结果

（8）评估所有结果。绕 Y 轴的弯矩为 $-1e+5N \cdot mm$，如图 6-41 所示。

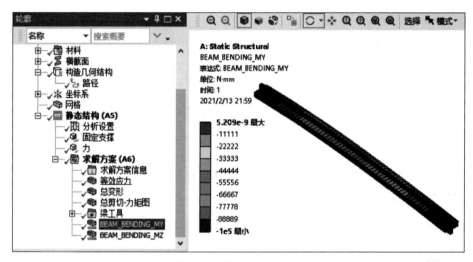

图 6-41　绕 Y 轴的弯矩

绕 Z 轴的弯矩为 $-50\,000N \cdot mm$。

对于分量弯矩，与材料力学绘制弯矩图不同是 Mechanical 以云图方式显示弯矩结果，而 ANSYS 经典界面在后处理中可以绘制每根梁的弯矩图。

2. ANSYS 经典界面获取梁结构内力

（1）在调用经典界面之前，首先保存本案例，因为经典界面无法识别中文字符，故保存路径及文件名应以英文字符保存，不可含有中文字符，其次将 Workbench 平台设置为英文界面后重新打开 Workbench 使其英文界面生效。

注意：经典界面对中文字符敏感，当用户的数据在 Workbench 平台和经典界面之间共享时，建议用户将 Workbench 平台设置为英文界面。

单击导航树中的"分析设置"，找到 Save MAPDL db，将其设置为 Yes，如图 6-42 所示。

（2）右击结构树中的"静态结构（A5）"，弹出菜单，选择 Clear Generated Data，清除所有计算数据，如图 6-43 所示。

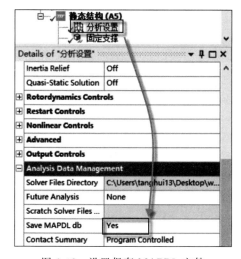

图 6-42 设置保存 MAPDL 文件

图 6-43 清除生成的数据

（3）重新单击"求解"按钮，用于生成经典界面可以识别的 APDL 命令流并保存为 db 格式。

（4）关闭 Mechanical 软件，回到 Workbench 平台。

（5）在 Component Systems 中将 Mechanical APDL 拖曳到 Static Structural 的 Solution 中，如图 6-44 所示。

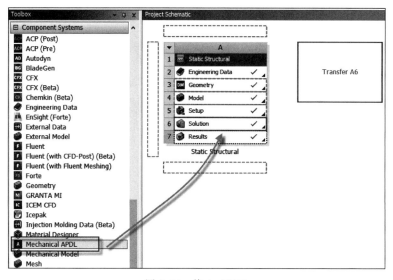

图 6-44 拖入 APDL

（6）拖曳后，软件提示需要更新和刷新数据，单击 Update Project 更新数据，如图 6-45 所示。

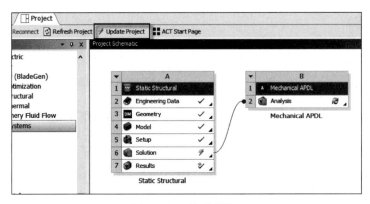

图 6-45　更新并刷新

（7）更新数据后，Mechanical APDL 中出现的问号不影响数据读取，在 Analysis 中右击弹出菜单后选择 Edit in Mechanical APDL，打开经典界面。

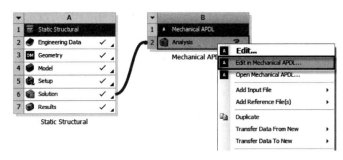

图 6-46　打开经典界面

（8）进入经典界面后单击 RESUM_DB 读入 DB 文件，如图 6-47 所示。

（9）依次单击 General Postproc→Read Results→Last Set，读取最后一步的计算结果，如图 6-48 所示。

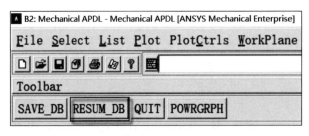

图 6-47　读入 DB 文件

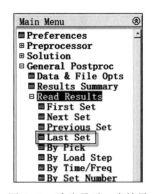

图 6-48　读取最后一步结果

（10）为读取梁单元的弯矩，首先应定义单元表。依次单击 General Postproc→Element Table→Define Table，打开 Element Table Data 对话框，单击 Add 按钮，弹出 Define Additional Element Table Items 对话框，在 User label for item 中定义梁单元 i 节点绕 Y 轴的弯矩名称 MYI，在 Comp Results data item 下拉列表中选择 By sequence num，在右侧列表中选择 SMISC 并输入"2"，单击 OK 按钮确认并关闭对话框，如图 6-49 所示。

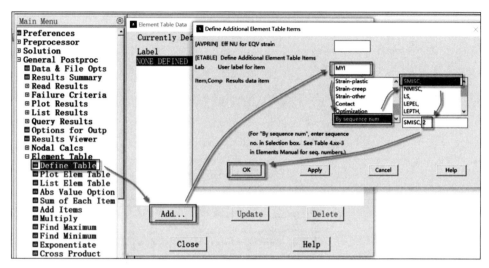

图 6-49　定义单元表

其余弯矩单元表的定义方式与步骤（10）操作类似，本例中需要定义的单元表内容见表 6-4。

表 6-4　自定义梁单元输出的单元表

输 出 参 数	Item（项目）	Sequence Number（序号）	备 注
MYI	SMISC	2	i 节点绕 Y 轴的弯矩
MYJ	SMISC	15	j 节点绕 Y 轴的弯矩
MZI	SMISC	3	i 节点绕 Z 轴的弯矩
MZJ	SMISC	16	j 节点绕 Z 轴的弯矩

（11）按照表 6-4 的内容定义后的结果如图 6-50 所示。

（12）单击 General Postproc→Plot Results→Line Elem Res，弹出 Plot Line-Element Results 对话框，在 LabI Elem table item at node I 列表中选择 MYI，在 LabJ Elem table item at node J 列表中选择 MYJ，单击 OK 按钮，如图 6-51 所示。

绕 Y 轴的弯矩结果如图 6-52 所示。

在本例中，梁单元的局部坐标系与整体坐标系一致，并且为了便于说明梁截面应力的计算过程，截面形心 O 点利用截面的两个对称轴将截面分为 4 个象限，阴影部位为第一象限，求解第一象限 a 点的应力，如图 6-53 所示。

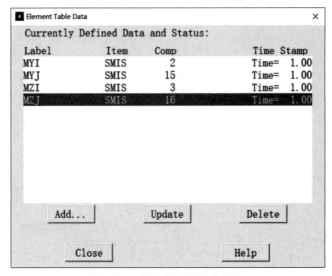

图 6-50 定义完成后的单元表

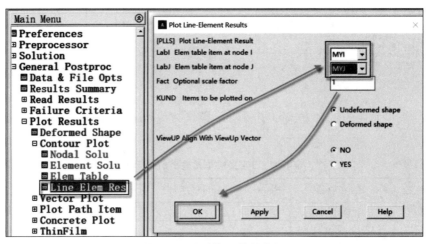

图 6-51 查看绕 Y 轴的弯矩

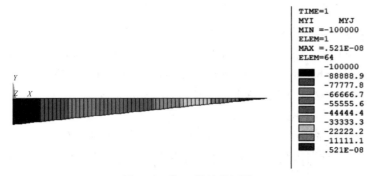

图 6-52 绕 Y 轴的弯矩图

理论计算过程需用到自定义截面的惯性矩和面积等参数，Mechanical 可自动计算梁截面的截面特性，单击导航树下"横截面"→UserDef1，可以查看截面惯性矩和面积等信息，如图 6-54 所示。截面面积 $A=400\mathrm{mm}^2$，绕 Y 轴的惯性矩 $I_{yy}=22\,708\mathrm{mm}^4$，绕 Z 轴的惯性矩 $I_{zz}=13\,333\mathrm{mm}^4$。

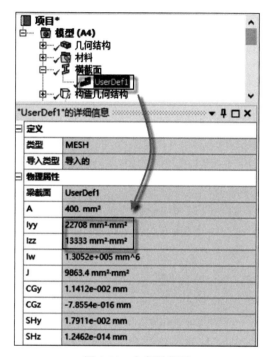

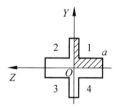

图 6-53 十字形截面　　　　　　　　　图 6-54 十字形截面

根据式(6-1)知，轴向应力 SDIR 为

$$\mathrm{SDIR}=\frac{\boldsymbol{F}_x}{A}=\frac{1000}{400}=2.5\mathrm{MPa}$$

根据式(6-2)知，截面+Y 的一侧由弯矩引起的应力 SByT 为

$$\mathrm{SByT}=\frac{-M_Z\cdot y_{\max}}{I_{ZZ}}=\frac{-(-50\,000)\times 5}{13\,333}=18.8\mathrm{MPa}$$

根据式(6-3)知，截面-Y 的一侧由弯矩引起的应力 SByB 为

$$\mathrm{SByB}=\frac{-M_Z\cdot y_{\min}}{I_{ZZ}}=\frac{-(-50\,000)\times(-5)}{13\,333}=-18.8\mathrm{MPa}$$

根据式(6-4)知，梁截面+Z 的一侧由弯矩引起的应力 SBzT 为

$$\mathrm{SBzT}=\frac{M_Y\cdot z_{\max}}{I_{YY}}=\frac{-100\,000\times 15}{22\,708}=-66.1\mathrm{MPa}$$

根据式(6-5)知，梁截面-Z 的一侧由弯矩引起的应力 SBzB 为

$$\text{SBzB} = \frac{M_Y \cdot z_{\min}}{I_{YY}} = \frac{-100\,000 \times (-15)}{22\,708} = 66.1 \text{MPa}$$

在上述 5 个应力结果中,负号表示截面受压,正号表示截面受拉。SDIR 为轴向力引起的应力,对应梁工具中的"直接应力"。其余 4 个应力均是由于弯矩引发的应力,在梁工具中,这 4 个由弯矩引发的应力相互比较,最小的即对应"最小弯曲应力",最大的对应"最大弯曲应力"。

"最小组合应力"是由"最小弯曲应力"与"直接应力"相加的结果,本例中,最小组合应力为

$$\text{最小组合应力} = \text{SBzT} + \text{SDIR} = -66.1 + 2.5 = -63.6 \text{MPa}$$

"最大组合应力"是由"最大弯曲应力"与"直接应力"相加的结果,本例中,最大组合应力为

$$\text{最大组合应力} = \text{SBzB} + \text{SDIR} = 66.1 + 2.5 = 68.6 \text{MPa}$$

需要注意的是,在本例中无论是"最小组合应力"还是"最大组合应力"都未将 SByT 和 SByB 综合考虑在内,当以第四强度理论作为结构强度判定准则时,无论是"最小组合应力"还是"最大组合应力"都不能作为强度判定的依据。同时,ANSYS 的 Help 文件中也对梁工具的组合应力给出了特别提示:

Be cautious when adding Beam Tool results to the Solutions Combination object. As stated above, the Beam Tool minimum and maximum results can originate from one of four different physical locations. As a result, the application could add solution results from different physical locations. For this reason, carefully review stress results used with the Solutions Combination feature.

观察图 6-53 中第一象限 a 点的位置并以第四强度理论为判定依据计算该点的等效应力。

根据第四强度理论,材料的等效应力与主应力 σ_1、σ_2 及 σ_3 有关,而主应力的计算来源于梁截面上各个方向的应力 σ_x、σ_y 及 σ_z,综合考虑 SDIR、SByT、SByB、SBzT、SBzB 的应力结果。

$$\sigma_x = \text{SDIR} + \text{SByT} + \text{SBzB} = 2.5 + 18.8 + 66.1 = 87.4 \text{MPa}$$

$$\sigma_y = \sigma_z = 0$$

本例中剪切应力 τ_x 远小于正应力 σ,忽略剪切应力,则主应力为

$$\sigma_1 = \frac{\sigma_x + \sigma_y}{2} + \sqrt{\left(\frac{\sigma_x - \sigma_y}{2}\right)^2 + \tau_x^2} = \frac{87.4}{2} + \sqrt{\left(\frac{87.4}{2}\right)^2} = 87.4 \text{MPa}$$

$$\sigma_2 = \frac{\sigma_x + \sigma_y}{2} - \sqrt{\left(\frac{\sigma_x - \sigma_y}{2}\right)^2 + \tau_x^2} = \frac{87.4}{2} - \sqrt{\left(\frac{87.4}{2}\right)^2} = 0$$

$$\sigma_3 = 0$$

根据式(1-40)求得等效应力：

$$\sigma_{\text{von}} = \sqrt{\frac{1}{2}\left[(\sigma_1 - \sigma_2)^2 + (\sigma_2 - \sigma_3)^2 + (\sigma_3 - \sigma_1)^2\right]}$$

$$= \sqrt{\frac{1}{2}\left[(87.4 - 0)^2 + (0 - 0)^2 + (0 - 87.4)^2\right]}$$

$$= 87.4\text{MPa}$$

将 Mechanical 的结果与理论解进行统计,见表 6-5。

表 6-5　软件结果与理论解统计表

序　号	应 力 名 称	Mechanical/MPa	理论解/MPa
1	直接应力	2.5	2.5
2	最小弯曲应力	−66.1	−66.1
3	最大弯曲应力	66.1	66.1
4	最小复合应力	−63.6	−63.6
5	最大组合应力	68.6	68.6
6	等效应力	87.3	87.4

从表 6-5 可知,软件的结果与理论解误差极小,因等效应力综合考虑了其他各类应力对结构的影响,故等效应力大于其他各项应力,针对本例采用等效应力做强度判定相比其他应力更加合理。

6.3　梁与实体单元子模型

在工程应用中,众多结构是以梁结构形式构成的,例如建筑工程中常见的塔式起重机及输配电工程中用于输电缆架设的输电塔,它们主要由细长的梁构件构成。对于此类结构的分析,如果只关心结构局部应力,则可使用 Solid 单元对结构整体划分网格,其次采用第 5 章介绍的子模型技术对关心的区域细化网格进行应力求解,但此方法存在一些弊端,即由于结构大部分由细长梁构件组成,若全部采用 Solid 单元划分网格,则划分的网格将产生两个极端：

（1）梁截面网格尺寸较小,但梁长度方向网格尺寸较大,导致产生的网格质量极差,影响结构的位移和应力结果。

（2）考虑网格质量,梁截面网格尺寸和梁长度方向网格尺寸较小,结构产生大量的网格影响计算效率。

基于以上两点原因,为综合考虑网格质量和计算效率,对于以梁构件为主要构成形式的结构,可以采用梁-实体子模型技术分析此类结构。

所谓梁-实体子模型分析,就是将非关心区域构件采用线体建模,分析时采用 Beam 单元；将关心区域采用实体建模,分析时采用 Solid 单元。不同单元之间可以通过传递力和传递位移两种方法完成单元之间的数据传递,结构关心区域的应力及位移数据的准确性取决于梁与实体单元之间传递的数据(力值或者位移值)是否准确。

梁-实体子模型理论与实体子模型理论是一致的,在切割边界时其切割距离同样遵守圣维南原理,即切割面应当远离应力集中位置。

梁-实体子模型分析一般按以下步骤进行:

(1)对整体模型分析,寻找最大应力部位,分析前在输出控制中打开节点力输出将由默认"否"更改为"是"。

(2)切割最大应力部位的梁模型并另存为模型文件用于实体子模型建立。

(3)重新分析分割后的梁结构模型,得到分割点位置的应力和位移结果。

(4)拖动静力学模块建立子模型系统。

(5)导入梁结构模型的结果数据,作为子模型分析的输入边界条件。

(6)分析子模型系统,得到关键区域的应力和位移结果。

【例6-3】 采用梁-实体子模型技术分析梁框架位移与应力,L形支架由两根100mm×100mm×10mm方管焊接而成,长度均为2000mm,其底部采用固定约束,端部施加1000N集中力。

在本书第5章中分析了一根同类型支架,得到最大应力点集中在L形支架的拐角处和L形支架的固定处。对于结构设计而言,为了缓解L形支架拐角处的应力,通常在拐角处加焊三角筋板,本案例主要分析L形支架加装筋板后拐角处的应力分布。与第5章案例不同的是,本案例在SCDM环境下完成模型的创建。

(1)将静力学模块拖曳至项目原理图区域,本静力学模块主要采用Beam单元分析L形支架的结构整体受力状态。

(2)双击Geometry,进入SCDM环境建立模型,模型的形状与尺寸如图6-55所示。

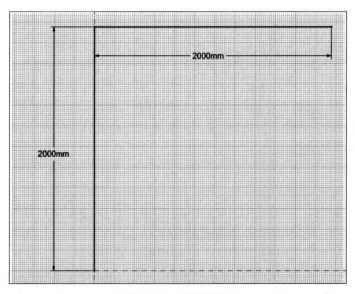

图6-55 支架模型

（3）单击"准备"→"轮廓"，选择矩形管道，如图 6-56 所示。

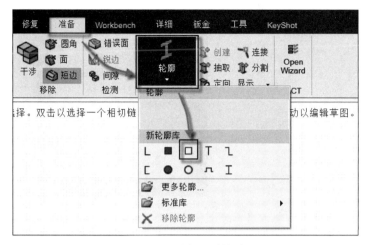

图 6-56　选择矩形管道

（4）右击"矩形管道"，弹出菜单，选择"编辑横梁轮廓"，如图 6-57 所示。

图 6-57　编辑横梁轮廓

（5）在轮廓编辑界面可以单击每个驱动尺寸的尾部尺寸，变更横梁截面的尺寸，如图 6-58 所示。

（6）单击矩形管道尾部的×符号关闭截面编辑界面，切回建模界面，如图 6-59 所示。

（7）关闭横梁轮廓编辑界面后系统默认回到群组选项卡，需要用户单击"结构"选项卡返回结构树状态，如图 6-60 所示。

（8）单击"创建"按钮，分别选择两根线体，如图 6-61 所示。

（9）创建梁截面后，SCDM 默认状态下并不显示梁截面的形状，需要单击"显示"按钮，选择"实体横梁"显示创建的梁截面，如图 6-62 所示。

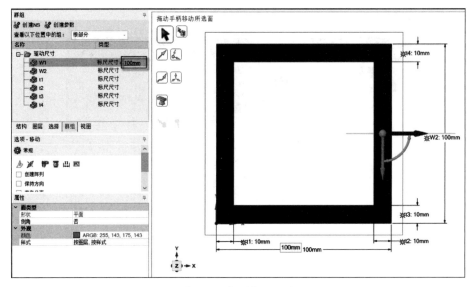

图 6-58　变更截面尺寸

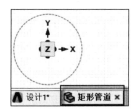

图 6-59　关闭横梁轮廓编辑界面

图 6-60　返回结构树

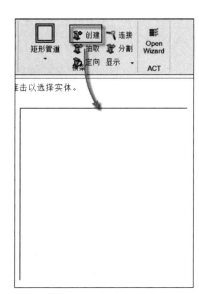

图 6-61　创建梁截面

图 6-62　显示梁截面

（10）单击"设计 1 *"，将"共享拓扑"关系设置为"共享"，其实际含义是将两根单独的梁结构合并为同一结构，防止分析时产生刚体位移，如图 6-63 所示。

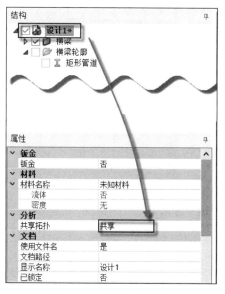

图 6-63　共享拓扑关系

（11）双击 Model 进入 Mechanical 环境。

（12）材料使用默认结构钢，采用默认网格尺寸划分网格。

（13）网格划分后，系统仅显示划分线段而并未显示网格截面形状，可单击"显示"→"厚壳和梁"显示划分网格后的梁截面形态，如图 6-64 所示。

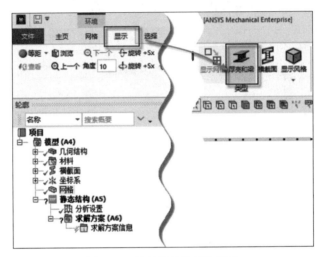

图 6-64　显示梁结构网格形状

（14）设置边界条件，将支架底端设置为固定约束，在支架的另一端添加1000N 集中力，如图 6-65 所示。

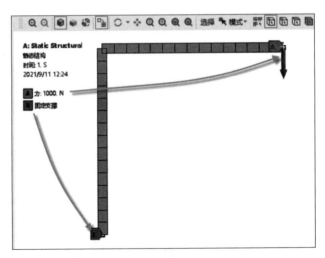

图 6-65　设置边界条件

（15）单击"分析设置"后在"输出控制"中找到"节点力"，将其设置为"是"，在子模型分析系统中需要通过节点力计算得到子模型切割面处的载荷，如图 6-66 所示。

（16）单击"求解方案（A6）"，将"梁截面结果"设置为"是"，以便后处理输出等效应力等结果，如图 6-67 所示。

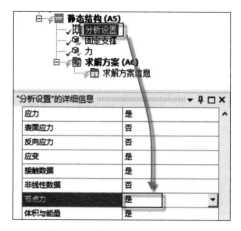

图 6-66　打开节点力输出控制

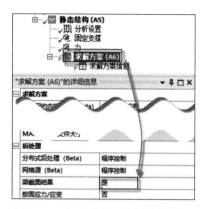

图 6-67　打开梁截面结果计算控制

（17）单击"求解"按钮开始求解。

在后处理中插入结构等效应力,观测等效应力结果会发现在 L 形支架拐角处和竖向梁结构根部应力最大,由于 L 形结构的拐角是横梁与竖梁的截面交汇处,并且通常此处需要做焊接连接,故为了缓解此处应力集中和减小焊接处的焊缝应力,需要在拐角处增加三角筋板。

（18）在添加筋板前,首先应在拐角处切割出梁结构,双击 Geometry,打开 SCDM 建模软件。

（19）单击"草图"标签,选择"切割曲线"按钮,分别单击两根梁的任意一点,切割梁结构,如图 6-68 所示。

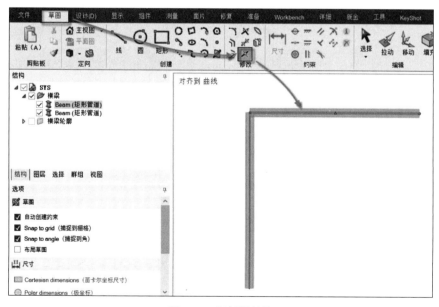

图 6-68　切割梁结构

（20）单击"移动"按钮，选择横梁的切割点，单击沿梁长度方向的坐标系方向箭头，选择标尺，如图 6-69 所示。

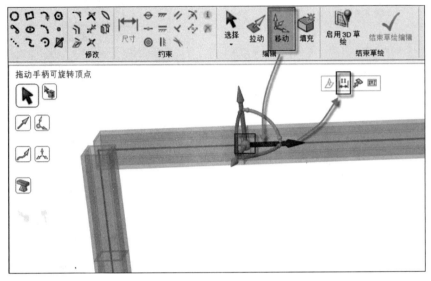

图 6-69　移动切割点

（21）选择标尺后，将鼠标移动至两根梁结构的交汇点，并单击交汇点，将距离更改为500mm，如图 6-70 所示。

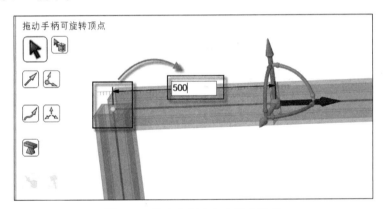

图 6-70　输入分割点与交汇点距离

（22）以同样操作移动竖梁的切割点，将其位置移动至与交汇点距离 500mm 处，创建交汇处实体模型。

（23）单击"矩形"按钮，选择"新草图平面"按钮，单击梁交汇点，确保新建草图平面与横向垂直，如图 6-71 所示。

（24）单击"平面图"按钮，在选项屏中勾选"从中心定义矩形"，绘制矩形，如图 6-72 所示。

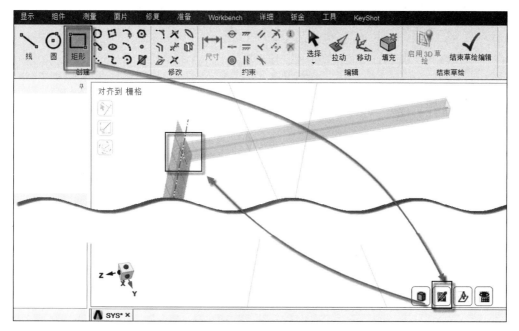

图 6-71 创建横梁草图平面

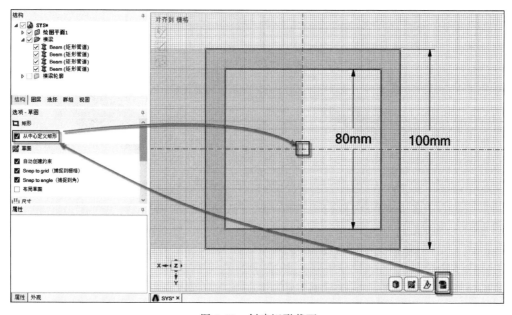

图 6-72 创建矩形截面

（25）单击"设计"选项卡，单击"拉动"按钮，选择创建的矩形截面并沿梁长度方向拖动，拖动距离为 500mm，如图 6-73 所示。

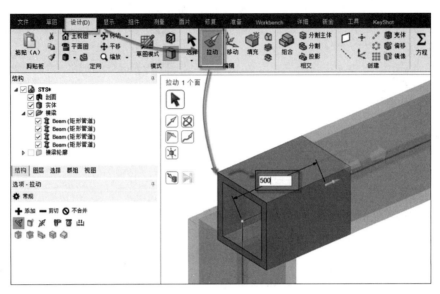

图 6-73　创建横梁矩形实体

注意：梁单元与实体单元之间载荷传递是通过节点进行的，所以在拉伸实体时，务必确保实体的切割面应当与梁单元的切割节点在同一平面上。

（26）单击"草图"标签，在竖梁分割点建立草图平面并绘制矩形，如图 6-74 所示。

（27）单击"拉动"按钮，将创建的矩形截面向交汇点拖动，距离为 550mm，如图 6-75 所示。

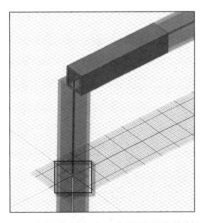

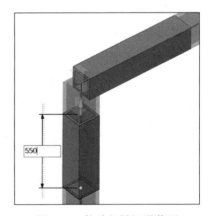

图 6-74　竖梁分割点建立草图平面并绘制矩形　　　图 6-75　拉动竖梁矩形截面

（28）单击"拉动"按钮，选择横梁的一面，单击"直到"按钮并选择竖梁的内壁面，将竖梁顶部封闭，如图 6-76 所示。

（29）单击"设计"标签，选择"平面"按钮，选择"构建平面"按钮，分别选择 L 形梁的两个侧面，如图 6-77 所示。

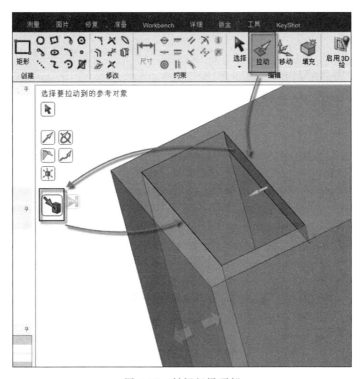

图 6-76 封闭竖梁顶部

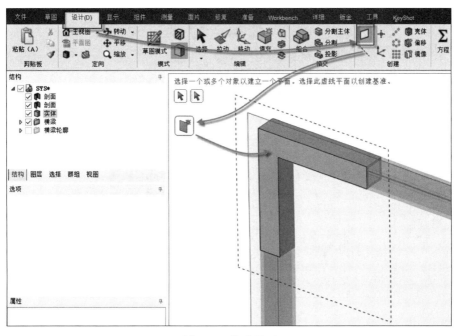

图 6-77 构建平面

（30）选定两个侧面后，在模型显示区域创建的平面以虚线表示，用鼠标单击此虚线，确认构建平面。

（31）顶部封闭后，单击"剖面模式"按钮，选择创建的平面，观测模型中间剖面图可以发现，由于建模的原因，模型拐角处有多余的实体部分需要处理，如图 6-78 所示。

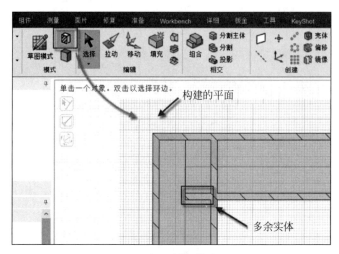

图 6-78　剖面模式

（32）单击"拉动"按钮，选择多余实体部分的边线，选择"直到"工具按钮，单击多余实体部分的端点，去除多余实体，如图 6-79 所示。

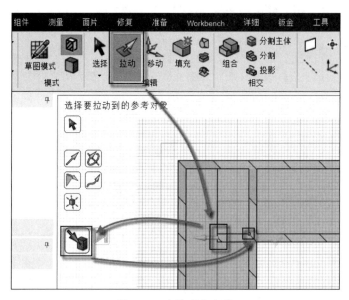

图 6-79　去除多余实体

（33）在创建的平面上绘制筋板的平面图形,尺寸如图 6-80 所示。

（34）单击"拉动"按钮,选择创建的筋板平面,在选项屏中选择"同时拉两侧",输入 20mm,如图 6-81 所示。

（35）由于在建模过程中 SCDM 软件会自动生成剖面,并且实体子模型分析不再需要梁模型,故在结构树中选择软件自动生成的剖面及梁结构建模时的梁模型,在右击菜单中选择"为物理学抑制",如图 6-82 所示。

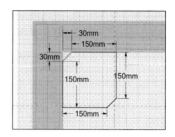

图 6-80　筋板平面尺寸

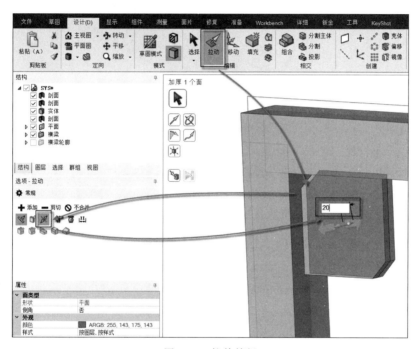

图 6-81　拉伸筋板

图 6-82　抑制多余模型

（36）为了划分结构化网格，实体模型需要做切割处理，单击"分割主体"按钮，选择 L 形梁模型，分别选择 L 形梁的两个面，将 L 形梁分割为 4 个实体，如图 6-83 所示。

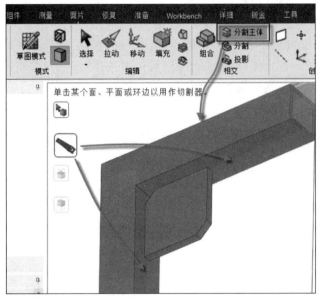

图 6-83　分割模型

注意：分割时，选择一个分割面后，SCDM 将以选定的面分割实体，在选择下一个分割面时，需要配合 Ctrl 键方可完成选择下一分割面并完成分割操作。

（37）分割操作执行完毕后，将模型的拓扑关系设置为"共享"。

（38）至此，子模型实体建立完毕，将创建的实体模型另存为文件名为"L 形梁与实体子模型"，后缀名为 scdoc 的 SCDM 模型文件。

（39）回到 Workbench 平台，将一个静力学模块拖到项目原理图区域，命名为"梁实体子模型"后选择"梁模型"静力学模块的 Solution 并拖曳至"梁实体子模型"中的 Setup，完成数据传递，如图 6-84 所示。

图 6-84　子模型搭建

（40）将"L形梁与实体子模型"导到梁实体子模型静力学模块，进入梁实体子模型系统的 Model，打开 Mechanical 软件。

（41）单击"网格"→"方法"，选择全部实体，单击"应用"，将方法设定为"Hex Dominant"，将所有的实体划分为六面体网格，如图 6-85 所示。

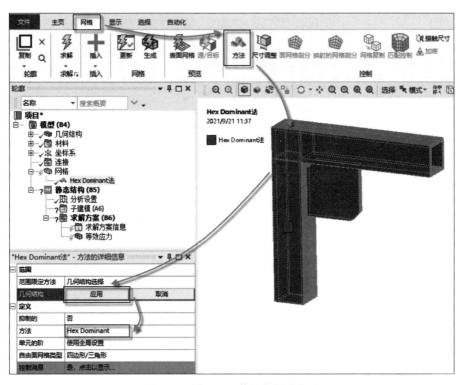

图 6-85　设置六面体网格划分方法

（42）矩形管壁厚为 10mm，为了保证矩形管应力的精确度，建议在壁厚方向至少保留两层单元，故在网格全局设置中将网格全局尺寸设置为 5mm，如图 6-86 所示。

注意：在进行实际工程计算时，结构壁厚方向单元的层数应该做网格无关性验证。壁厚的单元层数也与结构的受载特性有关。例如，梁结构在仅受拉时，只有较少的单元层数也可以获得符合要求的应力解答；而梁结构受弯时，为了模拟结构的受弯刚度则需要相对较多的单元层数。总而言之，当用户无法确定单元层数时，细化网格做网格无关性验证是最为有效的方

图 6-86　设置网格全局尺寸

法。本例设置为两层仅做子模型演示之用。

（43）右击"子模型（A6）"→"插入"→"切割边界远程力"，如图 6-87 所示。

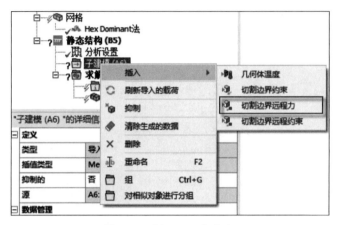

图 6-87　插入远程约束力

（44）选择矩形管的两个切割面，单击"应用"以导入梁单元节点上的远程力并传递至切割面，如图 6-88 所示。

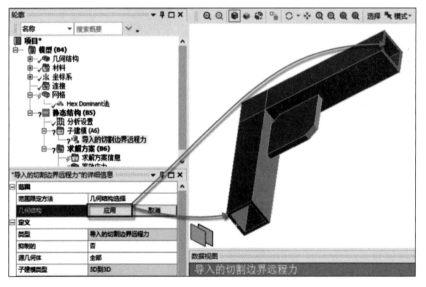

图 6-88　选择切割面

（45）右击"导入的切割边界远程力"→"导入载荷"，将载荷导入，如图 6-89 所示。

（46）载荷导入成功后，单击"导入的载荷传输汇总"，软件将以列表的形式统计导入的远程载荷，如图 6-90 所示。

竖梁切割面传递的远程力汇总见表 6-6。

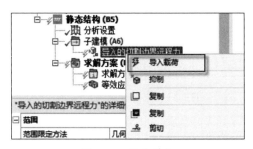

图 6-89 导入载荷

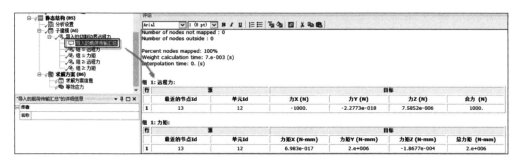

图 6-90 载荷汇总

表 6-6 竖梁切割面远程力

行	源		目 标			
	最近的节点 Id	单元 Id	力 X/N	力 Y/N	力 Z/N	合力/N
1	2	27	-1000	$1.9083e-019$	$7.3911e-006$	1000

竖梁切割面传递的远程力矩汇总见表 6-7。

表 6-7 竖梁切割面远程力矩

行	源		目 标			
	最近的节点 Id	单元 Id	力矩 X/N·mm	力矩 Y/N·mm	力矩 Z/N·mm	总力矩/N·mm
1	2	27	$4.0279e-015$	$2e+006$	$-1.8042e-004$	$2e+006$

横梁切割面传递的远程力汇总见表 6-8。

表 6-8 横梁切割面远程力

行	源		目 标			
	最近的节点 Id	单元 Id	力 X/N	力 Y/N	力 Z/N	合力/N
1	17	16	1000	$-3.8544e-019$	$-6.7331e-006$	1000

横梁切割面传递的远程力矩汇总见表 6-9。

表 6-9　横梁切割面远程力矩

行	源		目　　标			
	最近的节点 Id	单元 Id	力矩 X/N·mm	力矩 Y/N·mm	力矩 Z/N·mm	总力矩/N·mm
1	17	16	1.8351e−010	−1.5e+006	1.6626e−004	1.5e+006

（47）从表 6-6～表 6-9 可知,远程集中力分别为 1000N 和−1000N,两个集中力可以保证结构平衡,而竖梁的远程力矩为 2e+006N·mm,横梁的远程力矩为 1.5e+006N·mm,两个力矩无法保持平衡,在后续的分析中可能会发生结构刚体位移导致求解失败。Mechanical 软件可以在结构中加入虚拟弹簧以防止由于不平衡力导致结构发生刚体位移,故在分析前需要单击"分析设置",找到弱弹簧,将其开启,如图 6-91 所示。

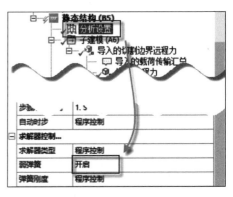

图 6-91　打开弱弹簧

（48）单击"求解"按钮开始求解。

观察实体子模型的等效应力,最大等效应力在拐角三角筋板焊接处,如图 6-92 所示。

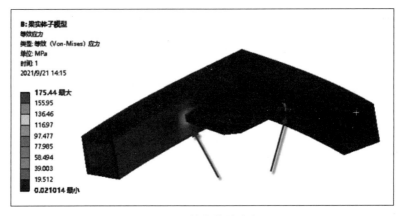

图 6-92　结构等效应力

由于建模时未建立焊缝模型,三角筋板与方管为直角过渡,随着网格细化,将产生应力奇异现象,若要得到此处的结构应力,在建模时可将焊缝一并建立分析。

6.4　梁单元模拟螺栓连接

螺栓绑定由于连接的便捷性,其被应用于大量的结构工程中。当采用有限元软件模拟螺栓连接时通常采用以下 3 种方法:

（1）两个被连接件之间采用接触连接中的绑定约束。由于直接采用绑定约束，两个被连接件接触面附近刚度大于实际螺栓连接刚度，通常情况下对于不追求高精度的静力学分析或者仅仅期望快速得到某些大型结构粗略的结构位移尚可应付一二，而如果对结构位移和应力要求较高或涉及动力学计算，则不推荐使用绑定约束。

（2）使用梁单元代替螺栓部件。在两个被连接件之间建立 Beam 单元，由于 Beam 单元可承受拉压弯的受载特性，可以近似代替螺栓受力，并且高版本的 ANSYS 加大了对 Beam 单元的支持，可在 Beam 单元中添加预应力以便更好地模拟螺栓受力。

（3）采用精细化建模。建立螺栓外螺纹与被连接件内螺纹模型，使用接触设置中的摩擦接触类型模拟螺栓与螺纹或螺栓与螺帽之间的螺纹连接，该方法虽精度最高，但由于需要布置大量网格拟合螺纹构造，故为了获得螺栓与被连接件的应力和位移需要消耗巨大的计算资源，大大降低了求解效率。

对比以上 3 种方法，第（1）种方法方便快捷，但精度较差；第（2）种方法需要在每对螺栓孔附近建立 Beam 单元，效率相对第（1）种方法较低，但精度相对较高；第（3）种方法以实体方式建模，精度最高，但效率最低。

针对一般起重机械设计，传统方法是获取每根螺栓的内力，将各内力代入设计规范中的计算公式校核螺栓强度，所以获取每根螺栓的内力是校核螺栓的关键。

通过插入 Beam 单元代替螺栓连接可以快速提取螺栓的内力，在 Workbench 平台中提供两种方法插入 Beam 单元：其一是在连接工具中通过插入"梁"工具，此方法实际就是在两个连接件中插入 Beam 单元；其二是在两个被连接件之间建立线体，将线体的两个端点分别与被连接件使用绑定连接，网格划分时将线体划分为 Beam 单元。

6.4.1 刚性梁模拟螺栓

【例 6-4】 法兰盘连接是结构组装中的常用连接方式，可以传递轴力、剪力、扭矩及弯矩，螺栓直径为 16mm，法兰盘一端完全固定，另一端分别施加轴向集中力 2000N，竖向集中力 1000N，使法兰盘受拉、受剪和受弯。分别采用插入梁工具方法和建立线体模拟螺栓方法分析圆形法兰，提取各连接螺栓的内力。

（1）打开 Workbench 平台，将 Static Structural 拖曳至项目原理图区域，取名为"刚性梁模拟螺栓"，导入"法兰盘装配体.x_t"模型。

（2）为划分较高质量的网格，模型导入后，打开 SCDM 软件切割法兰模型，分两次将两个法兰盘沿圆盘面切割，使圆柱体与圆盘体分割为两个零件，如图 6-93 所示。

（3）完成切割后，法兰由两个零件被分割为 4 个零件，如果直接导入 Mechanical，4 个零件之间将产生接触，故应

图 6-93 切割法兰

当将圆柱体与圆盘体移动到一个新组件。按 Ctrl 键选择法兰盘与圆柱体并右击，如图 6-94 所示，在弹出的菜单中选择"移到新组件"，分别命名为法兰 1 和法兰 2。

（4）分别选择法兰 1 和法兰 2，将"共享拓扑"设置为"共享"，如图 6-95 所示。

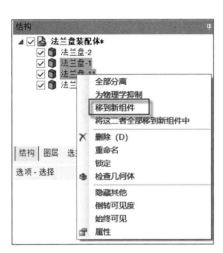

图 6-94　移动到新组件

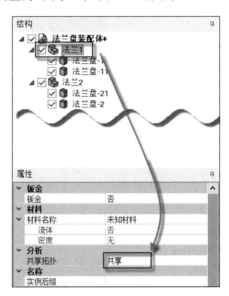

图 6-95　共享拓扑关系

（5）关闭 SCDM 软件，打开 Mechanical 软件。

（6）进入 Mechanical 软件后，系统会自动侦测到一对接触，显示为两个圆盘面之间有接触行为，如图 6-96 所示。

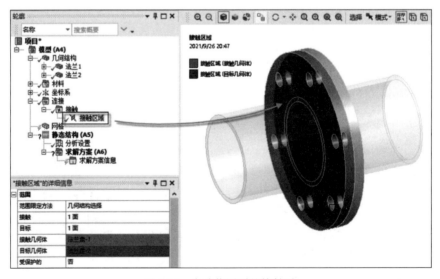

图 6-96　自动侦测到的接触对

（7）在导航栏中单击侦测到的接触对，将"类型"设置为"摩擦的"，将"摩擦系数"设置为0.15，如图 6-97 所示。

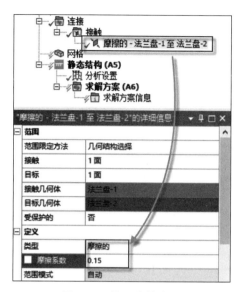

图 6-97 设置摩擦类型

（8）在导航树中单击"连接"→"梁"→"几何体-几何体"，插入梁连接，如图 6-98 所示。

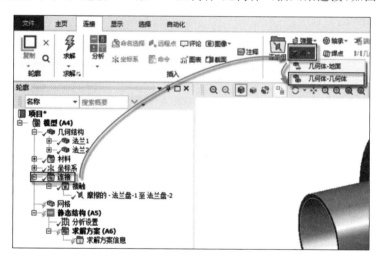

图 6-98 插入梁连接

（9）将梁连接详细信息栏中的"半径"设置为 8mm，表示螺栓半径为 8mm，单击圆盘上其中一根圆线，在"参考"一栏的"范围"中单击"应用"，将"行为"设置为"柔性"，表示结构受载后其圆孔处允许有变形，将"搜索区域"设置为 14mm，可以近似模拟垫片变形行为，如图 6-99 所示。

（10）在梁连接详细信息栏中"移动"一栏的范围选择另一法兰盘表面圆形线体，在"范围"中单击"应用"，分别将"行为"设置为"柔性"，将"搜索区域"设置为 14mm，如图 6-100 所示。

图 6-99　设置参考范围参数

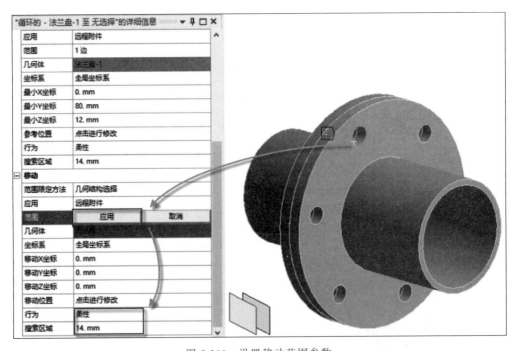

图 6-100　设置移动范围参数

设置完成后,图形显示区域的螺栓孔内即建立刚性梁,并以灰色实体形式显示。

由于法兰连接螺栓孔一般至少为 6 个,每个螺栓孔除了连接圆形线体位置不同外,其余设置参数均相同,故为了节省设置时间,可以使用 Mechanical 中"自动化"标签栏内的对象生成器自动生成每对螺栓孔之间的梁连接。

使用对象生成器之前需要对两个圆盘面上剩余的 10 根圆形线体进行选择并建立两个组合。

(11)按住 Ctrl 键选择其中一个圆盘面上剩余的 5 根圆形线体,在右击后弹出的菜单中选择"创建命名选择",将 5 根圆形线体创建组合并命名为"法兰 1_螺栓孔",如图 6-101 所示。

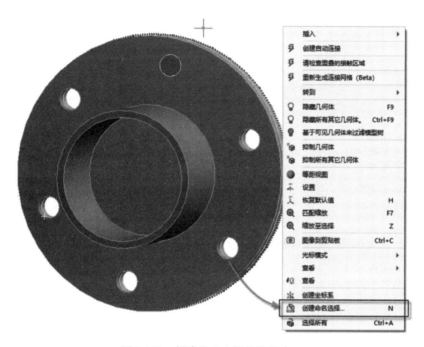

图 6-101 创建法兰 1 螺栓孔组合

(12)以同样方法选择另一法兰圆盘面剩余的 5 根圆形线体,并命名为"法兰 2_螺栓孔"。

(13)选择已经创建的梁连接,单击"自动化"标签卡,选择"对象生成器",在弹出的 Mechanical 应用向导对话框中分别在"参考"栏中选择创建的组合"法兰 1_螺栓孔",在"移动"栏中选择创建的组合"法兰 2_螺栓孔",将质心之间"最小"设置为 23mm,将"最大"设置为 25mm,单击"生成"按钮,批量生成螺栓孔之间的 Beam 连接,如图 6-102 所示。

注意:质心之间的距离指的是"法兰 1_螺栓孔"的质心与"法兰 2_螺栓孔"的质心之间的间距。在模型中,两个孔圆心之间的距离为 24mm,故在对象生成器中,最小为 23mm,最大为 25mm,读者可以根据实际模型需要,适当放大或缩小最小与最大值。

(14)经过对象生成器批量生成后的螺栓组如图 6-103 所示。

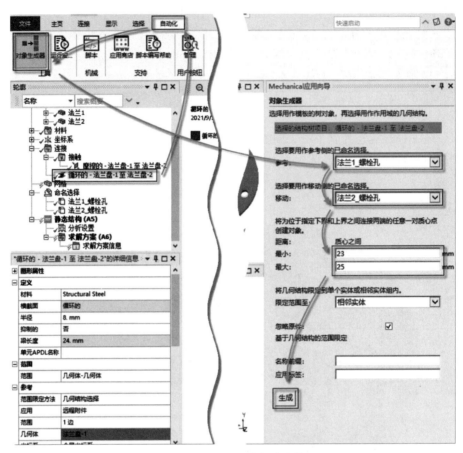

图 6-102　批量生成螺栓连接

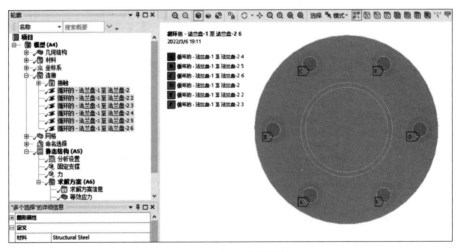

图 6-103　批量生成的螺栓组

（15）在导航树中右击"网格"→"插入"→"方法"，选择全部几何体，将"方法"设置为 MultiZone，同时在导航树中单击"网格"，将"单元尺寸"设置为 5.0mm，如图 6-104 所示。

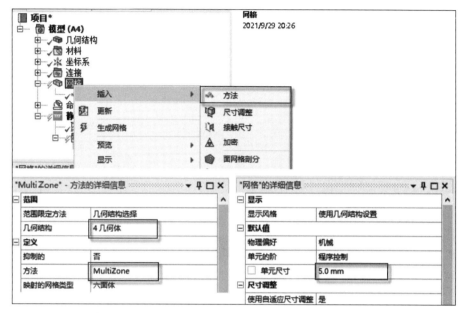

图 6-104　网格设置

（16）将法兰盘其中一个圆柱体端面完全固定，对另一法兰圆柱体端面施加集中载荷，其"Y 分量"为−1000N，"Z 分量"为 2000N，如图 6-105 所示。

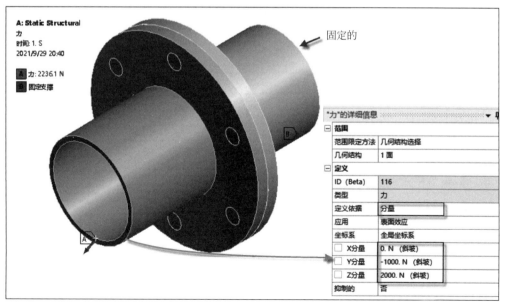

图 6-105　边界条件设置

（17）由于结构存在摩擦接触行为,故需要在分析设置中打开自动时步,将"初始子步"和"最小子步"设置为 10,将"最大子步"设置为 100,开启大挠曲,输出节点力,如图 6-106 所示。

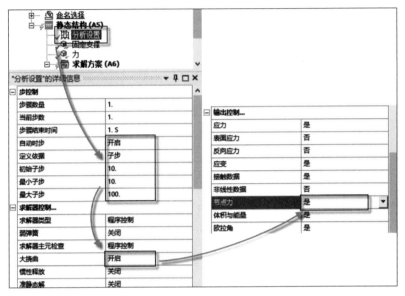

图 6-106　求解设置

（18）单击"求解"按钮开始求解。

求解过程中在导航树中单击"求解方案信息",在详细信息栏中将"求解方案输出"设置为"力收敛",查看求解过程中的力残差值,经过 26 次迭代后,当力收敛曲线低于力标准曲线时表示数值收敛,如图 6-107 所示。

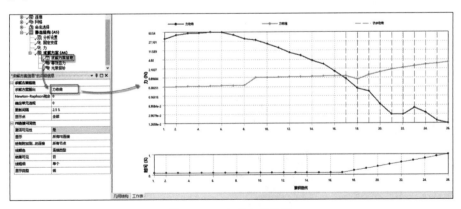

图 6-107　查看力残差值

（19）在标签栏中单击"求解方案"→"探针"→"梁",插入梁探针,在详细信息栏中将"边界条件"设置为"循环的-法兰盘-1 至法兰盘-2",查看该梁的内力,如图 6-108 所示。

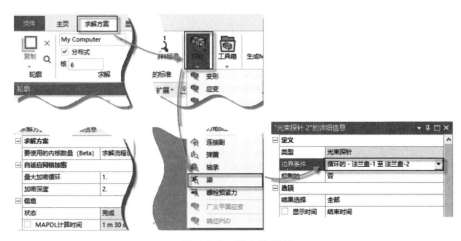

图 6-108　插入梁探针

评估所有结果后,可以查看梁的内力。由于初始子步为10,故施加的集中载荷被分为10段,查看结果时应该以第10行结果为准,如图6-109所示。

	时间 [S]	☑ 光束探针 (轴向力) [N]	☑ 光束探针 (扭矩) [N·mm]	☑ 光束探针 (I处的剪切力) [N]	☑ 光束探针 (J处的剪切力) [N]	☑ 光束探针 (I处的力矩) [N·mm]	☑ 光束探针 (J处的力矩) [N·mm]
1	0.1	113.58	-3.3982e-002	12.847	12.847	419.1	110.79
2	0.2	227.16	-6.3784e-002	25.795	25.795	839.43	220.39
3	0.5	340.75	-9.0169e-002	38.806	38.806	1260.5	329.21
4	0.5	454.33	-0.12304	51.769	51.769	1681.	438.62
5	0.5	567.92	-0.15311	64.699	64.699	2101.1	548.41
6	0.6	681.5	-0.1843	77.63	77.63	2521.2	658.21
7	0.7	795.09	-0.2147	90.566	90.566	2941.4	767.93
8	0.8	908.67	-0.24535	103.51	103.51	3361.6	877.63
9	0.9	1022.3	-0.27603	116.44	116.44	3781.9	987.32
10	1.	1135.8	-0.30674	129.38	129.38	4202.1	1097.

图 6-109　梁探针的结果

通过查看梁探针结果可知,"循环的-法兰盘-1 至法兰盘-2"的螺栓轴向力为 1135.8N,扭矩为 -0.30674N·mm,I 节点处的剪切力为 129.38N,J 节点的剪切力为 129.38N,I 节点处的力矩为 4202.1N·mm,J 节点处的力矩为 1097N·mm。

后处理插入等效应力,从等效应力云图中可以发现,螺栓与法兰圆盘连接部位及圆盘与圆柱直角过渡部位应力明显大于其他结构部位,符合受力规律,如图 6-110 所示。

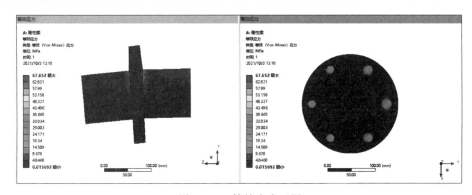

图 6-110　等效应力云图

6.4.2 柔性梁模拟螺栓

【例 6-5】 采用建立线体方式代替螺栓分析法兰结构。

（1）将 Static Structural 拖曳至项目原理图区域，并取名为"线体模拟螺栓"，导入法兰模型。当使用线体创建 Beam 单元时，首先需要在模型每对螺栓孔区域创建线体草图。

（2）单击"草图"→"启用 3D 草绘"，如图 6-111 所示。

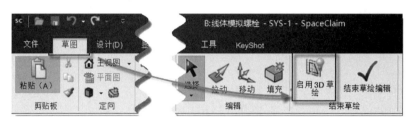

图 6-111　启用 3D 草图绘制

（3）单击"线"工具按钮，将鼠标移动至螺栓孔附近，系统将自动侦测到圆心并以十字形式显示，继续将鼠标移动到圆心，单击绿色点，如图 6-112 所示。

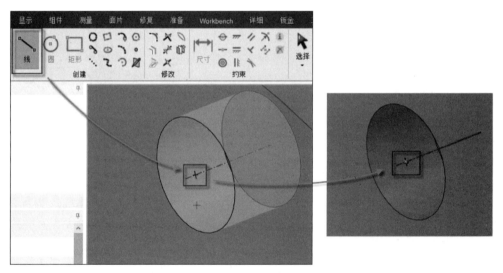

图 6-112　寻找一侧螺栓孔圆心

（4）按住鼠标中键选择模型至法兰盘另一侧，松开中键，将鼠标移动至圆孔附近后会出现十字圆形，继续移动至圆心直至出现绿色实心点，单击绿色圆点完成线体绘制，如图 6-113 所示。

（5）以同样方法完成其他 5 根线体的绘制。

注意：在 3D 绘制过程中，✓ 将保持绿色状态，若要退出 3D 草图绘制，可按键盘上的 Esc 键退出。

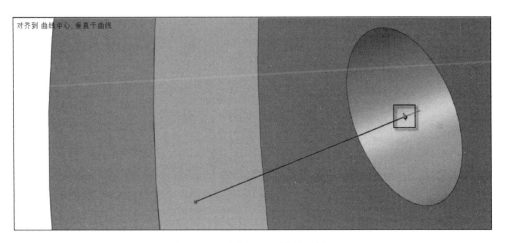

图 6-113　寻找另一侧螺栓孔圆心

（6）单击"准备"→"轮廓"，选择实心圆形截面，并将半径设置为8mm，如图6-114所示。

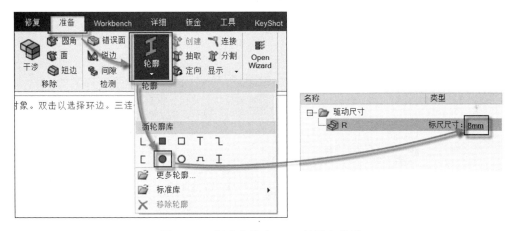

图 6-114　创建半径为8mm的圆心截面

（7）单击"创建"按钮，分别选择模型中创建的6根线条，建立梁结构，如图6-115所示。

注意：创建过程中系统并未显示梁截面状态，读者可以单击"显示"→"实体横梁"显示圆形梁截面以确保已经建立梁结构。

（8）至此模型建立完毕，退出SCDM软件，在Workbench平台中单击Model进入Mechanical。

图 6-115　创建梁结构

由于建立的梁结构与法兰结构并未在几何上形成连接，故此时梁结构与法兰之间是相互分离的，需要使梁体与法兰圆盘创建连接以实现螺栓绑定。

（9）在导航树中单击"连接"→"几何体-几何体"→"固定的"，如图6-116所示。

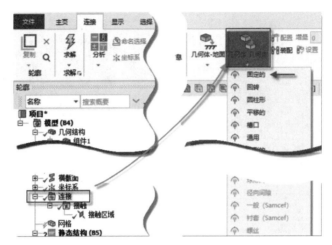

图 6-116　创建连接副

（10）在详细信息栏中，在参考范围选择其中一根线体的端点，在移动范围选择螺栓孔的圆边，将移动部件的"行为"设置为"柔性"，将"搜索区域"设置为14mm，如图6-117所示。

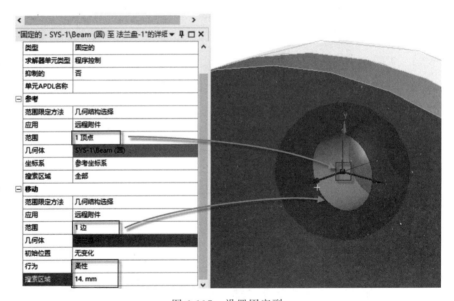

图 6-117　设置固定副

法兰连接共有6根螺栓，每根螺栓有两个端点，所以共有12对固定副，手动设置势必费事费力，故此处仍使用对象生成器方法自动生成剩余的11对固定副。

（11）创建点组合，单击选择"组件1"一侧的剩余5个线体端点，并命名为"点集合1_组件1"。

（12）创建螺栓孔的线体组合，单击选择"组件1"圆盘上的剩余5根圆形螺栓孔线体，并命名为"线集合1_组件1"，如图6-118所示。

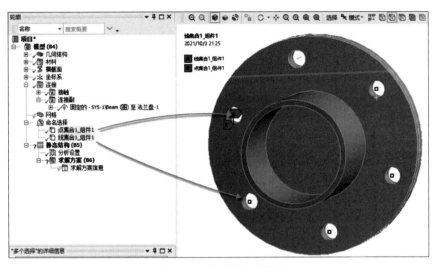

图 6-118　点集合与线集合

（13）单击"自动化"→"对象生成器"，在弹出的对象生成器向导中选择已经创建的固定
副，在"参考"的选择"点集合 1_组件 1"，在"移动"后选择"线集合 1_组件 1"，将质心距离的
"最小"设置为 0mm，将"最大"设置为 1mm，单击"生成"按钮自动生成组件 1 一侧剩余的 5
对固定副，如图 6-119 所示。

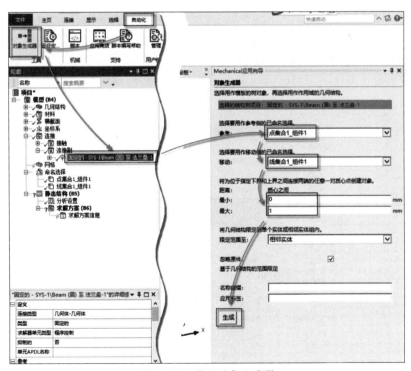

图 6-119　设置对象生成器

注意：由于模拟螺栓线体的端点与螺栓孔线体的圆心重合，其质点亦是重合的，所以质心距离最小为 0mm，最大为 1mm。

（14）为了便于区分组件 1 和组件 2 的固定副，选择组件 1 一侧的 6 对固定副并右击，在弹出的菜单中选择"组"，并取名为"组件 1 固定副"，如图 6-120 所示。

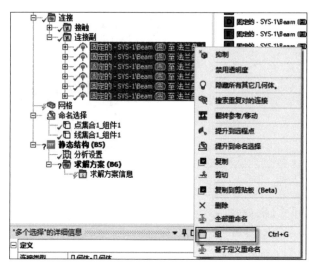

图 6-120　将固定副存放于组中

（15）以同样的方法将组件 2 一侧线体的 6 个端点生成组合并命名为"点集合 2_组件 2"，将螺纹孔线体生成组合并命名为"线集合 2_组件 2"，使用对象生成器生成组件 2 一侧的 6 对固定副并存放于"组件 2 固定副"中。

（16）将系统自动侦测得到的组件 1 和组件 2 之间的接触"类型"设置为"摩擦的"，"摩擦系数"设置为 0.15，如图 6-121 所示。

图 6-121　设置接触类型及摩擦系数

（17）网格尺寸为5mm，将所有部件划分方法定义为MultiZone。

（18）载荷和固定边界与刚性梁模拟螺栓案例一致，即法兰一端完全固定，另一端施加Y方向集中力为−1000N，Z方向集中力为2000N。

（19）时步设置方法与刚性梁模拟案例一致，打开自动时步，最小子步为10，初始子步为10，最大子步为100，开启大挠曲，输出节点力。

（20）单击"求解"按钮开始求解。

查看力收敛曲线，经过33次迭代后数值收敛，如图6-122所示。

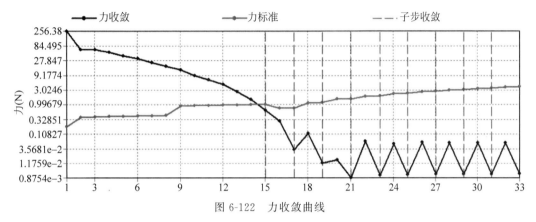

图6-122 力收敛曲线

（21）当使用Beam柔性梁单元模拟螺栓时，提取螺栓内力的方法与Beam单元提取内力相同，插入梁结果工具选择对应内力即可，如图6-123所示。

将本例中的梁内力结果与刚性梁模拟螺栓结果列表对比，见表6-10。

通过表6-10对两种不同方法结果对比，其内力值相差甚小，但在软件设置Joint连接时，因为柔性梁需要在梁的两端分别设置螺栓连接，所以刚性梁的设置方法要比柔性梁设置方法更为方便一些。

图6-123 提取梁内力

表6-10 刚性梁与柔性梁模拟螺栓内力对比表

序 号	内力名称	刚性梁/N	柔性梁/N
1	轴力	1135.6	1135.6
2	I节点剪力	129.36	129.35
3	J节点剪力	129.24	129.24
4	I节点弯矩	4199.8	4199.9
5	J节点弯矩	1096.8	1097.1

6.4.3　有螺栓预紧力的结构分析

结构在使用螺栓连接时,一般在安装时会对螺栓施加一定的预紧力使结构在使用期间更好地承载外部载荷,提高结构的服役期限。例如对于压力容器,适当的预紧力可以更好地密封部件;对于承受剪切力的构件,适当的预紧力可以产生足够的摩擦力抵抗剪切滑移;对于承受拉力的构件,适当的预紧力可以更好地保持连接部件之间的接触抵抗拉力荷载,所以遇到对预紧力有要求的结构时,应当重点关注结构安装阶段螺栓预紧力是否达到设计要求。本节内容主要从软件分析层面探讨不同预紧力对结构受力带来的影响。

【例 6-6】　两个圆柱体被连接件在圆心部位开螺栓孔,使用一根直径为 10mm 的螺栓将两个圆柱体连接在一起,螺栓预紧力为 500N,一端完全固定,另一端施加轴向集中载荷,使用刚性梁单元分析两种工况。

第 1 种工况:集中载荷为 300N,模拟接触面的未完全分离状态。

第 2 种工况:集中载荷为 1000N,模拟接触面之间的完全分离状态。

注意:当结构采用螺栓连接时,连接螺栓数量通常应大于或等于 2,本案例中仅为了更为直观地观测连接件之间的分离状态而采用了单根螺栓连接。

单根螺栓遭遇抗扭转工况时结构性能极差,故在结构设计中是极不推荐的。

(1)将 Static Structural 拖曳到项目原理图区域,导入"螺栓预紧力模型.SLDASM"模型。

(2)打开 SCDM 软件,分别将两个圆柱体结构以大圆表面为切割面进行切分,切分完成后将被切分的 4 个零件分为两组保存,并分别命名为"圆盘_左"及"圆盘_右",将几何关系设置为共享拓扑,如图 6-124 所示。

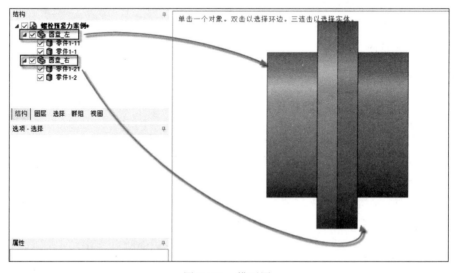

图 6-124　模型图

（3）打开 Mechanical 软件分析第 1 种工况。

（4）在导航树内"连接"会自动侦测到接触,将"类型"定义为"摩擦的","摩擦系数"为 0.15,将"行为"定义为"不对称",将"公式化"定义为"广义拉格朗日法",如图 6-125 所示。

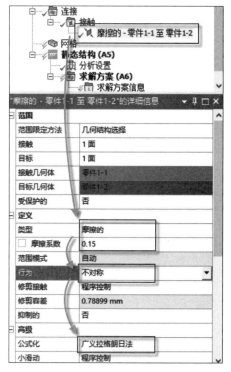

图 6-125 设置接触

（5）将网格全局尺寸定义为 10mm,选择全部模型,使用 Hex Dominant 方法划分网格。

（6）单击"梁"→"几何体-几何体",在详细设置中将"半径"定义为 10mm,将左侧螺栓孔边选为"参考",将右侧螺栓孔边选为"移动",将其"行为"均定义为"柔性",将"搜索区域"设置为 14mm,如图 6-126 所示。

由于螺栓预紧和载荷施加并非发生在同一时间,一般情况下首先施加螺栓预紧力,其次再施加边界条件,所以在此次分析过程中应设置两个时间步,第 1 时间步用于螺栓预紧力施加,第 2 时间步用于边界条件施加。

（7）在导航树中选择"分析设置",将"步骤数量"设置为 2,将"当前步数"设置为 1,用于设置第 1 个时间步的子步数量,开启"自动时步","初始子步""最小子步""最大子步"分别为 20、10、100,开启"大挠曲",打开输出控制中的节点力输出,如图 6-127 所示。

注意:由于后处理过程中需要查看接触面之间的接触反力,故需要在输出控制中开启节点力输出。

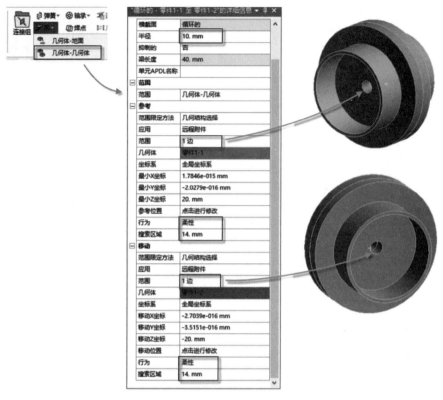

图 6-126　设置刚性梁

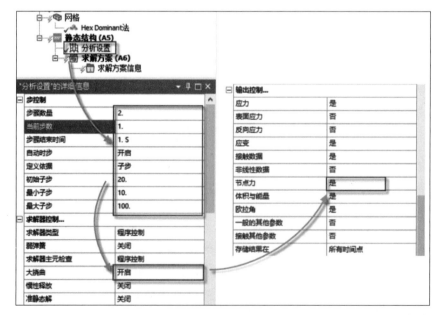

图 6-127　第 1 时间步设置

（8）第1时间步设置完毕后，将"当前步数"设置为2，开始第2时间步子步设置，依旧开启"自动时步"，设置"初始子步""最小子步""最大子步"与第1时间步子步数相同，如图6-128所示。

注意：在多载荷步情况下，当第1载荷步打开大挠曲后，其余载荷步将默认打开大挠曲，无须多次设置。

（9）单击"载荷"→"螺栓预紧力"插入螺栓预紧力，在详细信息栏中将"范围限定方法"选为"梁连接"，在下拉列表中选择已经创建的"循环

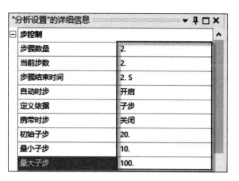

图6-128　第2时间步设置

的-零件1-1至零件1-2"梁连接，在第1载荷步中将预紧拉力载荷定义为500N，在第2载荷中保持锁定状态，如图6-129所示。

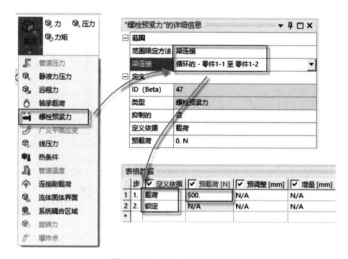

图6-129　插入螺栓预紧力

（10）定义固定约束和集中载荷，选择模型"圆盘_左"一侧的表面添加完全固定约束，选择模型"圆盘_右"一侧的表面添加Z方向的集中载荷。时间步0到时间步1为第1载荷步，此期间为施加螺栓预紧力阶段，故载荷为0N；时间步1到时间步2为第2载荷步，此时螺栓预紧力已经施加完成，可以施加300N集中载荷，如图6-130所示。

（11）单击"求解"按钮开始求解。

查看接触反力、梁探针接触间隙各类后处理结果。

（12）单击"工具箱"→"接触工具"插入接触工具，右击"接触工具"→"插入"→"间隙"，查看接触间隙，如图6-131所示。

接触间隙云图显示螺栓连接区域附近间隙为0mm，表征此处接触面在300N拉力状态下还未分离，而远离螺栓连接处的位置最大为0.0012mm，表征接触面已经分离，如图6-132所示。

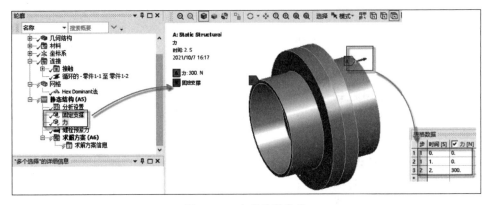

图 6-130　定义边界条件

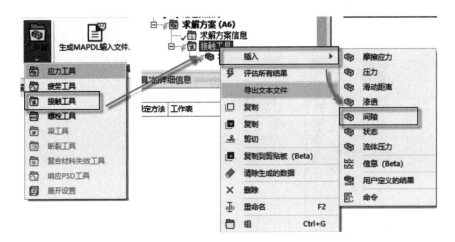

图 6-131　查看接触间隙

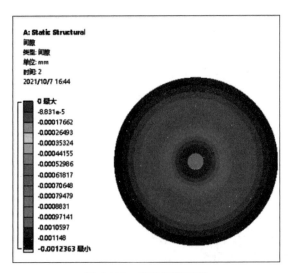

图 6-132　接触间隙云图

（13）单击"探针"→"力反应"，在详细信息栏中将"定位方法"设置为"接触区域"，在下拉列表中选择"摩擦的-零件 1-1 至零件 1-2"，如图 6-133 所示。

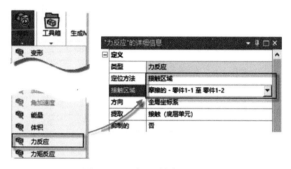

图 6-133　插入接触面反力

查看接触反力结果，在第 1 载荷步完成后，螺栓预紧力施加完成，由于预紧力的作用使左右圆盘表面紧密接触，接触面相互作用产生反力，反力的值等于螺栓预紧力 500N；在第 2 载荷步完成后，由于右侧圆盘拉力的作用导致接触面有一部分相互分离，导致接触面之间的反力减小到 187.38N，如图 6-134 所示。

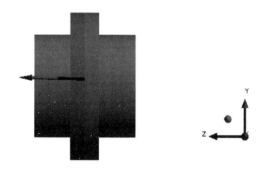

	时间 [S]	☑ 力反应 (X) [N]	☑ 力反应 (Y) [N]	☑ 力反应 (Z) [N]	☑ 力反应 (总计) [N]
9	0.775	1.2948	5.155	387.5	387.54
10	0.875	1.4631	5.8202	437.5	437.54
11	0.9375	1.5677	6.2363	468.75	468.79
12	1.	1.672	6.6524	500.	500.05
13	1.05	1.6645	6.6311	483.22	483.26
14	1.1	1.6292	6.5059	466.42	466.47
15	1.175	1.5902	6.3917	441.36	441.41
16	1.275	1.5355	6.1668	408.2	408.24
17	1.375	1.5017	5.9954	375.31	375.36
18	1.475	1.4111	5.643	343.22	343.27
19	1.575	1.3628	5.5061	311.61	311.67
20	1.675	1.2972	5.2262	280.65	280.7
21	1.775	1.2364	4.9942	250.68	250.74
22	1.875	1.1628	4.7312	221.44	221.5
23	1.9375	1.1215	4.5266	204.14	204.19
24	2.	1.0781	4.4103	187.38	187.43

图 6-134　接触面的反力值

（14）查看螺栓预紧力值，单击"探针"→"梁"，在详细信息栏中的"边界条件"列表中选择"循环的-零件1-1 至 零件1-2"，评估结果后可知在第 1 载荷步结束时，其轴向力等于施加的预紧力 500N；在第 2 载荷步结束时，其轴向力为 487.38N，如图 6-135 所示。

图 6-135　螺栓的内力值

（15）更改施加在"圆盘_右"上的集中载荷，由 300N 变更为 1000N，分析第 2 种工况并重新评估接触间隙、接触面反力及螺栓内力值，将提取得到的各类数值与第 1 种工况对比，见表 6-11。

表 6-11　第 1 种工况与第 2 种工况后处理结果对比表

序　　号	后处理结果（第 2 载荷步结束后）	第 1 种工况（300N）	第 2 种工况（1000N）
1	接触间隙	0mm	0.0006mm
2	接触面反力值	187.38N	1.1412e-006N
3	螺栓轴力值	487.38N	1000N

通过对比表中两种工况的后处理结果可以发现：

接触间隙：第 1 种工况螺栓周边的接触间隙为 0，接触面未发生完全分离；第 2 种工况螺栓周边的接触间隙为 0.0006mm，间隙值虽小，但仍说明接触面已完全分离。

接触面反力值：第 1 种工况的接触面反力为 187.38N；在第 2 种工况下，由于接触面已经完全分离,故接触面之间已经无法传递载荷,其反力值近似为 0N。

螺栓轴力值:第 1 种工况下螺栓轴力值为 487.38N,低于螺栓预紧力 500N;第 2 种工况下,螺栓的轴力值等于预紧力值 1000N。

对于接触间隙和接触面反力的结果其实很好理解,而对于螺栓轴力值则有以下两点疑问。

疑问 1:为何第 1 种工况下螺栓轴力值低于螺栓预紧力,而第 2 种工况下螺栓轴力值等于预紧力值?

疑问 2:不论是第 1 种工况还是第 2 种工况,螺栓预紧力值施加完毕后,螺栓内部已经产生了拉力,其后施加集中力载荷后(300N 和 1000N),螺栓的轴力值是否应当等于预紧力与集中荷载的和?

这两点疑问通过 ANSYS 分析第 1 种工况和第 2 种工况已经给出了具体的数值结果,但若要更好地理解数值解背后的理论,则需要通过力学分析加以解释。

以接触面为切割面,分析"圆盘_左"侧结构,其受到固定约束面的支座反力 F_R、螺栓轴力 F_B 及接触面反力 F_C,如图 6-136 所示。

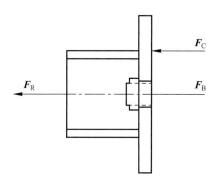

图 6-136 左侧圆盘受力分析简图

结构受载后反力与内力保持平衡,得

$$F_B = F_C + F_R \tag{6-6}$$

整个结构仅一个 1000N 的轴向外力(第 2 种工况),故约束处支座反力 $F_R = 1000$N。

结构受到 1000N 外载后接触面完全分离,故 $F_C = 0$N。

根据式(6-6)得 $F_B = 1000$N,可以看出螺栓受到 500N 预紧力且受到 1000N 外载后,最终螺栓轴力 F_B 不等于结构外载加初始预紧力,对于外载大于预紧力且接触面分离失效后,螺栓轴力等于结构外载。

注意:一般螺栓连接结构在连接区域螺栓成对出现且一般大于两对以上,在一定预紧力下接触面贴合紧密,当结构外载大于螺栓预紧力时,接触面不一定会完全分离,除非螺栓完全松动。

整个结构仅一个 300N 的轴向力(第 1 种工况),故约束处支座反力 $F_R = 300$N。

因外载 300N 小于螺栓预紧力 500N,故接触面未完全分离,接触面仍可以传递载荷,根据 ANSYS 提取得到接触面的反力为 187.38N,根据式(6-6)得

$$F_B = F_C + F_R = 187.38\text{N} + 300\text{N} = 487.38\text{N}$$

由此可见,外载低于螺栓预紧力时,因为有一部分接触面未分离,可以传递一部分外载至固定约束面,此时螺栓轴力低于预紧力。

结构受载后,螺栓轴力除了低于预紧力或等于外载外,还有可能大于螺栓预紧力,此类情况一般发生在外力大于螺栓预紧力但接触面未完全分离的情况下。

第7章

结构屈曲分析

结构屈曲分析主要用于判定结构受载后是否有失稳风险,作为工程应用,一般分为线性屈曲分析和非线性屈曲分析。

线性屈曲分析需要具备较多的前提条件,如载荷无偏心、材料无缺陷等,在实际工程应用中结构制作过程和加载方式很难达到线性屈曲要求的状态,故线性屈曲得到的载荷值不能直接作为判定结构失稳的依据。

非线性屈曲则摒弃了线性屈曲的众多限制条件,更贴近实际工程应用。

非线性屈曲分析的目的是获取结构可以承受载荷的最大值及结构失稳的变形状态,一般用户分析前需要获取一个载荷值用于非线性屈曲的加载,故在进行非线性屈曲分析前,一般以同样的结构和边界分析其线性屈曲的载荷值,将其载荷值放大 1.5 倍用于非线性屈曲分析的载荷值。

从理论上看,屈曲分析作为整个结构设计过程中的一个环节,还应当注意以下两点:

(1)屈曲分析针对的结构处于受压状态,当结构处于受拉状态时,结构更易强度失效。

(2)对于梁杆结构而言,长细比是失稳分析中的一个重要参数,当结构长细比低于某值时(参考设计规范)意味着强度失效早于结构失稳,此时应首先确保强度满足要求,其次考虑结构稳定性。

注意:上述两点仅供读者参考,一般当工程结构的构造及边界与国家规范、行业规范等内容冲突时,用户应当慎重选择并做出合理判断。

结构屈曲多发生于细长梁构成的高耸结构、拱结构及薄板构成的箱型结构,以细长结构为例,其材料力学推导得到的线性屈曲临界载荷计算公式为

$$F_{\text{cr\_L}} = \frac{\pi^2 E \cdot I}{(\mu L)^2} \tag{7-1}$$

式中:$F_{\text{cr\_L}}$ 为欧拉临界载荷;

π 为圆周率,约为 3.141 592 6;

E 为材料的弹性模量;

I 为梁的截面惯性矩;

μ 为长度系数,与结构的固定边界形式有关;

L 为梁的长度。

在欧拉临界力计算公式中长度系数与结构约束形式有关,图 7-1 列出了常见的梁固定形式的计算长度系数。

在式(7-1)中,结构的欧拉临界载荷仅与材料类型、截面惯性矩及计算长度(固定方式)有关。初学者常犯的错误是:当结构验算屈曲载荷不通过时,试图通过改变结构材料实现提高结构屈曲载荷的能力(通常由 Q235 钢更换为 Q355 钢)。翻阅材料手册可知,普通碳素结构钢 Q235 和低合金高强度钢 Q355 的弹性模量非常近似,所以当替换材料的弹性模量与原材料相似时通过更改材料提高结构屈曲载荷并不是正确的选择。

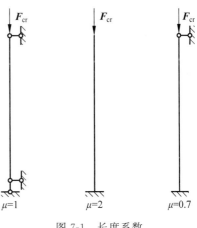

图 7-1 长度系数

7.1 线性屈曲分析

线性屈曲分析是屈曲分析不可或缺的一个重要环节,分析结果不仅可以得到非线性屈曲的载荷值,更重要的是还可以获取结构失稳时的形态,帮助用户了解整体结构最先失效的部位。

与静力方程不同的是,线性屈曲求解的方程组比静力学方程组多了几何刚度矩阵

$$([\boldsymbol{K}_E] + [\boldsymbol{K}_G])\{\boldsymbol{U}\} = \{\boldsymbol{F}\} \tag{7-2}$$

式中:$[\boldsymbol{K}_E]$ 为单元刚度矩阵;

$[\boldsymbol{K}_G]$ 为几何刚度矩阵;

$\{\boldsymbol{U}\}$ 为位移列向量;

$\{\boldsymbol{F}\}$ 为载荷列向量。

使用最小势能原理对式(7-2)变分运算求得平衡方程:

$$([\boldsymbol{K}_E] + [\boldsymbol{K}_G])\{\delta\boldsymbol{U}\} = 0 \tag{7-3}$$

结构发生屈曲必然产生位移,故 $\{\delta\boldsymbol{U}\}$ 不能为 0,则必使:

$$|[\boldsymbol{K}_E] + [\boldsymbol{K}_G]| = 0 \tag{7-4}$$

由式(7-4)可知,求解线性屈曲的核心是求得结构的单元刚度矩阵 $[\boldsymbol{K}_E]$ 和几何刚度矩阵 $[\boldsymbol{K}_G]$,当网格划分后,结构的单元刚度矩阵即可求得,而几何刚度矩阵 $[\boldsymbol{K}_G]$ 仍是未知量,需使用静力学模块方可求得几何刚度矩阵 $[\boldsymbol{K}_G]$。为此可以首先假设一个单位力 $\boldsymbol{F}^1$,将其施加至结构中可求得对应的几何刚度矩阵 $[\boldsymbol{K}_G]^1$,由于几何刚度矩阵 $[\boldsymbol{K}_G]$ 是载荷 $\boldsymbol{F}$ 的线性函数,假定结构屈曲时的载荷为 $\lambda \cdot \boldsymbol{F}^1$,则屈曲时的几何刚度矩阵为 $\lambda [\boldsymbol{K}_G]^1$,式(7-3)可改写为

$$|[\boldsymbol{K}_E] + \lambda [\boldsymbol{K}_G]^1| = 0 \tag{7-5}$$

将式(7-5)写成特征值方程形式:

$$([\boldsymbol{K}_E] + \lambda_i [\boldsymbol{K}_G])\{\boldsymbol{\varphi}_i\} = 0 \tag{7-6}$$

式中:λ_i 为特征值,在有限元屈曲分析中为施加载荷的倍数;

$\{\varphi\}$ 为特征向量,即节点位移。

【例 7-1】 撑杆线性屈曲分析:有一根两端铰接的撑杆,撑杆截面为 $\phi 100\text{mm} \times 5\text{mm}$,截面惯性矩 $I = 1\,690\,000\text{mm}^4$,长度为 5m,使用普通碳素结构钢,弹性模型 $E = 200\,000\text{MPa}$,承受轴向载荷作用,使用 ANSYS Workbench 线性屈曲模块分析其能够承受的最大轴力。

通过式(7-1)得到最大轴力理论值为

$$F_{\text{cr\_L}} = \frac{\pi^2 E \cdot I}{(\mu L)^2} = \frac{3.14^2 \times 200\,000 \times 1\,690\,000}{(1 \times 5000)^2} = 133\,301\text{N}$$

(1) 如前所述,线性屈曲分析首先应求得单元刚度矩阵 $[K_E]$ 和几何刚度矩阵 $[K_G]$,故在 Workbench 平台内使用线性屈曲分析前需进行静力学分析,其系统搭建形式如图 7-2 所示。

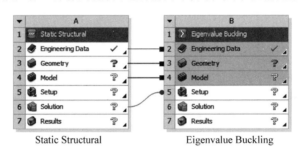

Static Structural   Eigenvalue Buckling

图 7-2 线性屈曲分析系统搭建

(2) 在静力学模块中导入模型"撑杆.IGS",由于撑杆构造均由板材制造,为了提高计算效率,双击"A3 Geometry"打开 SCDM 软件进行抽中面操作。

(3) 单击"准备"→"中间面"标签,勾选"Use range(使用范围)",将"最小厚度"设置为 1mm,将"最大厚度"设置为 25mm,框选所有模型,单击"确认"按钮,如图 7-3 所示。

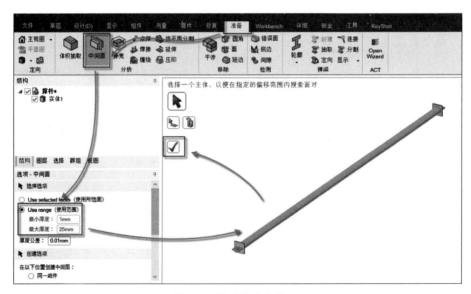

图 7-3 抽取模型中的面

（4）抽取完成后，在结构树中实体模型被自动隐藏并物理学抑制。在结构树中单击"撑杆"模型，在属性窗口内将"共享拓扑"设置为"共享"，如图7-4所示。

（5）关闭SCDM，在Workbench平台内双击A4 Model进入Mechanical环境。

（6）在导航树中单击"网格"，将"单元尺寸"设置为0.01m，将"分辨率"设置为"默认（2）"，将"跨度角中心"选为"精细"，如图7-5所示。

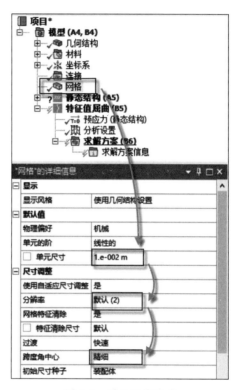

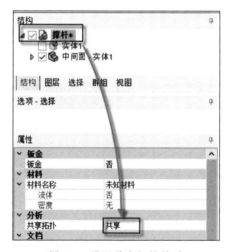

图7-4　设置共享拓扑关系　　　　　图7-5　设置网格尺寸

（7）设置撑杆两端的约束边界，单击"支撑"→"远程位移"，选择撑杆一端的内孔线体，单击"应用"，分别将"X分量""Y分量""Z分量"平移自由度设置为0，将"旋转X"和"旋转Z"旋转自由度设置为0，"旋转Y"设置为"自由"，如图7-6所示。

（8）以同样的方法设置撑杆另一端约束边界，选择另一端内孔边线，分别将"X分量"和"Y分量"平移自由度设置为0，将"Z分量"平移自由度设置为"自由"，将"旋转X"和"旋转Z"旋转自由度设置为0，将"旋转Y"设置为"自由"，如图7-7所示。

（9）施加单位载荷，单击"力"，选择释放Z方向平移自由度一侧的内孔边线，单击"应用"，将"定义依据"选择为"分量"，在"Z分量"上施加载荷1N，如图7-8所示。

（10）单击"求解"按钮开始求解。

（11）单击导航树内"特征值屈曲（B5）"下方的"分析设置"，将"最大模态阶数"设置为6，求解结构前6阶的屈曲形态，如图7-9所示。

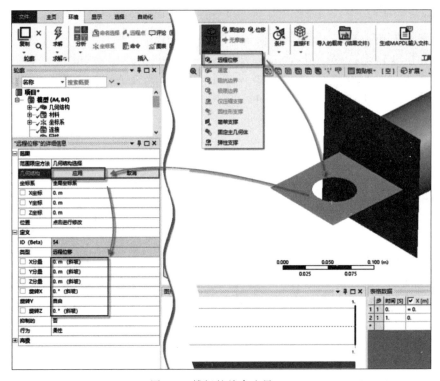

图 7-6 撑杆的约束边界(1)

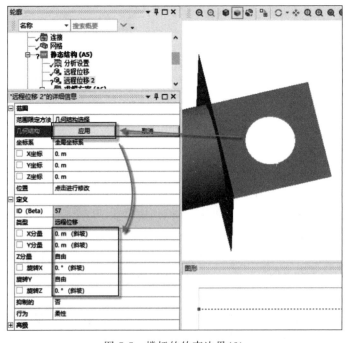

图 7-7 撑杆的约束边界(2)

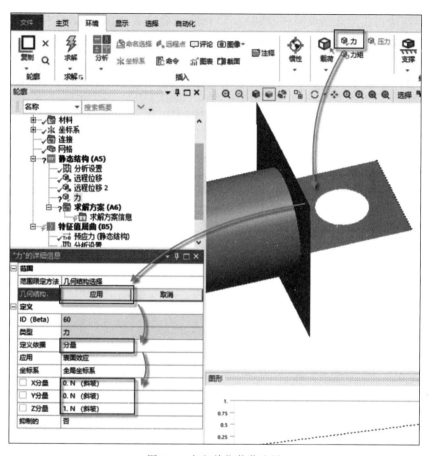

图 7-8 定义单位载荷边界

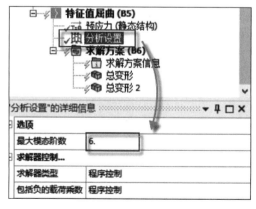

图 7-9 定义求解最大阶数

（12）再次单击"求解"按钮开始求解。

查看前四阶屈曲形态和负载乘数，第 1 阶屈曲负载乘数为 1.2532e5，第 2 阶屈曲负载乘数为 1.5502e5，第 3 阶屈曲负载乘数为 4.9884e5，第 4 阶屈曲负载乘数为 5.3781e5，如图 7-10 所示。

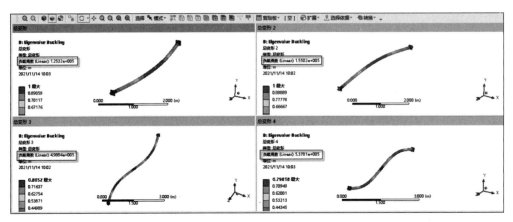

图 7-10　前四阶屈曲形态及负载乘数

由式(7-5)可知，在通过静力学模块求解结构刚度矩阵时施加的载荷为 1N，故线性屈曲的临界载荷等于 1N 与负载乘数的乘积：

$$F_{cr}^1 = 1 \times \lambda_1 = 1 \times 123\,520 = 123\,520\text{N}$$

$$F_{cr}^2 = 1 \times \lambda_2 = 1 \times 155\,020 = 155\,020\text{N}$$

线性屈曲临界载荷是在理想状态下求得的结果，其值不可以直接用于结构稳定性评估。

7.2　非线性屈曲分析

线性屈曲载荷是在假定材料无缺陷、载荷无偏心、结构初始无变形状态下推导的，所以其结果不能直接用于结构稳定性判定。虽然其值不可直接用于稳定性判定，但在使用非线性屈曲分析时其值可以作为载荷上限施加于结构，求得结构在非线性状态下的临界载荷。

结构的非理想状态形式较多，常见的有材料有缺陷（焊接缺陷、气孔、夹杂等）、载荷施加有偏心、结构初始安装有变形等，本节以撑杆安装时有初始变形为例讨论其初始变形对结构屈曲临界载荷的影响。

非线性屈曲分析使用的仍然是静力学模块，但需要将线性屈曲的 1 阶形态大幅度缩小后作为非线性屈曲的几何初始状态，为此 Workbench 提供了两种方法实现这一功能。

在 ANSYS 17.0 版本之前，为了实现将前一模块的变形几何体传递至下一分析模块功能，需要在线性屈曲分析后插入 Mechanical APDL 模块，在 APDL 中读入几何传递命令流，其次传递至 Finite Element Modeler 更新几何，最终将其传递至静力学模块，典型的非线性屈曲分析系统如图 7-11 所示。

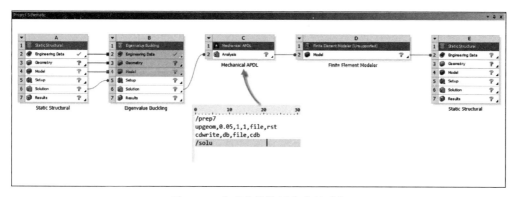

图 7-11 典型非线性屈曲分析系统

APDL 命令流如下：

```
!Filename:code example7A1 ANSYS
/prep7                              !进入前处理阶段
upgeom,0.05,1,1,file,rst            !更新几何模型,并缩小到 1/20
cdwrite,db,file,cdb                 !将缩小后的模型写入后缀为 cdb 的文件
/solu                               !进入求解阶段
```

图 7-11 的非线性屈曲分析系统由于插入了 Mechanical APDL 和 Finite Element Modeler 模块使数据传递过程略显复杂,新版本对此进行了优化,在线性屈曲分析完毕后可以直接将变形后的几何体导入静力学模块作为屈曲分析的初始几何体,其分析系统如图 7-12 所示。

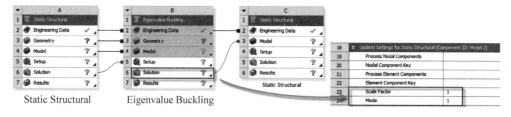

图 7-12 新版本支持的非线性屈曲分析系统

注意：不管使用哪一种非线性屈曲分析系统,由于软件涉及多个模块之间的几何文件和数据文件传递,强烈建议在使用前将 Workbench 语言类型切换为英文,并在保存文件时保存路径不能存在中文。

【例 7-2】 撑杆非线性屈曲分析：有一根两端铰接的撑杆,撑杆截面为 $\phi100\text{mm} \times 5\text{mm}$,长度为 5m,安装时结构有初始变形,变形值为线性屈曲 1 阶形态的 1‰,使用 ANSYS 非线性屈曲模块分析其能够承受的最大轴力。

（1）打开例 7-1 的分析系统,使用如图 7-12 所示的分析系统,将静力学模块拖曳至项目原理图区域。

（2）双击静力学模块的 Engineering Data，打开工程数据管理模块，单击 Engineering Data Sources 打开工程数据管理源，在目录中找到 General Non-linear Materials，找到 Structural Steel NL 并单击后面的加号，添加结构非线性材料，如图 7-13 所示。

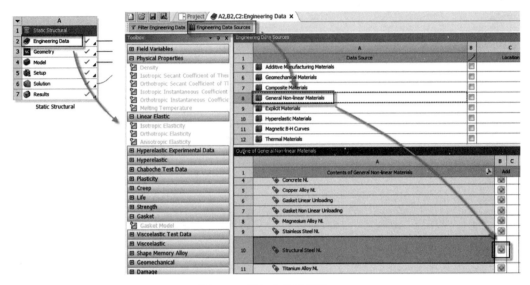

图 7-13 添加非线性材料

（3）单击 Eigenvalue Buckling B6 Solution，在属性窗口中将 Scale Factor 设置为 0.001，将其模型缩小到 1/1000，将 Mode 设置为 1，读取 1 阶屈曲形态的几何文件，如图 7-14 所示。

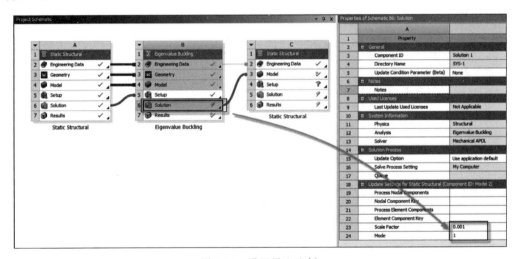

图 7-14 设置导入比例

（4）在导航树中选择导入的几何文件，将非线性材料赋予几何体，如图 7-15 所示。

（5）约束边界条件与线性屈曲边界条件一致，使用远程位移将撑杆一端耳板内孔 X、

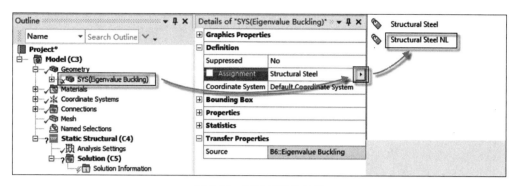

图 7-15 赋予非线性材料

Y、Z 三个方向的平动自由度和绕 X 轴、绕 Z 轴转动自由度完全约束,另一端将 X、Y 两个方向的平动自由度和绕 X 轴、绕 Z 轴转动自由度完全约束。

在撑杆一端耳板内孔添加载荷,载荷值为 1 阶屈曲荷载的 1.5 倍。

$$\boldsymbol{F}=123\,520\times1.5=230\,280\text{N}$$

(6)在导航树内单击 Analysis Settings,将 Number of Steps 设置为1,将 Current Step Number 设置为1,将 Step End Time 设置为1s,打开 Auto Time Stepping,将 Define by 设置为 Substeps,将 Initial Substeps 设置为50,将 Minimum Substeps 设置为50,将 Maximum Substeps 设置为1e6,打开 Large Deflection,如图 7-16 所示。

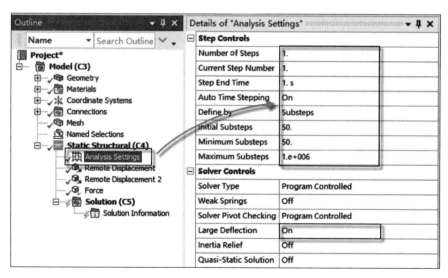

图 7-16 求解设置

(7)打开"求解"按钮开始求解。

经过一段时间迭代计算后结果未能收敛,这是因为当载荷施加到达临界力时结构发生大变形,导致网格畸变最终求解失败。

（8）单击 Results→Deformation→Total，将变形比例设置为 15，可以发现撑杆中部变形最大，如图 7-17 所示。

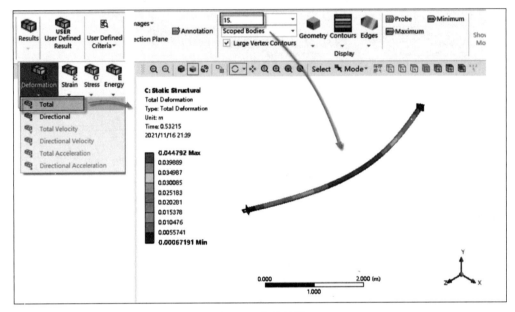

图 7-17　位移结果

（9）单击 Solution 标签页，选择 Chart 插入图表，创建位移和时间关系图表，如图 7-18 所示。

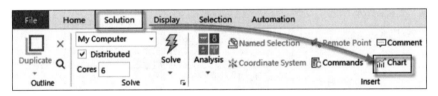

图 7-18　插入图表

（10）在详细设置栏中，选择创建的位移结果，单击 Apply 按钮，Total Deformation（Max）选择 X Axis，[A]Total Deformation（Min）选择 Omit。通过创建位移与时间关系图可知，当时间到达 0.46s 时，位移随时间呈现水平增大迹象，表明此时结构已经失稳，如图 7-19 所示。

注意：静力学计算中其时间并没有物理意义，可以将非线性静力学的时间理解为计数器，在非线性屈曲分析中用于确认载荷的施加阶段。

模型中施加的载荷为 230 280N，计算 0.46s 时的载荷为

$$\textbf{\textit{F}}_{cr\_NL} = 230\ 280 \times 0.46 = 105\ 928.8N$$

对比线性屈曲载荷 $\textbf{\textit{F}}_{cr\_L} = 123\ 520N$ 可知，由于初始缺陷的引入降低了构件的临界屈曲

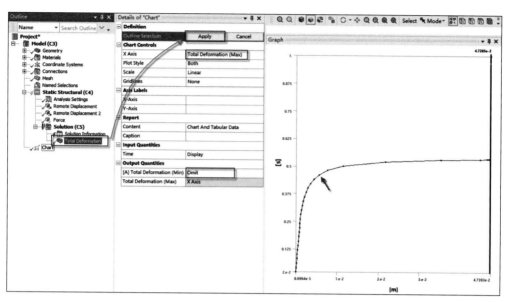

图 7-19 位移与时间关系图

载荷,降低幅度达到 14%,表明结构的初始缺陷对结构稳定具有一定敏感性。

非线性屈曲分析比较核心的问题是变形缺陷的引入,当结构对变形缺陷较为敏感时,初始缺陷形状和变形缩小倍数将影响最终结构的失稳载荷,所以对于分析者而言,当遇到难以把握初始变形的形状和形状缩小倍数时,笔者建议分析者翻阅行业规范,如《钢结构设计规范》GB 50017—2017 中规定:结构整体初始几何缺陷模式可按最低整体屈曲模态采用,框架及支撑结构整体初始几何缺陷代表值的最大值可取为 $H/250$。若行业规范未对此约束,则应当积极查阅论文典籍并结合以往经验慎重对结果做出评估。

第8章

材料非线性

线弹性材料指的是当结构受载后变形部位仍按照原来路径恢复初始状态,其应力应变关系符合胡克定律 $\sigma = \varepsilon \cdot E$。当结构载荷超过材料的线弹性范围时,其应力应变关系将不再呈现线性变化,此时结构进入屈服阶段,应力应变关系为曲线状态,卸载后结构内部存在残余应变。图 8-1 为典型的普通碳素结构钢 Q235 的拉伸试验曲线。

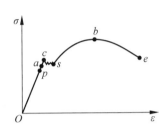

图 8-1　材料拉伸试验曲线

1. 弹性阶段

直线段 Op 为材料的线弹性范围,在此阶段,材料的应力应变符合胡克定律,结构受载后任意一点的应力在 Op 范围内,卸载后材料仍能恢复初始状态。

2. 弹性极限阶段

材料超过弹性阶段的极点 p 后,应力应变曲线开始微弯,最高点 a 为材料的弹性极限,经试验测试,a 点和 p 点数值接近。

3. 屈服阶段

超过弹性极限 a 点后,材料开始屈服,在应力应变曲线上经过一段锯齿形线段直至 s 点。

4. 强化阶段

材料经过屈服阶段 s 点后,应力和应变关系呈曲线上升,峰值点 b 应力值最大,称为抗拉强度。

5. 劲缩阶段

材料经过抗拉强度后应力和应变关系呈曲线下降直至断裂,曲线 be 称为劲缩阶段。

8.1　强化准则

在金属材料加工工艺中,常采用将金属材料在常温状态加工产生塑性变形使其晶格扭转、畸变,晶粒产生剪切、滑移,晶粒被拉长,这些操作都会使表面层金属的硬度增加,减少表面层金属变形的塑性,这类加工工艺称为冷作硬化。冷作硬化虽能提高金属材料的屈服极限,但由于加工过程中结构已经产生塑性变形,故冷作硬化后的金属材料弹性性能会降低。

对于可硬化的金属材料,在硬化过程中应服从对应的强化准则。所谓强化准则描述的是材料在进入屈服后的后继屈服面的变化(大小、中心和形状等),通常强化准则分为三类,分别为等向强化(Isotropic Hardening)、随动强化(Kinematic Hardening)及混合强化(Mixed Hardening)准则。

8.1.1　随动强化

随动强化规定了材料进入塑性阶段后,后继屈服面在主应力空间仅做刚体移动,其形状、大小、方位均保持不变,如图 8-2 所示。

随动强化意味着材料某个方向的屈服应力升高后,与其相反方向的屈服应力应当降低。由于某个方向应力的增高导致相反方向应力降低,导致两个屈服应力之间总存在 $2\sigma_y$ 的差值,并且初始各项同性的材料在屈服后也不再保持各向同性,这一现象称为包辛格效应(Bauschinger),如图 8-3 所示。

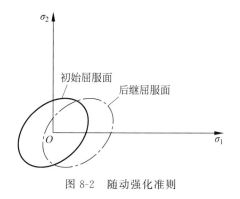

图 8-2　随动强化准则

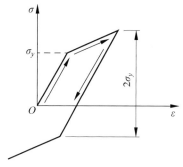

图 8-3　包辛格效应

随动强化一般适用于小应变和循环加载。

8.1.2　等向强化

等向强化规定材料在进入塑性后,其后继屈服面在各方向均匀向外扩张,其形状和中心在主应力空间均保持不变,如图 8-4 所示。

等向强化意味着硬化引起的某个方向屈服强度增大,其相反方向的屈服应力亦同样增大,如图 8-5 所示。

等向强化适用于大应变、单调加载情况,不适用于循环加载。

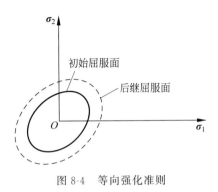

图 8-4 等向强化准则

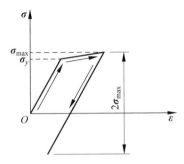

图 8-5 等向强化应力应变关系图

8.1.3 混合强化

混合强化同时考虑了等向强化和随动强化,适用于大应变、循环加载方式。

8.1.4 材料模型输入

考虑材料塑性行为的结构分析需要建立符合材料特性的材料模型,在 Workbench 中,塑性材料的定义在工程数据源的 Plastic 工具箱中,如图 8-6 所示。

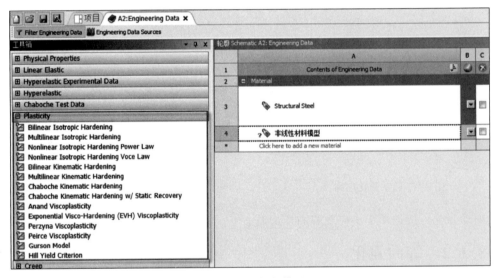

图 8-6 塑性材料模型

ANSYS 提供了众多的塑性材料模型,其中较为常用的有 Bilinear Isotropic Hardening(双线性等向强化)模型、Multilinear Isotropic Hardening(多线性等向强化)模型、Bilinear Kinematic Hardening(双线性随动强化)模型和 Multilinear Kinematic Hardening(多线性随动强化)模型等。

钢结构材料进入塑性后其应力应变关系一般呈曲线变化,双线性强化模型采用的是一根切线拟合塑性阶段曲线的变化,一般称为切线模量,而多线性强化模型则采用多根切线拟合塑性阶段曲线的变化。ANSYS 也支持非线性的塑性本构,如 Chaboche 本构,但非线性本构涉及复杂的非线性方程,故需要提供相对较多的系数来更精确地拟合材料的塑性变化曲线。

8.2 包辛格效应

【例 8-1】 一块 5mm 厚带槽薄板,材料弹性模量 $E=2e11Pa$,泊松比 $\upsilon=0.3$,密度 $\rho=7850\,kg/m^3$,采用双线性随动强化材料本构,切线模量 $E_T=1.45e9Pa$,一端固定,另一端施加正弦循环位移,位移峰值为 2mm,求其进入塑性后的各项力学性能变化。

(1) 在分析系统中将 Static Structural 拖曳至项目原理图区域生成静力学分析,如图 8-7 所示。

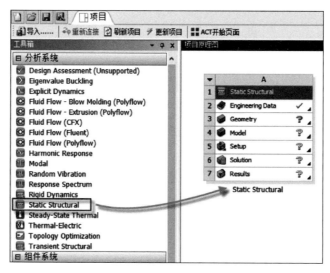

图 8-7 生成静力学分析系统

(2) 在生成的静力学分析系统中双击 Engineering Data 打开工程数据管理源,单击 Engineering Data 窗口内的 Click here to add a new material,创建材料本构的名称"带槽薄板双线性随动强化本构",并在工具箱中将密度 Density 和双线性随动强化模型 Bilinear Kinematic Hardening 拖曳至创建的材料本构中,如图 8-8 所示。

(3) 输入材料密度 Density$=7850kg/m^3$,弹性模量 Young's Modulus$=2e11Pa$,泊松比 Poisson's Ratio$=0.3$,屈服强度 Yield Strength$=2.5e8Pa$,切线模量 Tangent Modulus$=1.45e9Pa$。单击材料本构模型中的 Bilinear Kinematic Hardening 可以查看弹性模量和切线模量斜率,如图 8-9 所示。

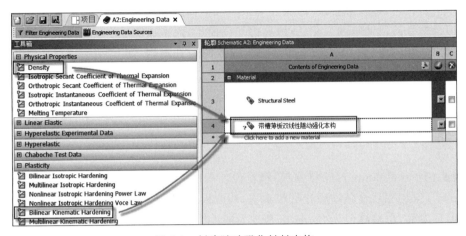

图 8-8　创建随动强化材料本构

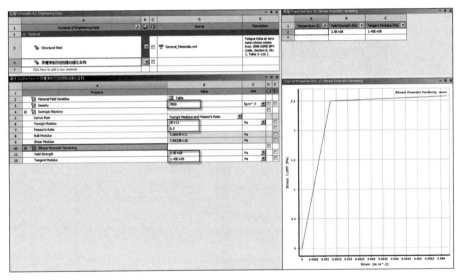

图 8-9　输入材料参数

（4）材料本构创建完毕后关闭工程数据管理源窗口。

（5）右击 Geometry→Import Geometry→Browse，导入"带槽薄板.IGS"文件。

（6）因本模型为薄板结构，可以简化为平面应力分析，单击 Geometry，在属性窗口内将 Analysis Type 更改为 2D，如图 8-10 所示。

（7）双击 Model 进入 Mechanical 环境。

（8）在导航树中单击"几何结构"，确保 2D 行为为平面应力，如图 8-11 所示。

（9）在导航树中单击"带槽薄板"模型，在详细窗口内将"厚度"设置为 5mm，在任务选项中选择新创建的材料模型"带槽薄板双线性随动强化本构"，如图 8-12 所示。

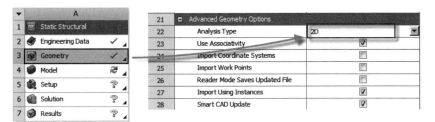

Static Structural

图 8-10 更改分析类型

图 8-11 平面应力行为

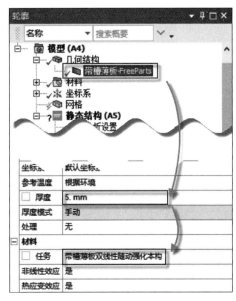

图 8-12 设置厚度和材料

（10）在导航树中右击"网格"→"插入"→"方法"，选择薄板模型并单击"应用"，将"方法"设置为 Quadrilateral Dominant，如图 8-13 所示。

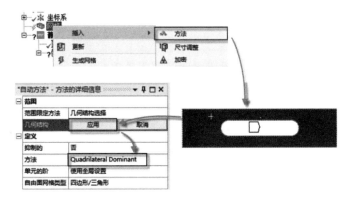

图 8-13 设置网格划分方法

（11）在导航树中单击"网格"，设置全局网格尺寸，在详细信息窗口内将"单元尺寸"设置为5mm，将"使用自适应尺寸调整"设置为"否"，其余参数参照图8-14设置。

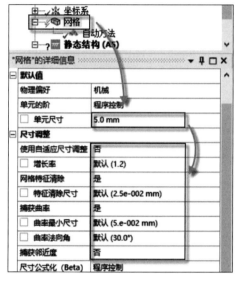

图8-14 设置网格尺寸

（12）定义约束边界，单击"固定的"，选择薄板一端的线体，在详细信息窗口中单击"应用"，如图8-15所示。

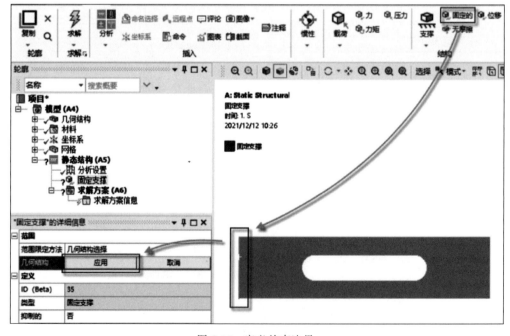

图8-15 定义约束边界

（13）在导航树中单击"分析设置"，将"步骤数量"定义为1，将"当前步数"定义为1，将"步骤结束时间"定义为5s，打开自动时步，将"初始子步"设置为1000，将"最小子步"设置为500，将"最大子步"设置为5000，打开大挠曲，如图8-16所示。

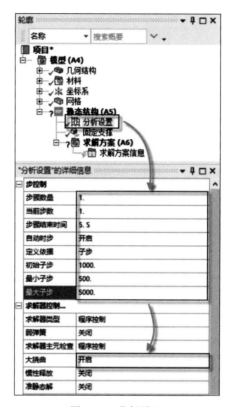

图8-16 分析设置

（14）设置随时间变化的对称循环载荷，单击"位移"，选择薄板另一端线体，在详细信息窗口中单击应用，为"X 分量"定义位移函数"$= 2 * \sin(\text{time} * 360 * 1)$"，如图8-17所示。

（15）分析设置完毕，单击"求解"按钮开始求解。

（16）进入后处理，插入等效应力查看结构最大应力的位置与大小，在整个时间历程中，最大等效应力为375.43MPa，超过材料的屈服极限，最大应力点位于腰孔圆弧过渡处，如图8-18所示。

注意：因为载荷的大小随时间呈正弦曲线变化，查看等效应力时应根据软件给出的时间与等效应力曲线图判断最大应力出现的时间。

（17）查看固定边界处的支座反力，单击"探针"→"力反应"，在详细信息窗口中将"定位方法"选为"边界条件"，在"边界条件"中将固定约束选为"固定支撑"，如图8-19所示。

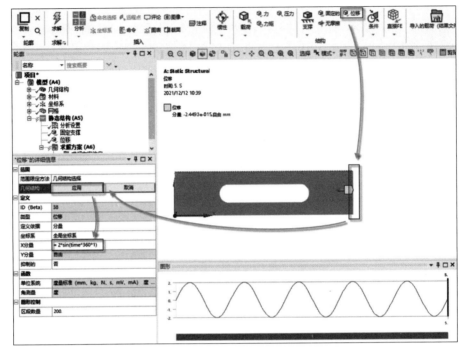

图 8-17　设置对称循环位移

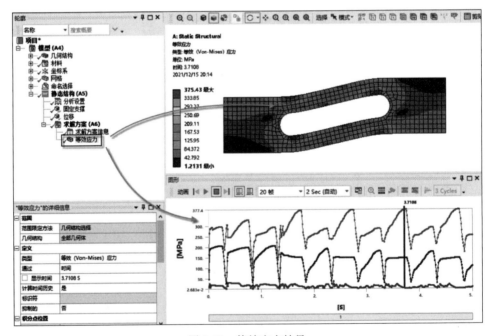

图 8-18　等效应力结果

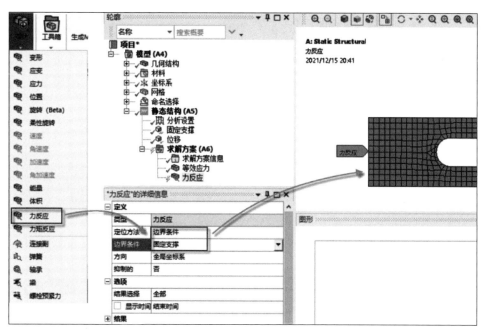

图 8-19 支座反力结果

（18）在模型筛选工具条中选择节点按钮，选择腰孔附近节点，在右击后弹出的菜单中选择"创建命名选择"，命名为 node-1，如图 8-20 所示。

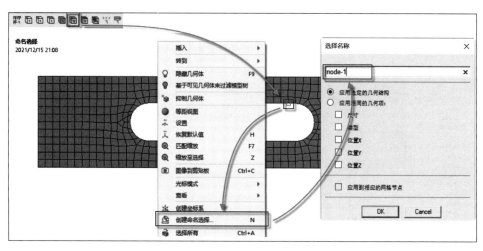

图 8-20 创建节点并命名

（19）创建节点定向位移，单击"变形"→"定向"，在详细信息窗口内，将"范围限定方法"设置为"命名选择"，在"命名选择"内选择创建的节点 node-1，将"方向"设置为"X 轴"，如图 8-21 所示。

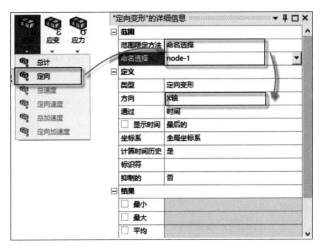

图 8-21　节点定向变形结果

（20）在后处理中同时选择"定向变形"和"力反应"，单击"图表"按钮，创建力与位移的滞回曲线。在图表详细信息窗口中，将"X 轴"选为"定向变形（Max）"，将"时间"选为"删除"，将"定向变形（Min）""力反应（Y）""力反应（Z）""力反应（总计）"均定义为"删除"，将"力反应（X）"定义为"显示"，如图 8-22 所示。

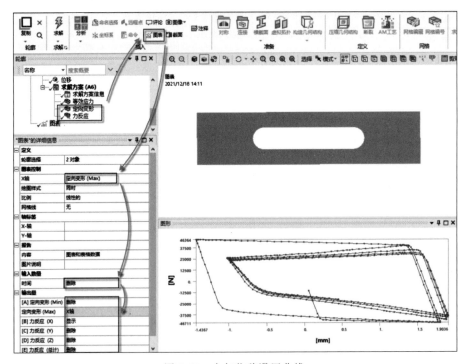

图 8-22　力与位移滞回曲线

（21）查看节点 X 方向的塑性应变，单击"浏览"按钮，选择"工作表"，在工作表下拉列表中查找 EPPL，其分量为 X，右击选择"创建用户定义的结果"，如图 8-23 所示。

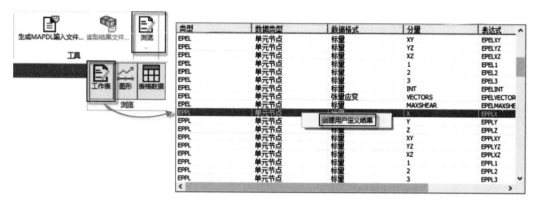

图 8-23　创建节点 X 方向塑性应变

（22）评估 X 方向应变，在详细窗口中将"范围限定方法"设置为"命名选择"，将"命名选择"选为 node-1，如图 8-24 所示。

图 8-24　评估并显示节点 X 方向的塑性应变

（23）查看 X 方向的弹性应变，单击"应变"→"法向"，在详细信息窗口内同样选择命名的节点 node-1，将"方向"定义为"X 轴"，如图 8-25 所示。

　　注意：Workbench 平台后处理应变结果仅提供弹性应变结果，塑性应变结果需要用户在工作表中查找。

　　针对结构分析，工作表中常需要查找并应用的结果见表 8-1。

（24）插入法向应力后处理结果，单击"应力"→"法向"，在详细信息窗口内选择命名的节点 node-1，将"方向"定义为"X 轴"，如图 8-26 所示。

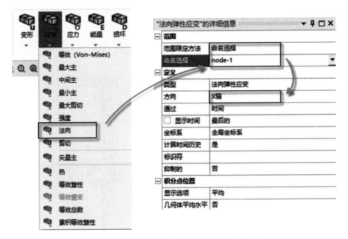

图 8-25　评估并显示节点 X 方向的弹性应变

表 8-1　常用自定义结果后处理参数表

序　号	类　型	表 达 式	备　注
1	节点位移	UX、UY、UZ	X、Y、Z 方向位移
2	节点方向应力	SX、SY、SZ	X、Y、Z 方向应力
3	节点主应力	S1、S2、S3	第 1、第 2 和第 3 主应力
4	节点等效应力	SEQV	等效应力
5	节点弹性应变	EPELX、EPELY、EPELZ	X、Y、Z 方向弹性应变
6	节点塑性应变	EPPLX、EPPLY、EPPLZ	X、Y、Z 方向塑性应变

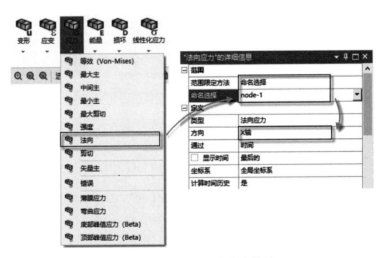

图 8-26　评估节点法向应力结果

（25）插入用户自定义结果，显示结构总应变（弹性应变与塑性应变的和）。在导航树中右击"求解方案"→"插入"→"用户定义的结果"，在详细信息窗口中选择命名的节点 node-1，在"表达式"文本框输入 epplx＋epelx，如图 8-27 所示。

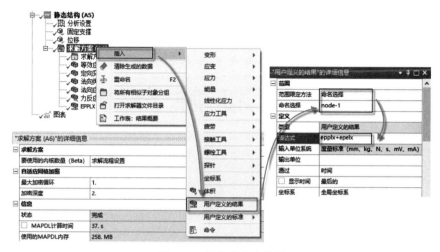

图 8-27　评估总应变结果

（26）查看节点应力与应变滞回曲线，在导航树中同时选择"法向应力"和"用户定义的结果"，单击"图表"按钮，在详细信息窗口内将"X 轴"选为"用户定义的结果（Max）"，将"时间""[A]法向应力（Min）""[C]用户定义的结果（Min）"均选为"删除"，将"[B]法向应力（Max）"选为"显示"，如图 8-28 所示。

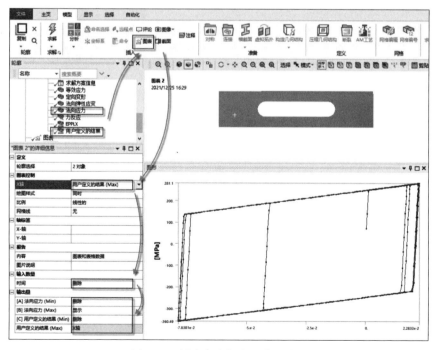

图 8-28　创建应力与应变滞回曲线

第 9 章

接 触 分 析

状态非线性主要体现在多个部件之间的接触或单个零件不同部位之间的接触,真实物理场接触可以分为相对滑动(接触面之间摩擦系数较小)、仅法向受压接触(无相对滑移)、粗糙接触(接触面之间摩擦系数较大)等。ANSYS 为模拟现实物理场中不同的接触状态提供了 5 种接触类型,分别为 Bonded(绑定)、No Separation(不分离)、Friction(摩擦接触)、Frictionless(无摩擦接触)、Rough(粗擦接触),不同类型的接触含义已在边界条件章节中有过详细解释,在此不再赘述。

9.1 接触基本概念

零部件之间的接触行为是一种状态非线性,表现为零部件接触面之间相互碰撞、分离、滑移等,由于接触状态的变化导致系统刚度突变将会导致求解收敛困难,为了便于求解收敛在接触设置时应当选择合理的接触参数。

9.1.1 接触状态

接触状态可以分为远离、接近、黏结和滑动,不同的接触状态如图 9-1 所示。

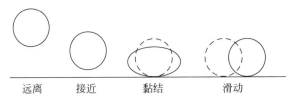

远离　　　接近　　　黏结　　　滑动

图 9-1　接触状态

在真实物理状态下,物体之间接触不应当存在穿透现象,相对于数学算法而言,如果零部件之间接触导致刚度突然变化产生阶跃函数,则使收敛变得极为困难,所以为了摆脱这种现象,在数值算法中引入微量穿透避免阶跃函数产生,使求解更易于收敛,如图 9-2 所示。

相对于穿透,在结构计算过程中也会存在间隙,在结构中引入穿透可以使算法易于收敛,而间隙的产生容易在静力学求解中使结构产生刚体位移而导致求解失败,如图 9-3 所示。

图 9-2 穿透

图 9-3 间隙

9.1.2 接触面与目标面

零部件相互接触应当有两个面,在设置接触时其中一个面为接触面,另一个面为目标面,两面接触时,目标面可以穿透到接触面内。

接触面与目标面的定义规则如下:

(1) 凸面对凹面,凸面定义为接触面。

(2) 精细网格对粗糙网格,精细网格定义为接触面。

(3) 刚度不同的零部件之间接触,刚度较小的定义为接触面。

(4) 高阶单元对低阶单元,高阶单元定义为接触面。

(5) 大小不同的面接触,小面定义为接触面。

接触面和目标面分别定义后,划分网格,接触面将被划分为一层 Contact 单元,而目标面则被划分为一层 Target 单元。

9.1.3 接触算法

ANSYS 提供了 5 种算法用于状态非线性计算,分别为罚函数(Pure Penalty)、广义拉格朗日法(Augmented Lagrange)、拉格朗日法(Normal Lagrange)、MPC(Multi-Point Constraint,多点约束算法)和梁(Beam),如图 9-4 所示。

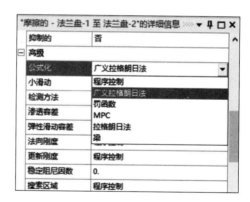

图 9-4 接触算法

1. 罚函数

罚函数算法是 Mechanical 提供的默认算法,该算法在一对接触面之间建立一根虚拟"弹簧",弹簧的刚度称为接触刚度,引入穿透度控制目标面穿透到接触面的穿透量,如式

$$\boldsymbol{F}_n = k_{\text{normal}} \cdot x_{\text{p}} \tag{9-1}$$

式中: $\boldsymbol{F}_n$ 为法向穿透力;

k_{normal} 为法向接触刚度;

x_{p} 为穿透量。

通过式(9-1)可知,罚函数算法的可靠性主要取决于法向接触刚度 k_{normal} 及穿透量 x_{p}

的取值,如果 k_{normal} 过大,则接触反力 F_n 增大,极端情况下将使模型相互分离;如果 k_{normal} 过小,则容易使穿透增大,不符合实际物理接触状态。

2. 广义拉格朗日法

广义拉格朗日法在罚函数的基础上引入了拉格朗日项 λ,如式

$$F_n = k_{normal} \cdot x_p + \lambda \tag{9-2}$$

拉格朗日项 λ 的引入很大程度上减小了接触反力 F_n 对法向接触刚度 k_{normal} 的依赖性,计算过程中不需要较大的法向接触刚度也可以保证较小的穿透,更易于计算收敛,但如果网格变形过于扭曲,则需要更多的计算迭代过程。

3. 拉格朗日法(法向拉格朗日法)

拉格朗日法又称为法向拉格朗日法,与广义拉格朗日法不同的是,法向拉格朗日法不再需要法向接触刚度和穿透量,而是引入接触压力(DOF)将其视为一个自由度,由于法向拉格朗日法舍去了穿透量,导致接触状态突然发生改变时容易出现颤振现象使求解不易收敛,所以法向拉格朗日法通常用于接触对之间始终保持相互挤压的结构(如过盈配合),如图 9-5 所示。

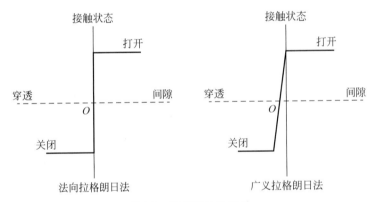

图 9-5 拉格朗日法差异

4. 多点约束算法(MPC)

多点约束算法是在接触面之间增加约束方程,约束方程可以有效地连接不同类型单元之间的接触,常用于绑定接触(Bonded)和不分离接触(No Separation)。

5. 梁

在接触面之间采用无质量梁绑定连接,由于未划分网格,故无法使用 Beam Tool 工具查看应力,但可以使用探针工具查看内力。

9.1.4 不对称接触与对称接触

所谓不对称接触,就是将所有的接触单元分布在一个面上,而将所有的目标单元分布在另外一个面上,不对称接触也称为单向接触;反之,当两个面上均有接触单元和目标单元时称为对称接触,也称双向接触。因为对称算法相比非对称算法在更多的面上施加了接触约

束条件,所以就计算效率而言,对称算法的计算时长要更多一些。

非对称接触和对称接触定义的规则如下:

(1)当接触面和目标面非常明显时,可定义为非对称约束,例如刚柔接触。

(2)当两个面的网格都十分粗糙或者接触面和目标面难以区分及存在自接触问题时,可定义为对称接触。

非对称接触和对称接触在接触设置的"行为"中定义,如图 9-6 所示。

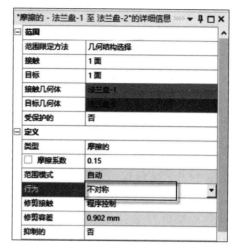

9.1.5 球形区域

球形区域又称为 Pinball Region,它是一个球形(三维)或圆形(二维)的区域。对于非线性问题,给定一个球形区域帮助软件区分接触类型是远场接触或是近场接触,有利于提高计算效率。

图 9-6 对称接触和非对称接触

对于线性问题,如果接触单元和目标单元在球形区域内,则不管接触面和目标面是否有间隙,均认为两者已经发生接触。

软件支持 4 种方法定义球形区域大小,分别为程序控制、自动检测值、半径和因数(Beta),如图 9-7 所示。

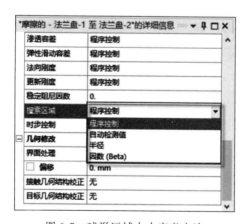

图 9-7 球形区域大小定义方法

9.1.6 界面处理与几何校正

界面处理是将接触面偏移一定距离以满足计算所需要求,例如工程中常用的过盈配合、间隙配合等。需要注意的是,界面处理仅仅表现为一种数值调整,并未将几何模型、节点和单元做任何偏移,其核心是在间隙区域内建立刚性域进行填补。

软件提供了 7 种界面处理方法,分别为①调整接触;②添加偏移,斜坡效果;③添加偏移,无斜坡;④仅偏移,斜坡效果(Beta);⑤仅偏移,无斜坡(Beta);⑥仅偏移,忽略初始状态,斜坡效果(Beta);⑦仅偏移,忽略初始状态,无斜坡(Beta),如图 9-8 所示。

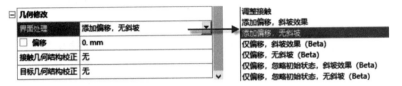

图 9-8　界面处理

接触几何结构校正提供了"平滑"和"螺栓螺纹"两个功能。

当接触面为圆形或球形形状时使用平滑功能可以通过精确的几何模型改善接触探测而非拟合的网格。

当接触面为螺纹时,通过螺栓螺纹功能近似计算螺纹接触面效果,省去螺纹几何建模,提高了求解效率。

9.1.7　接触工具

用户定义完成接触并划分网格后可以使用接触工具查看接触状态,在导航树中右击"连接"→"插入"→"接触工具"即可插入接触工具,如图 9-9 所示。

图 9-9　插入接触工具

通过接触工具可以快速了解接触对的初始信息,包括几何穿透、几何间隙、划分网格后的穿透和间隙值等重要信息,这些信息的集合可以帮助用户收集接触信息,当求解失败时,可初步判断接触错误位置。

在导航树内右击"初始信息"→"生成初始接触结果",经过计算后可以得到接触对的接触状态,如图 9-10 所示。

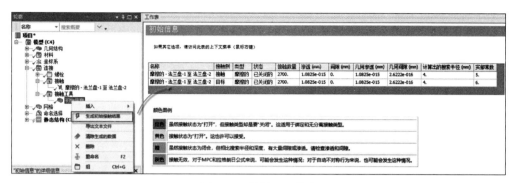

图 9-10 接触工具信息

对于几何初始状态为完全闭合的模型,在划分网格后由于网格形状未能完全拟合,所以几何形态不一定仍然保持闭合,有可能会出现渗透和间隙,所以在接触状态列表中,应重点关注初始间隙值和渗透值。间隙值可能导致静力学分析出现刚体位移,从而导致求解失败,而渗透值过大则可能导致收敛失败。

通过接触工具侦测到的间隙和渗透可以采用界面处理的"调整接触"功能进行闭合,调整接触功能仅仅在数值上做了修正,并未修改任何模型尺寸和网格节点位置,所以使用该功能时应当谨慎对待后处理结果。

9.2　螺纹装配体接触分析

螺栓连接常用于结构工程中,常用的螺栓有普通连接螺栓和高强度螺栓,对于大型结构分析,当不关心螺栓连接部位的应变应力时,可以简化螺栓连接部位的建模,使用刚性梁或柔性梁替代螺栓连接部位。当工程分析必须关注螺纹连接部分的应力应变时,则需要建立螺栓和螺纹模型进行分析。

【例 9-1】　装配件由 3 部分组成,如图 9-11 所示,分别为下底座、螺栓及上盖板,底座内部包含内螺纹,通过螺栓与上盖板构成装配体,螺栓规格为 M20×2.0mm,盖板上部承受5000N 集中载荷,采用真实螺纹建模法分析其应力、应变及位移。

装配体模型由 SolidWorks 软件建模并装配,本书略去建模和装配步骤,读者练习时可使用已经完成装配的模型。值得注意的是,为了分析完成后能够更好地观测螺栓内部螺栓的各类场量,装配前已将 3 个零部件分别对半做了切割处理。

注意:根据笔者建模和分析的经验,含有螺栓的装配体分析案例,其建模和装配过程同样非常重要,分析结果的准确性依赖于外螺纹与内螺纹之间的配合关系,所以读者在建模和装配完成后务必检查装配体之间是否存在间隙和干涉,对于复杂模型的特征操作(如切割、合并)也尽可能在三维软件中完成。

(1) 在分析系统中将 Static Structural 拖曳至项目原理图区域生成静力学分析,并将其命名为"有螺纹分析"。

（2）导入模型文件"螺栓装配-有螺纹.IGS"。

SCDM 会自动侦测到 3 个零件，将每个零件的拓扑关系设置为"共享"，如图 9-12 所示。

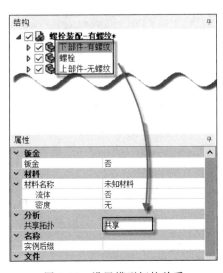

图 9-12　设置模型拓扑关系

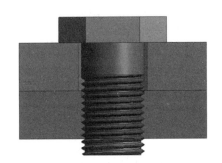

图 9-11　螺栓装配模型

（3）退出 SCDM，进入 Mechanical 软件。

（4）进入 Mechanical 后，系统会自动侦测到 7 对接触关系，选择所有接触，右击后删除 7 对接触，如图 9-13 所示。

（5）单击"接触"→"摩擦的"，将螺栓头底部两个面设置为接触面，将上盖板的上表面设置为目标面，将"摩擦系数"设置为 0.15，将"公式化"设置为"广义拉格朗日法"，如图 9-14 所示。

（6）以同样方法设置底座上表面和盖板下表面的接触，如图 9-15 所示。

（7）最后添加螺栓与底座内部螺纹的接触，接触面选择螺栓外表面螺纹，目标面选择底座内部螺纹，由于螺纹面较多，选择各面时可以隐藏其他部件，只保留显示需要的部件，然后使用框选功能选择需要的面体，选择完成后的面体如图 9-16 所示。

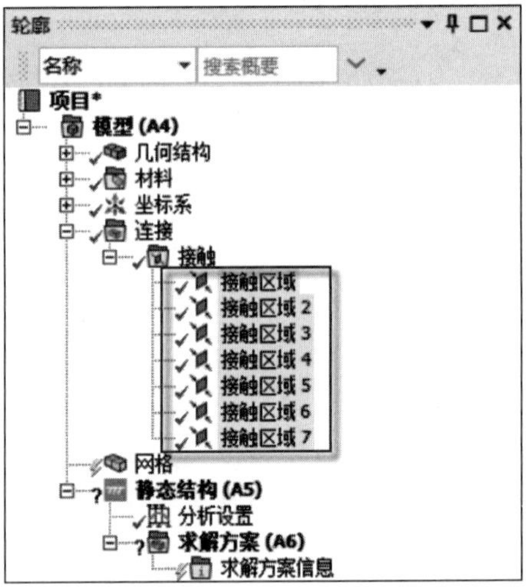

图 9-13　自动侦测接触对

（8）由于螺纹尺寸远小于模型整体尺寸，当采用默认网格划分时会出现网格质量较差从而导致求解很难收敛，为了能够使求解顺利进行，需要对底座内螺纹进行尺寸控制。隐藏上盖板和底座的左半部分，在"网格"选项卡下单击"尺寸调整"工具按钮，选择底座的两个面，将"单元尺寸"设置为 1mm，如图 9-17 所示。

（9）将底座的两个底面完全约束，如图 9-18 所示。

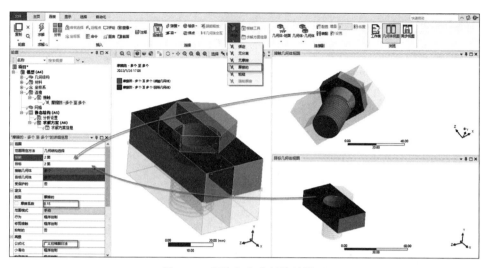

图 9-14　螺栓与上盖板接触设置

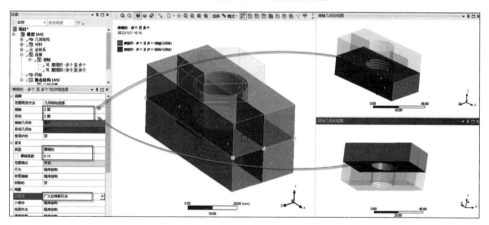

图 9-15　上盖板与底座接触设置

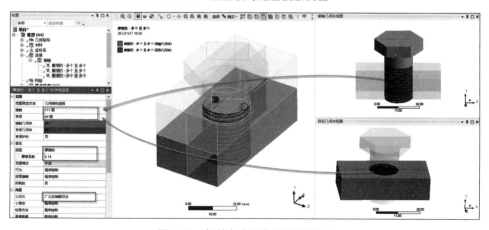

图 9-16　螺栓与底座螺纹接触设置

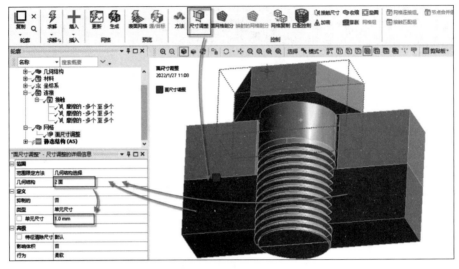

图 9-17　设置底座网格尺寸

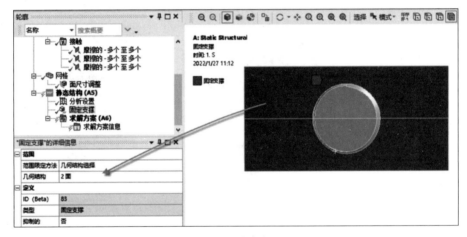

图 9-18　约束底座

（10）施加 5000N 集中载荷于上盖板上表面，如图 9-19 所示。

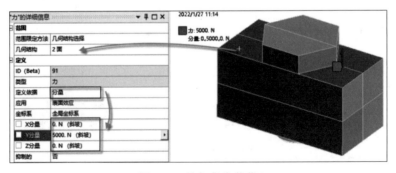

图 9-19　施加集中载荷

（11）单击导航树中的"分析设置"，打开"自动时步"，设置"定义依据"为"子步"，将"初始子步"设置为10，将"最小子步"设置为10，将"最大子步"设置为100，打开大挠曲，如图9-20所示。

图9-20　分析设置

（12）单击"求解"按钮开始求解，查看力的残差图可知，经过16次迭代后，最终结果收敛，如图9-21所示。

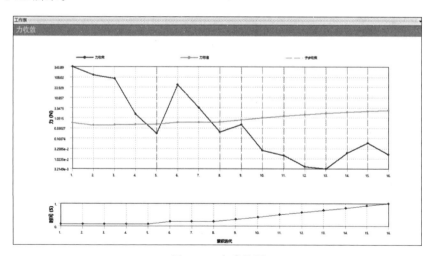

图9-21　力残差图

（13）查看后处理结果，插入等效应力及总计变形，如图9-22和图9-23所示。

（14）打开探针查看最大等效应力寻找最大应力位置，隐藏底座部件，发现应力最大位置发生于上盖板底面，如图9-24所示。

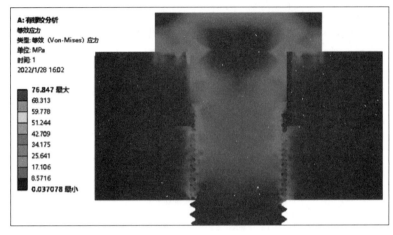

图 9-22　等效应力云图

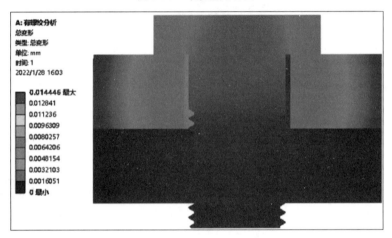

图 9-23　总计变形云图

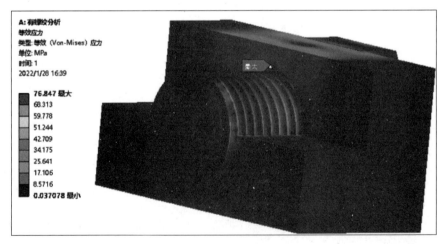

图 9-24　最大等效应力

（15）插入等效应力云图查看装配体对称面应力云图,在"几何结构"中选择装配体 1/2 部件,评估等效应力结果后插入探针工具,查看 1/2 对称面上的等效应力云图,如图 9-25 所示。

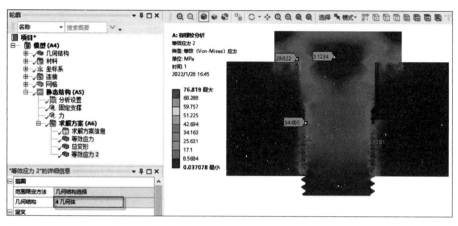

图 9-25　对称面应力云图

9.3　基于几何校正的无螺纹装配体分析

ANSYS Workbench 为了简化真实螺纹的仿真计算,在接触设置中提供了几何校正方法以数值模拟的方式替代真实螺纹建模。使用几何校正方式代替螺纹建模需要注意以下几点:

（1）设置接触时需将螺栓部位设置为接触面。

（2）正确定义螺纹的名义尺寸、螺距、牙型角等参数。

一般螺纹图形如图 9-26 所示。d 为螺纹大径,Pitch 为螺距,一般简写为 p。d_m 为螺纹中径,三者之间的关系为

$$d_m = d - 0.65 \times p \qquad (9-3)$$

Thread Angle 为螺纹的牙型角,一般螺纹的牙型角为 $60°$。

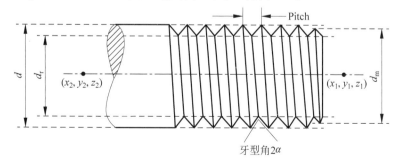

图 9-26　螺纹基本尺寸

【**例 9-2**】　基于例 9-1 的模型和边界条件,采用接触几何校正方法替代螺纹建模,分析其应力、应变及位移。

（1）重新拖曳静力学分析系统并命名为"无螺纹分析"。

（2）导入"无螺纹装配体.IGS"模型。

（3）进入 SCDM 软件,将 3 个零件的拓扑关系分别设置为"共享"。装配体模型除了未建立螺纹外,其尺寸和装配关系与螺纹装配体一致,如图 9-27 所示。

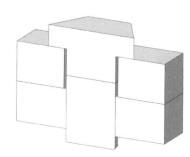

图 9-27　无螺纹螺栓装配体

（4）关闭 SCDM 软件,进入 Mechanical 软件。

（5）删除所有 Mechanical 自动侦测到的接触对。

（6）建立两个局部坐标系用于指定螺栓外螺纹与底座内螺纹接触的起始位置与终止位置。隐藏螺栓、盖板和底座部分部件,单击"坐标系"按钮,选择底座 1/4 圆弧,单击"应用",在底座底部建立笛卡儿局部坐标系,软件会自动命名为"坐标系",如图 9-28 所示。

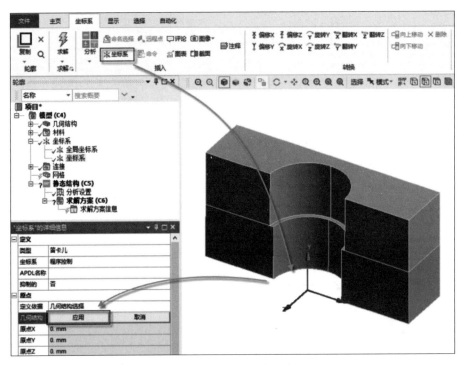

图 9-28　建立底座底部坐标系

以同样方法在底座顶部建立笛卡儿坐标系,软件会自动命名为"坐标系 2",如图 9-29 所示。

（7）设置 3 组接触对,分别为螺栓头底部与上盖板上表面的接触、上盖板与底座接触及螺栓表面与底座螺栓孔的接触,其中螺栓与上盖板的接触及上盖板与底座接触设置与

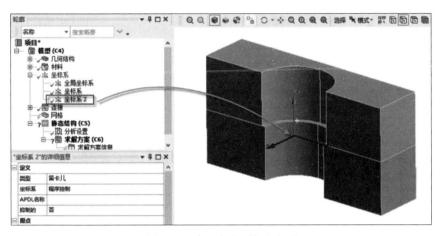

图 9-29　建立底座顶部坐标系

例 9-1 一致。此处重点阐述螺栓外表面与底座螺栓孔的设置方法。

插入接触对,将螺栓外圆表面选为接触面,将底座螺栓孔内表面选为目标面,将"类型"选为"摩擦的",将"摩擦系数"设置为 0.15,将"接触算法"设置为"广义拉格朗日法",将"接触几何结构校正"设置为"螺栓螺纹",将"方向"设置为"回转轴线",将"起始点"选为"坐标系",将"端点"选为"坐标系 2",将"平均俯仰直径"设置为 18.7mm,将"俯仰距离"设置为 2mm,将"螺纹角"设置为 60°,将"螺纹类型"设置为"单线程",将"旋向性"设置为"右向旋转",如图 9-30 所示。

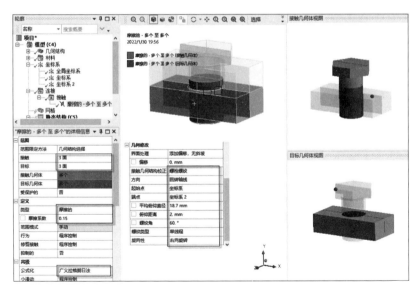

图 9-30　螺纹接触设置

（8）为更为准确地对比真实螺纹建模的仿真结果,将底座 1/2 剖分面的网格尺寸设置为 1mm,如图 9-31 所示。

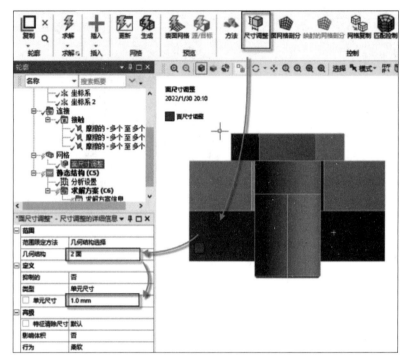

图 9-31　设置底座网格尺寸

将螺栓螺纹部分的外表面网格尺寸设置为 3mm，如图 9-32 所示。

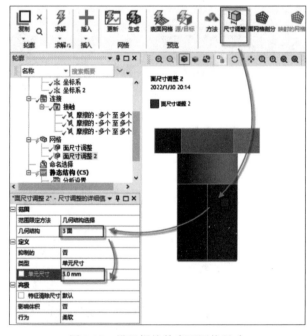

图 9-32　设置螺栓外表面网格尺寸

将螺栓1/2剖分面的网格尺寸设置为0.7mm，如图9-33所示。

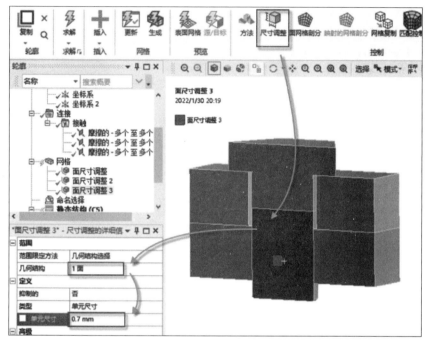

图9-33　设置螺栓内表面网格尺寸

（9）进入分析设置，打开自动时步，将初始子步、最小子步及最大子步分别设置为10、10、100，打开大挠曲，如图9-34所示。

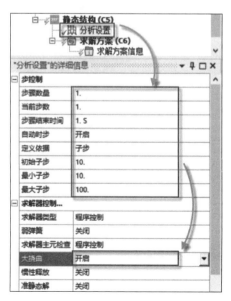

图9-34　分析设置

（10）进入边界条件设置，将底座底部完全固定，在上盖板上表面施加5000N垂直向上的集中力，如图9-35和图9-36所示。

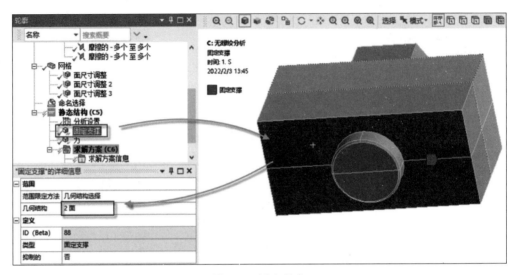

图9-35　固定约束

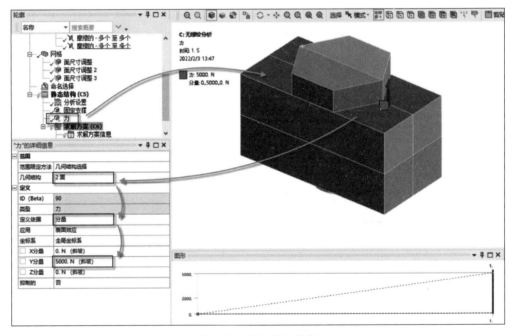

图9-36　添加集中载荷

（11）单击"求解"按钮开始求解，经过16次迭代后，最终结果收敛，如图9-37所示。

（12）查看模型1/2对称面等效应力云图，如图9-38所示。

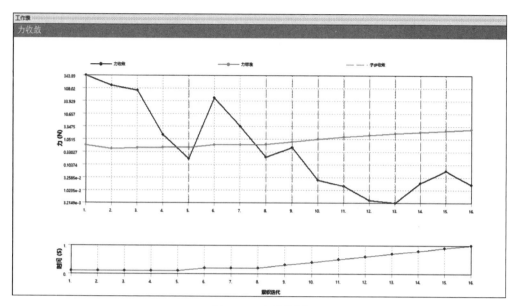

图 9-37　力残差图

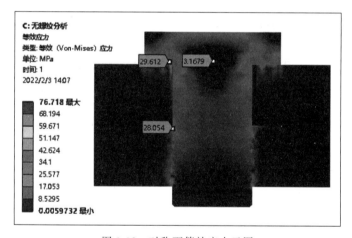

图 9-38　对称面等效应力云图

经过观察和应力探针探测,对比例 9-1 对称面的应力云图,其总体应力分布趋势及各点的应力与真实螺纹分析误差相差不大。

第 10 章

模 态 分 析

从本章开始，将开启本书新的篇章。本书前面章节所讨论的问题皆采用静力学模块，即在所有的力学平衡方程中均不考虑结构的阻尼、惯性及时间。本章以结构动力学的模态分析为基础，由浅入深地逐步向谐响应、响应谱展开讨论。

为了便于读者理解有限元求解动力学的过程，笔者在以后的章节中均以一个二自由度弹簧振子结构为导向，通过二自由度弹簧振子的动力学分析展示有限元求解的手动计算过程及 ANSYS 软件前处理、求解、后处理。

10.1　模态分析阐述

模态分析作为动力学分析的基础，其分析的主要目的是得到结构的固有频率和振型。众所周知，当外界激励频率与结构固有频率一致时，极易产生共振从而导致结构失效，固有频率的获取可以便于结构设计者识别外界激励频率与固有频率是否一致进而避免共振现象的发生，而模态分析得到的振型则可以用来通过模态叠加法求解谐响应分析、响应谱分析等。故模态分析在动力学分析中发挥着举足轻重的作用。

本节作为动力学的开头，着重向读者介绍模态分析的基本概念及如何通过有限元方法求解结构的固有频率和振型。

在介绍模态分析之前，首先应当了解模态的求解过程及动力学的典型方程：

$$[M]\{\ddot{u}\} + [C]\{\dot{u}\} + [K]\{u\} = \{F(t)\} \tag{10-1}$$

式中：$[M]$ 为结构的质量矩阵；

　　$\{\ddot{u}\}$ 为加速度列向量；

　　$[C]$ 为结构的阻尼矩阵；

　　$\{\dot{u}\}$ 为速度列向量；

　　$[K]$ 为结构的刚度矩阵；

　　$\{u\}$ 为位移列向量；

　　$\{F(t)\}$ 为载荷列向量。

对于图 10-1 所示的单自由度弹簧振子系统，一般动

图 10-1　单自由度弹簧振子系统

力学书籍均给出了其频率求解的详细过程,本书不再赘述,这里直接给出无阻尼频率和有阻尼频率的解,如式(10-2)和式(10-3)所示。

无阻尼模态分析的求解公式为

$$\omega = \sqrt{\frac{k}{m}} \qquad (10\text{-}2)$$

式中:ω 为无阻尼圆频率,单位为 rad/s;

　　　k 为结构刚度;

　　　m 为结构质量。

有阻尼模态分析的求解公式为

$$\omega_d = \omega \sqrt{1 - \zeta^2} \qquad (10\text{-}3)$$

式中:ω_d 为有阻尼圆频率,单位为 rad/s;

　　　ω 为无阻尼圆频率,单位为 rad/s;

　　　ζ 为结构阻尼比,无量纲。

从以上两个公式可以看出:

(1) 无论结构有无阻尼,其结构的频率都与结构刚度和质量有关,刚度越高,频率越高;质量越低,频率越高。

(2) 当结构阻尼远小于 1 时,其无结构阻尼模态和有结构阻尼模态非常接近。如钢结构门架,根据《钢结构设计规范》,其定义的结构阻尼比一般为 0.02。

模态属于结构的固有属性,通常情况下与外载荷无关(预应力模态除外)。

综上所述,为求解方便,一般忽略结构阻尼和载荷的影响,则式(10-1)可简化成如下方程:

$$[\boldsymbol{M}]\{\ddot{\boldsymbol{u}}\} + [\boldsymbol{K}]\{\boldsymbol{u}\} = 0 \qquad (10\text{-}4)$$

式(10-4)是一个二阶偏微分方程组,为求得这个方程组的解,设解的形式为

$$\boldsymbol{u}(t) = \varphi \cdot \cos(\omega \cdot t + \theta) \qquad (10\text{-}5)$$

式中:φ 为结构的振幅;

　　　ω 为结构振动的圆频率,单位为 rad/s;

　　　t 为时间,单位为 s;

　　　θ 为相位角,单位为 rad。

对式(10-5)求二阶导数,得

$$\ddot{\boldsymbol{u}}(t) = -\varphi \cdot \omega^2 \cdot \cos(\omega \cdot t + \theta) \qquad (10\text{-}6)$$

注意:式(10-6)等号右侧振幅 φ 有负号。

将式(10-6)代入式(10-4)得

$$[\boldsymbol{K}]\{\boldsymbol{\varphi}\} \cdot \cos(\omega \cdot t + \theta) - [\boldsymbol{M}]\{\boldsymbol{\varphi}\} \cdot \omega^2 \cdot \cos(\omega \cdot t + \theta) = 0 \qquad (10\text{-}7)$$

整理式(10-7)得

$$([\boldsymbol{K}]\{\boldsymbol{\varphi}\} - [\boldsymbol{M}]\{\boldsymbol{\varphi}\} \cdot \omega^2)\cos(\omega \cdot t + \theta) = 0 \qquad (10\text{-}8)$$

对于式(10-8),因为 cos 函数是以一定频率运动的周期函数,并不总等于 0,所以若要使

式(10-8)在整个时间 t 内始终等于0,则必须使

$$[K]\{\varphi\} - [M]\{\varphi\} \cdot \omega^2 = 0 \qquad (10\text{-}9)$$

整理式(10-9)得

$$([K] - [M] \cdot \omega^2)\{\varphi\} = 0 \qquad (10\text{-}10)$$

若振幅 $\varphi = 0$,则代表结构处于静止状态,不属于动力学探讨的范围,故若要使式(10-10)成立,则需使系数矩阵的行列式等于0,即

$$|[K] - [M] \cdot \omega^2| = 0 \qquad (10\text{-}11)$$

式(10-11)中刚度矩阵 $[K]$ 及质量矩阵 $[M]$ 是已知的,故通过式(10-11)即可求得结构固有频率。

需要注意的是求解的频率的单位为 rad/s,通常 ANSYS 软件给出的频率单位为 Hz,即每秒周期运动振动的次数。rad/s 转换为 Hz 需要除以 2π。

频率求得后,将频率结果代入式(10-9),可求得结构的振型。

上述求解方法是求解模态的其中一种方法,下面介绍另一种求解方法。

将式(10-9)做简单的变化,过程如下:

$$[K]\{\varphi\} = [M]\{\varphi\} \cdot \omega^2 \qquad (10\text{-}12)$$

等号左右分别乘以 $[M]^{-1}$ 得

$$[M]^{-1}[K]\{\varphi\} = \{\varphi\} \cdot \omega^2 \qquad (10\text{-}13)$$

简写成

$$[B]\{\varphi\} = \{\varphi\} \cdot \omega^2 \qquad (10\text{-}14)$$

式中:$[B] = [M]^{-1}[K]$。

通过式(10-14)可知,其求解的本质实际上就是求解特征值 ω^2 与特征向量 $\{\varphi\}$。特征值为结构的固有频率,而特征向量为结构的振型。

至此,本节已完成结构模态分析的理论推导,下面以一个二自由度弹簧振子的模型详细阐述频率与模态的求解详细过程及注意事项。

10.2 二自由度弹簧振子手动计算解

一般情况下,单自由度弹簧振子有助于读者理解模态的解析解过程,因本节笔者意图通过有限单元法求解结构模态,而二自由度弹簧振子是有限元法求解模态的最为简单的结构模型,故本节通过一个二自由度弹簧振子结构详细讲解频率与振型的求解过程。

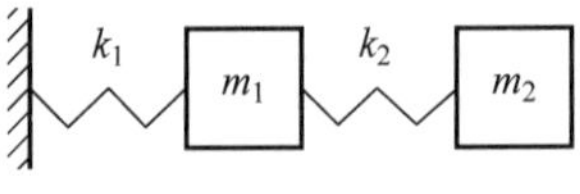

图 10-2 二自由度弹簧振子系统

【例 10-1】 一个典型的二自由度弹簧振子结构如图 10-2 所示,两个集中质量块分别为 $m_1 = 10\text{kg}$, $m_2 = 20\text{kg}$,两个质量块通过两根弹簧相连,弹簧刚度 $k_1 = 10\text{N/m}$, $k_2 = 100\text{N/m}$,求解本结构的固有频率及振型。

求解模态的核心是列出模态分析的平衡方程,即

$$[M]\{\ddot{u}\} + [K]\{u\} = 0 \qquad (10\text{-}15)$$

此例中已给出结构的质量和刚度,如何将质量参数和刚度参数汇集到质量矩阵$[M]$和刚度矩阵$[K]$中成为解题的关键。

首先离散结构,分别绘制质量块m_1和质量块m_2受到的载荷并列出两个质量块的平衡方程。

考虑质量块m_1的受力平衡

$$m_1\ddot{u}_1 + k_1u_1 - (u_2 - u_1)k_2 = 0 \qquad (10\text{-}16)$$

考虑质量块m_2的受力平衡

$$m_2\ddot{u}_2 + (u_2 - u_1)k_2 = 0 \qquad (10\text{-}17)$$

写成方程组的形式为

$$\begin{cases} m_1\ddot{u}_1 + k_1u_1 - (u_2 - u_1)k_2 = 0 \\ m_2\ddot{u}_2 + (u_2 - u_1)k_2 = 0 \end{cases} \qquad (10\text{-}18)$$

对式(10-18)重新整理分类得

$$\begin{cases} m_1\ddot{u}_1 + (k_1 + k_2)u_1 - k_2u_2 = 0 \\ m_2\ddot{u}_2 - k_2u_1 + k_2u_2 = 0 \end{cases} \qquad (10\text{-}19)$$

将式(10-19)写成矩阵形式为

$$\begin{bmatrix} m_1 & 0 \\ 0 & m_2 \end{bmatrix} \begin{Bmatrix} \ddot{u}_1 \\ \ddot{u}_2 \end{Bmatrix} + \begin{bmatrix} k_1 + k_2 & -k_2 \\ -k_2 & k_2 \end{bmatrix} \begin{Bmatrix} u_1 \\ u_2 \end{Bmatrix} = 0 \qquad (10\text{-}20)$$

根据式(10-11),并使用矩阵相减的运算规则,其行列式为

$$\begin{vmatrix} (k_1 + k_2) - m_1\omega^2 & -k_2 \\ -k_2 & k_2 - m_2\omega^2 \end{vmatrix} = 0 \qquad (10\text{-}21)$$

对行列式运算并代入k_1、k_2、m_1、m_2得

$$(10\omega^2 - 110) \cdot (20\omega^2 - 100) - 10\,000 = 0$$

因为方程中有二次项,故求解方程有两个根,其值为

$$\omega_1^2 = 0.319$$

$$\omega_2^2 = 15.681$$

开平方根号后得

$$\omega_1 = \sqrt{0.319} = 0.564\text{rad/s}$$

$$\omega_2 = \sqrt{15.681} = 3.96\text{rad/s}$$

将单位由 rad/s 转换为 Hz:

$$f_1 = \frac{0.564}{2\pi} = \frac{0.564\text{rad/s}}{2 \times 3.14} = 0.0898\text{Hz}$$

$$f_2 = \frac{3.96}{2\pi} = \frac{3.96\text{rad/s}}{2 \times 3.14} = 0.6306\text{Hz}$$

由上所述,对于二自由度弹簧振子结构,可以通过列举两个平衡方程求得结构的两个固有频率,分别为ω_1和ω_2。由此可知,对于某一结构,若要求解结构的固有频率,其频率的个数取决于所列举的平衡方程组的个数。根据有限单元法理论可知,有限单元法中方程组的个数取决于节点的数量及节点的自由度个数,节点数量和节点自由度数量受限于单元类型及单元数量,故有限元软件所能求解的频率数量最终取决于用户选取单元的类型及划分的网格数量。

将所求得的两个频率分别代入式(10-10)得

$$\begin{cases} [(k_1+k_2)-m_1\omega_1^2]u_1-k_2u_2=0 \\ -k_2u_1-m_2\omega_1^2u_2+k_2u_2=0 \end{cases} \qquad (10\text{-}22)$$

将已知条件$k_1=10$、$m_1=10$、$k_2=100$、$m_2=20$代入式(10-22)得

$$\begin{cases} [(10+100)-10\times0.319]\cdot u_1-100\cdot u_2=0 \\ -100\cdot u_1+(100-20\times0.319)\cdot u_2=0 \end{cases} \qquad (10\text{-}23)$$

式(10-23)的解是不唯一的,但可以通过求解方程组(10-23)得u_1与u_2之间的相对关系,即

$$\frac{u_1}{u_2}=0.936 \qquad (10\text{-}24)$$

上式说明:假设质量块m_2的位移u_2为1,则质量块m_1的位移u_1为0.936;假设质量块m_2的位移u_2为2,则质量块m_1的位移u_1为1.872,所以读者应当特别注意的是:对于模态计算的位移结果,ANSYS软件给出的仅仅是各节点之间的相对位移值,而非绝对位移值。

上述采用的是解方程组的方式求解频率与模态位移,下面通过MATLAB软件参照线性代数求特征值与特征向量的方法求解频率与模态位移。

质量矩阵为

$$[\boldsymbol{M}]=\begin{bmatrix} m_1 & 0 \\ 0 & m_2 \end{bmatrix}=\begin{bmatrix} 10 & 0 \\ 0 & 20 \end{bmatrix}$$

刚度矩阵为

$$[\boldsymbol{K}]=\begin{bmatrix} k_1+k_2 & -k_2 \\ -k_2 & k_2 \end{bmatrix}=\begin{bmatrix} 10+100 & -100 \\ -100 & 100 \end{bmatrix}$$

使用MATLAB求解,代码如下:

```
% Filename:example10A1
clc;                    % 清除屏幕
m1 = 10;
m2 = 20;
k1 = 10;
k2 = 100;
M = [m1,0;0,m2]
```

```
K = [k1 + k2, - k2; - k2,k2]
B = M^ - 1 * K                    % 求解 B 矩阵
[X,Y] = eig(B)                    % 求解特征值与特征向量,并分别赋值给 X 和 Y,X 矩阵内保存的
                                  % 是特征向量,Y 矩阵内保存的是特征值
w = (Y^0.5)/(2 * 3.14)            % Y 矩阵中的特征值是平方项,应开平方根号且单位是 rad/s,需要转
                                  % 化为 Hz
```

程序运行后 MATLAB 给出的结果如下:

```
M =
    10     0
     0    20
K =
   110  - 100
  - 100   100
B =
    11   - 10
   - 5     5
X =
    0.9057    0.6834
  - 0.4240    0.7300
Y =
   15.6811         0
         0    0.3189
w =
    0.6306         0
         0    0.0899
```

从 MATLAB 结果可以看出,W 的结果分别为 $0.0899\,\mathrm{Hz}$ 和 $0.6306\,\mathrm{Hz}$,其结果与手动计算结果 $f_1 = 0.0898\,\mathrm{Hz}$ 和 $f_2 = 0.6306\,\mathrm{Hz}$ 结果一致。X 矩阵内一阶振型的位移分别为 0.6834 和 0.7300,通过 $0.6834/0.7300 = 0.936$ 可知,质量块 m_1 和质量块 m_2 之间的相对值为 0.936,MATLAB 计算结果与式(10-24)的结果一致。

10.3 二自由度弹簧振子模态分析软件设置

【例 10-2】 采用 ANSYS Workbench 求解例 10-1 的频率与振型。

(1) 打开 ANSYS Workbench 软件,将 Modal 拖曳到项目原理图区域,如图 10-3 所示。

(2) 右击 Geometry→Import Geometry→Browse,在对话框中选择文件"M1 AND M2. SLDASM"导入模型文件,如图 10-4 和图 10-5 所示。

注意:若用户计算机内 ANSYS 软件与 SolidWorks 软件未关联成功,则会出现模型导入错误提示,此时用户可以选择 M1 AND M2.x_t 第三方模型文件导入。

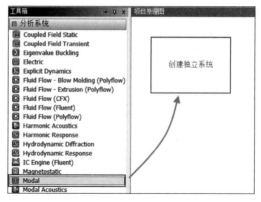

图 10-3　创建模态分析系统

图 10-4　准备导入模型

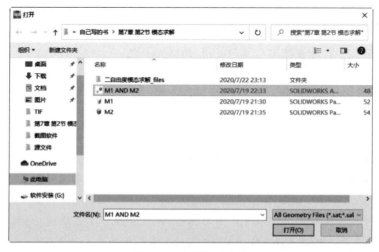

图 10-5　选择模型文件

（3）双击 Model 进入 Mechanical 环境后，首先设置两个质量块之间的连接弹簧。

（4）单击"连接"→"弹簧"→"几何体-几何体"，如图 10-6 所示。

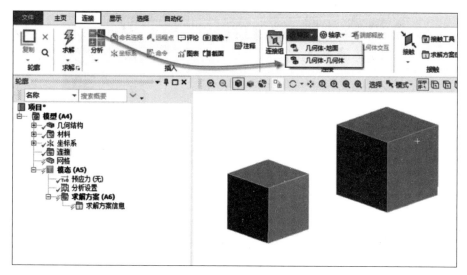

图 10-6　插入弹簧

（5）在"详细信息"栏中将"纵向刚度"设置为 100N/m，如图 10-7 所示。

（6）拖动"详细信息"栏右侧的滚动条，选择参考面：单击"范围"中的黄色区域，选择质量块 M2 的面，然后单击"应用"按钮，如图 10-8 所示。

（7）继续拖动"详细信息"栏右侧的滚动条，选择移动面：单击"范围"中的黄色区域，选择质量块 M1 的面，然后单击"应用"按钮，如图 10-9 所示。

（8）接下来设置质量块 M1 与固定地面之间的弹簧，单击"连接"→"弹簧"→"几何体-地面"，如图 10-10 所示。

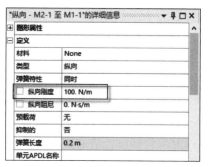

图 10-7　设置弹簧刚度

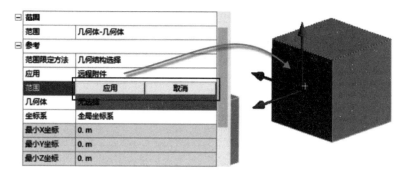

图 10-8　设置质量块 M2 弹簧接触面

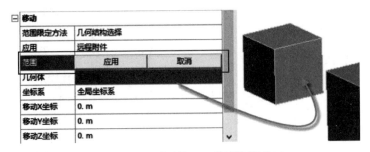

图 10-9 设置质量块 M1 弹簧接触面(1)

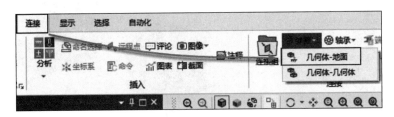

图 10-10 设置质量块 M1 与地面连接弹簧

（9）参照之前设置"纵向刚度"的方法，将弹簧的"纵向刚度"设置为 10N/m。

（10）将"详细信息"栏右侧的滚动条拖动至"参考"目录，设置"最小 X 坐标""最小 Y 坐标""最小 Z 坐标"分别为 0m、0m 和 0.6m，如图 10-11 所示。

参考	
坐标系	全局坐标系
最小X坐标	0. m
最小Y坐标	0. m
最小Z坐标	0.6 m
参考位置	单击进行修改

图 10-11 设置地面弹簧端的空间位置

（11）继续将滚动条拖动至"移动"目录，选择质量块 M1 的一面，单击"范围"中的"应用"按钮，如图 10-12 所示。

（12）弹簧设置结束后的效果如图 10-13 所示。

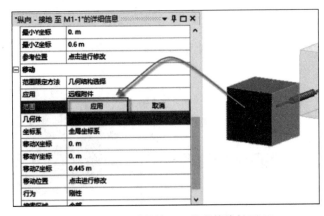

图 10-12 设置质量块 M1 的弹簧接触面(2)

图 10-13　设置弹簧后的效果图

（13）分别将质量块 M1-1 和 M2-1 的"刚度行为"设置为"刚性"，如图 10-14 所示。

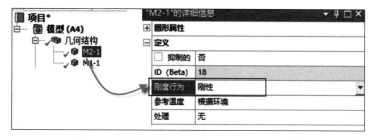

图 10-14　将质量块 M1-1 与 M2-1 设置为刚体

（14）网格采用默认控制，右击"网格"→"生成网格"。

（15）设置质量块 M2 的边界条件，单击"连接"→"几何体-地面"→"一般"，如图 10-15 所示。

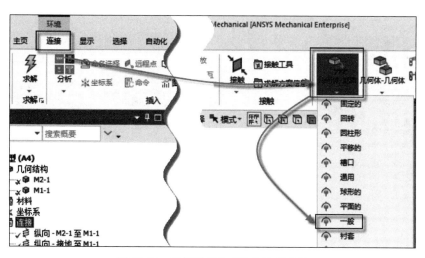

图 10-15　添加质量块 M2 的边界条件

（16）单击质量块 M2 的任意面，单击"范围"中的"应用"，此时软件会在选定的表面建立一个局部坐标系，按照坐标系的方向分别将"平移 X""平移 Z"设置为"固定的"，将"平移 Y"设置为"自由"，如图 10-16 所示。

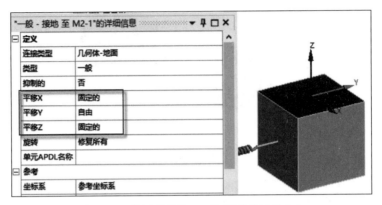

图 10-16　设置质量块 M2 连接副的运动方向

（17）参照质量块 M2 设置边界条件的方法，将质量块 M1 同样定义为只沿 Y 轴方向有自由运动。

注意：读者应当仔细观察局部坐标系的 X、Y、Z 轴，在释放自由度的操作过程中 Workbench 软件是按照局部坐标系的方向释放的。

（18）单击"分析设置"→"最大模态阶数"，确认默认数值为"6"，如图 10-17 所示。

（19）单击"求解"按钮。

（20）后处理查看模态的频率信息，单击"求解方案"，可以在软件右下角看到"表格数据"，如图 10-18 所示。

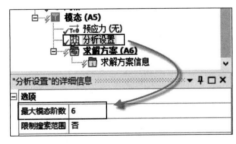

图 10-17　设置模态提取阶数

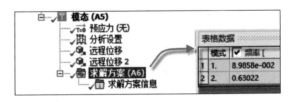

图 10-18　查看频率数值

表格中有 3 列，第 1 列为序号，第 2 列为模式，第 3 列为频率。模式列中列举出的是求得的频率数量，频率列中列举的是结构的每一阶频率，其中第 1 阶模态称为基频，数值为 $8.9858\mathrm{e}-2\mathrm{Hz}$，第 2 阶频率数值为 $0.63022\mathrm{Hz}$。从软件计算的结果可以看出，即使在软件求解设置时要求软件求解出前 6 阶频率，但受到结构自由度的限制，软件最终仅能给出结构的两阶频率。

（21）后处理查看模态的位移信息，右击"表格数据"中的第 1 行，在弹出的菜单中单击"创建模型形状结果"，然后右击求解方案下的"总变形"→"评估所有结果"，如图 10-19 所示。

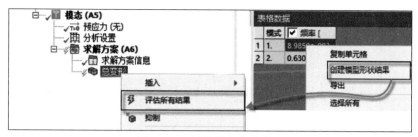

图 10-19 评估模态位移结果

质量块位移的结果如图 10-20 所示。

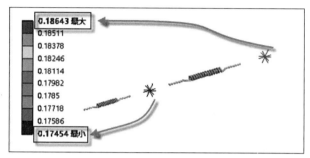

图 10-20 查看模态位移结果

因为两个质量块均被设置为刚体,ANSYS 软件将通过一个称为高级节点的节点代替质量块,图 10-20 中左侧的高级节点控制着质量块 M1,右侧的高级节点控制着质量块 M2,其中左侧质量块 M1 的节点位移为 0.174 54,右侧质量块 M2 的节点位移为 0.186 43。两个节点的位移值与 MATLAB 计算的结果 0.6834 和 0.7300 有一定的差异,这与 ANSYS 软件采用的位移归一化方法有关。虽然位移结果有差异,但通过计算节点位移 0.174 54/0.186 43=0.936 可知,两个节点的相对位移值与 MATLAB 的结果是一致的,有关 ANSYS 软件内模态位移归一化的介绍将在 10.4 节再做详细阐述。

综上所述,模态分析可以得到结构的固有频率和振型,这两个结果是结构的固有属性,但模态计算得到的结构的振型并非结构的真实位移。若要得知结构受到外界激励后结构的真实响应,则需要通过其他具体的计算方法,根据外界的激励性质应用具体方法求解。

10.4 模态参数计算

10.4.1 振型归一化

因振型归一化计算将贯穿模态参数计算及模态叠加法计算的整个过程,故在介绍模态参数之前,首先应了解模态振型归一化。

如前所述,模态振型中的位移是相对位移,对位移的结果进行标准化的过程实际就是将位移归一化。归一化的方法有很多,如特定元素归一化、最大元素归一化及正交归一化。这里仅介绍正交归一化方法。

所谓正交归一化，就是调整振型向量中的元素，使其振型矩阵的转置乘以质量矩阵再乘以振型矩阵等于1，这一方法也是 ANSYS 软件采用的归一化方法，具体过程为

$$\{\boldsymbol{\varphi}\}^{\mathrm{T}}[\boldsymbol{M}]\{\boldsymbol{\varphi}\} = 1 \tag{10-25}$$

式中：$\{\boldsymbol{\varphi}\}$ 为通过特征值及特征向量求解方法得到的振型向量；

$\{\boldsymbol{\varphi}\}^{\mathrm{T}}$ 为振型向量转置；

$[\boldsymbol{M}]$ 为结构的质量矩阵。

显然如果直接将振型向量 $\{\boldsymbol{\varphi}\}$ 通过式(10-25)代入计算，其结果是 $\{\boldsymbol{\varphi}\}^{\mathrm{T}}[\boldsymbol{M}]\{\boldsymbol{\varphi}\} \neq 1$，所以需要通过调整振型向量 $\{\boldsymbol{\varphi}\}$ 的值使其能够满足式(10-25)，调整后的振型向量为 $\{\overline{\boldsymbol{\varphi}}\}$，调整的公式为

$$\{\overline{\boldsymbol{\varphi}}\}_i = \frac{\{\boldsymbol{\varphi}\}_i}{\sqrt{M_i}} \tag{10-26}$$

式中：M_i 为模态质量，计算方法为

$$M_i = \{\boldsymbol{\varphi}\}_i^{\mathrm{T}}[\boldsymbol{M}]\{\boldsymbol{\varphi}\}_i \tag{10-27}$$

式(10-27)中的各项参数同式(10-25)。

【例 10-3】 采用正交归一化方法对例 10-1 的振型做归一化处理。

已知例 10-1 通过 MATLAB 求得的特征向量为 $[\boldsymbol{X}] = \begin{bmatrix} 0.9057 & 0.6834 \\ -0.4240 & 0.7300 \end{bmatrix}$，故一阶振型与二阶振型为

$$\{\boldsymbol{\varphi}\}_1 = \begin{Bmatrix} 0.6834 \\ 0.7300 \end{Bmatrix} \qquad \{\boldsymbol{\varphi}\}_2 = \begin{Bmatrix} 0.9057 \\ -0.4240 \end{Bmatrix}$$

利用式(10-26)，通过 MATLAB 软件求得正交归一化振型，代码如下：

```
%Filename:example10A3
zx_1 = [0.6834;0.7300];            %定义一阶模态的振型
zx_2 = [0.9057; - 0.4240];         %定义二阶模态的振型
M = [10 0;0 20];                   %定义质量矩阵
Mi_1 = zx_1'* M * zx_1;            %通过式(10-27)计算一阶模态质量
Mi_2 = zx_2'* M * zx_2;            %通过式(10-27)计算二阶模态质量
zj_zx_1 = zx_1/Mi_1^0.5            %通过式(10-26)计算一阶模态正交归一化后的振型
zj_zx_2 = zx_2/Mi_2^0.5            %通过式(10-26)计算二阶模态正交归一化后的振型
```

代码执行结果如下：

```
zj_zx_1 =
   0.1746
   0.1865
```

```
zj_zx_2 =
    0.2637
   -0.1234
```

MATLAB 计算的结果与例 10-2 中 ANSYS Workbench 软件计算的结果对比如表 10-1 所示。

表 10-1 各类模态振型求解方法结果对照表

模 态	Workbench 计算频率	MATLAB 计算频率	Workbench 振型	MATLAB 计算振型（正交归一化）	MATLAB 计算振型（未归一化）
1	0.0899	0.0899	$\{\boldsymbol{\varphi}\}_1 = \begin{Bmatrix} 0.1745 \\ 0.1864 \end{Bmatrix}$	$\{\boldsymbol{\varphi}\}_1 = \begin{Bmatrix} 0.1746 \\ 0.1865 \end{Bmatrix}$	$\{\boldsymbol{\varphi}\}_1 = \begin{Bmatrix} 0.6834 \\ 0.7300 \end{Bmatrix}$
2	0.6302	0.6306	$\{\boldsymbol{\varphi}\}_2 = \begin{Bmatrix} 0.2637 \\ -0.1234 \end{Bmatrix}$	$\{\boldsymbol{\varphi}\}_2 = \begin{Bmatrix} 0.2637 \\ -0.1234 \end{Bmatrix}$	$\{\boldsymbol{\varphi}\}_2 = \begin{Bmatrix} 0.9057 \\ -0.4240 \end{Bmatrix}$

10.4.2 模态参数理论计算过程

在例 10-2 中 ANSYS 软件模态分析时会为用户提供一系列有关模态计算的参数，这些参数可以通过单击"求解方案信息"并拖动滚动条查看，如图 10-21 所示。

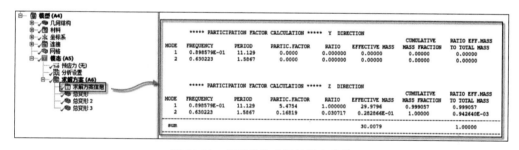

图 10-21 查看软件求解的模态参数

图 10-21 中分别列出了 X、Y、Z、ROTX、ROTY、ROTZ 共 6 个方向的 PARTICIPATION FACTOR CALCULATION（参与系数）计算，每个方向的系数共有 8 列：第 1 列 MODE 为模态阶数，第 2 列 FREQUENCY 为频率，第 3 列 PERIOD 为周期，第 4 列 PARTIC. FACTOR 为参与系数，第 5 列 RATIO 为比率，第 6 列 EFFECTIVE MASS 为有效质量，第 7 列 CUMULATIVE MASS FRACTION 为累计质量分数，第 8 列 RATIO EFF. MASS TO TOTAL MASS 为有效质量相对总质量的比率。

第 1 列模态阶数与第 2 列频率计算已在前文有过详细叙述，下面着重介绍第 3～8 列的计算方法。

第 3 列数值为每一阶模态的周期，其值为对应频率的倒数，如第一阶模态的频率为 0.089 86Hz，则其周期为 1/(0.089 86Hz)＝11.128s。

第 4 列 PARTIC. FACTOR 为参与系数，参与系数在模态分析和模态叠加法中有重要意义。一般情况下,低阶模态的参与系数较高,故在模态截断时,低阶振型不应当被忽略;反之,高阶模态的参与系数较低,一般采用模态叠加法时常常不考虑高阶模态的影响。参与系数被定义为

$$\gamma_i = \{\boldsymbol{\varphi}\}_i^{\mathrm{T}}[\boldsymbol{M}]\{\boldsymbol{I}\} \tag{10-28}$$

式中:$\{\boldsymbol{\varphi}\}_i^{\mathrm{T}}$ 为经过正交归一化后振型向量的转置;

　　$[\boldsymbol{M}]$ 为质量矩阵;

　　$\{\boldsymbol{I}\}$ 为单位向量。

　　注意:式(10-28)中,$\{\boldsymbol{I}\}$ 为单位向量,对于二自由度结构的表达式为 $\{\boldsymbol{I}\} = \begin{Bmatrix} 1 \\ 1 \end{Bmatrix}$。

第 5 列 RATIO 为比率,被定义为某阶参与系数与一阶参与系数的比值,公式为

$$\mathrm{RATIO} = \frac{\gamma_i}{\gamma_1} \tag{10-29}$$

式中:γ_i 为第 i 阶模态的参与系数;

　　γ_1 为第一阶模态的参与系数。

第 6 列 EFFECTIVE MASS 为有效质量,定义为

$$M_{ei} = \gamma_i^2 \tag{10-30}$$

式中:γ_i 为第 i 阶模态的参与系数。

第 7 列 CUMULATIVE MASS FRACTION 为累计质量分数,表示从第一阶到该阶有效质量之和与总有效质量之比值。

第 8 列 RATIO EFF. MASS TO TOTAL MASS 为本阶有效质量相对总质量的比值。

下面仍以二自由度弹簧振子的案例详细阐述模态参数的求解。

【例 10-4】 以二自由度弹簧振子为例,手动计算例 10-2 中 Z 方向的 PARTIC. FACTOR(参与系数)、RATIO(比率)、EFFECTIVE MASS(有效质量)、CUMULATIVE MASS FRACTION(累计质量分数)及 RATIO EFF. MASS TO TOTAL MASS(有效质量相对总质量的比率)。

质量矩阵为

$$[\boldsymbol{M}] = \begin{bmatrix} m_1 & 0 \\ 0 & m_2 \end{bmatrix} = \begin{bmatrix} 10 & 0 \\ 0 & 20 \end{bmatrix}$$

一阶模态归一化后的振型为

$$\{\boldsymbol{\varphi}\}_1 = \begin{Bmatrix} 0.1746 \\ 0.1865 \end{Bmatrix}$$

二阶模态归一化后的振型为

$$\{\boldsymbol{\varphi}\}_2 = \begin{Bmatrix} 0.2637 \\ -0.1234 \end{Bmatrix}$$

已知条件均已给出,接下来可求得各模态的参数。

参与系数 γ_i 为

$$\gamma_1 = \{\boldsymbol{\varphi}\}_1^{\mathrm{T}}[\boldsymbol{M}]\{\boldsymbol{I}\} = \{0.1746 \quad 0.1865\}\begin{bmatrix}10 & 0 \\ 0 & 20\end{bmatrix}\begin{Bmatrix}1 \\ 1\end{Bmatrix} = 5.4760$$

$$\gamma_2 = \{\boldsymbol{\varphi}\}_2^{\mathrm{T}}[\boldsymbol{M}]\{\boldsymbol{I}\} = \{0.2637 \quad -0.1234\}\begin{bmatrix}10 & 0 \\ 0 & 20\end{bmatrix}\begin{Bmatrix}1 \\ 1\end{Bmatrix} = 0.1690$$

RATIO 为

$$\mathrm{RATIO}_1 = \frac{\gamma_1}{\gamma_1} = \frac{5.4760}{5.4760} = 1$$

$$\mathrm{RATIO}_2 = \frac{\gamma_2}{\gamma_1} = \frac{0.1690}{5.4760} = 0.03$$

EFFECTIVE MASS 为

$$M_{e1} = \gamma_1^2 = 5.4760^2 = 30$$

$$M_{e2} = \gamma_2^2 = 0.1690^2 = 0.029$$

CUMULATIVE MASS FRACTION(CMF) 为

$$\mathrm{CMF}_1 = \frac{M_{e1}}{M_{e1} + M_{e2}} = \frac{30}{30 + 0.029} = 0.999$$

$$\mathrm{CMF}_2 = \frac{M_{e1} + M_{e2}}{M_{e1} + M_{e2}} = \frac{30 + 0.029}{30 + 0.029} = 1$$

RATIO EFF. MASS TO TOTAL MASS(REMTM) 为

$$\mathrm{REMTM}_1 = \frac{M_{e1}}{M} = \frac{30}{30} = 1$$

$$\mathrm{REMTM}_2 = \frac{M_{e2}}{M} = \frac{0.029}{30} = 0.0009667$$

以上计算过程的 MATLAB 代码如下：

```
% Filename:example10A4
clc;
clear;
M = [10 0;0 20];                    % 定义质量矩阵
m = 30;                            % 定义结构的物理质量
I = [1;1];                         % 定义单位向量
zj_zx_1 = [0.1746;0.1865];         % 正交归一化后的一阶振型向量
zj_zx_2 = [0.2637; - 0.1234];      % 正交归一化后的二阶振型向量
gama_1 = zj_zx_1' * M * I          % 一阶振型的参与系数
gama_2 = zj_zx_2' * M * I          % 二阶振型的参与系数
Me_1 = gama_1^2                    % 一阶频率的有效质量
Me_2 = gama_2^2                    % 二阶频率的有效质量
cmf_1 = Me_1/(Me_1 + Me_2)         % 一阶频率的累计质量分数
cmf_2 = (Me_1 + Me_2)/(Me_1 + Me_2) % 二阶频率的累计质量分数
remtm_1 = Me_1/m                   % 一阶频率的 RATIO EFF.MASS TO TOTAL MASS 系数
remtm_2 = Me_2/m                   % 二阶频率的 RATIO EFF.MASS TO TOTAL MASS 系数
```

通过例 10-4 可知,只要给出振型数据、质量矩阵等数据,模态的参数可以采用矩阵运算和代数公式求出,Workbench 的计算结果和手动计算的结果对比如表 10-2 所示。

表 10-2 各种模态参数计算方法的结果对照表

序 号	参 数 名 称		Workbench 计算结果	手动计算结果
1	γ_i	一阶	5.4754	5.4760
2		二阶	0.168 19	0.1690
3	RATIO	一阶	1	1
4		二阶	0.0307	0.030
5	EFFECTIVE MASS	一阶	29.9796	30
6		二阶	0.028 28	0.029
7	CUMULATIVE	一阶	0.999	0.999
8	MASS FRACTION	二阶	1	1
9	RATIO EFF. MASS TO	一阶	0.999	1
10	TOTAL MASS	二阶	0.000 942	0.000 966 7

第 11 章

谐响应分析

所谓谐响应分析,指结构所受的激励随时间呈正弦或者余弦变化,分析结构受到激励后的响应,激励形式如图 11-1 所示。

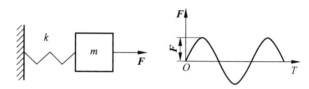

图 11-1 单自由度弹簧振子谐响应系统

激励的数学表达式一般为

$$y(t) = F\sin\omega_j t \qquad (11-1)$$

式中:$y(t)$ 为结构在任意时间的激励力值;

    F 为激励力幅值;

    ω_j 为激励圆频率,单位为 rad/s;

    t 为时间,单位为 s。

ANSYS 提供的谐响应计算方法有 3 种,分别是完全法、模态叠加法和瞬态分析法。完全法和模态叠加法忽略了结构初始状态受到激励时的瞬态响应,这两种方法仅可以得到结构受到激励后的稳态响应。瞬态分析法可以求解结构从激励开始加载到结束的全部过程,不仅可以得到结构受载后的稳态响应,也能计算结构刚加载时的瞬态响应。

11.1 基于模态叠加法的瞬态动力学谐响应

式(10-1)的动力学典型方程组是耦合的,耦合意味着必须联立方程组方可求得式(10-1)的根,而动力学理论中则可采用模态变换使式(10-1)的方程组解耦,从而求得结构的动力响应。模态变换的过程为

$$\{u\} = [\varphi]\{\eta\} \qquad (11-2)$$

式中:$\{u\}$ 为结构的位移列向量;

    $[\varphi]$ 为模态振型矩阵;

$\{\boldsymbol{\eta}\}$ 为模态坐标,也称广义坐标,$\{\boldsymbol{\eta}\} = \{\eta_1 \quad \eta_2 \quad \cdots \quad \eta_n\}^{\mathrm{T}}$,$\eta_1$ 和 η_2 为第 1 阶模态和第 2 阶模态的模态坐标。

如式(11-2)所示,结构的动力响应等于结构的模态振型矩阵$[\boldsymbol{\varphi}]$与模态坐标$\{\boldsymbol{\eta}\}$相乘,其展开的表达式为

$$u = [\boldsymbol{\varphi}]\{\boldsymbol{\eta}\} = \varphi_1 \eta_1 + \varphi_2 \eta_2 + \varphi_3 \eta_3 + \cdots \tag{11-3}$$

式中:u 为节点的动力响应位移值;

$\boldsymbol{\varphi}$ 为节点振型位移值;

$\boldsymbol{\eta}$ 为广义位移。

由式(11-3)可知,结构的动力响应为每一阶模态的振型值与模态坐标相乘并相加,故此方法称为模态叠加法。

将式(11-2)代入式(10-1)并左乘$[\varphi]^{\mathrm{T}}$ 得

$$[\boldsymbol{\varphi}]^{\mathrm{T}}[\boldsymbol{M}][\boldsymbol{\varphi}]\{\ddot{\boldsymbol{\eta}}\} + [\boldsymbol{\varphi}]^{\mathrm{T}}[\boldsymbol{C}][\boldsymbol{\varphi}]\{\dot{\boldsymbol{\eta}}\} + [\boldsymbol{\varphi}]^{\mathrm{T}}[\boldsymbol{K}][\boldsymbol{\varphi}]\{\boldsymbol{\eta}\}$$
$$= [\boldsymbol{\varphi}]^{\mathrm{T}}\{\boldsymbol{F}\}\sin\omega_j t \tag{11-4}$$

式中:$[\boldsymbol{\varphi}]^{\mathrm{T}}[\boldsymbol{M}][\boldsymbol{\varphi}]$ 为模态质量,对应于第 i 阶的模态,其模态质量为 M_i;

$[\boldsymbol{\varphi}]^{\mathrm{T}}[\boldsymbol{K}][\boldsymbol{\varphi}]$ 为模态刚度,对应于第 i 阶的模态,其模态刚度为 K_i;

$[\boldsymbol{\varphi}]^{\mathrm{T}}[\boldsymbol{C}][\boldsymbol{\varphi}]$ 为模态阻尼,对应于第 i 阶的模态,其模态阻尼为 C_i;

$[\boldsymbol{\varphi}]^{\mathrm{T}}\{\boldsymbol{F}\}\sin\omega_j t$ 为广义载荷,对应于第 i 阶的模态,其广义载荷为 $F_i = \{\boldsymbol{\varphi}\}^{\mathrm{T}}\{\boldsymbol{F}\}\sin\omega_j t$;

$\{\boldsymbol{F}\}$ 为载荷幅值;

ω_j 为激励圆频率。

对应于第 i 阶的模态,将 M_i、K_i、F_i 代入式(11-4)得

$$M_i \ddot{\eta}_i + C_i \dot{\eta}_i + K_i \eta_i = \boldsymbol{F}_i \tag{11-5}$$

由式(10-10)$([\boldsymbol{K}] - [\boldsymbol{M}] \cdot \omega^2)\{\boldsymbol{\varphi}\} = 0$ 得

$$[\boldsymbol{K}]\{\boldsymbol{\varphi}\} = [\boldsymbol{M}] \cdot \omega^2 \{\boldsymbol{\varphi}\} \tag{11-6}$$

式(11-6)同乘$[\boldsymbol{\varphi}]^{\mathrm{T}}$ 得

$$\{\boldsymbol{\varphi}\}^{\mathrm{T}}[\boldsymbol{K}]\{\boldsymbol{\varphi}\} = \{\boldsymbol{\varphi}\}^{\mathrm{T}}[\boldsymbol{M}]\{\boldsymbol{\varphi}\} \cdot \omega^2 \tag{11-7}$$

则对应于第 i 阶模态,因$\{\boldsymbol{\varphi}\}_i^{\mathrm{T}}[\boldsymbol{K}]\{\boldsymbol{\varphi}\}_i = K_i$,$\{\boldsymbol{\varphi}\}_i^{\mathrm{T}}[\boldsymbol{M}]\{\boldsymbol{\varphi}\}_i = M_i$,故模态刚度与模态质量的关系为

$$K_i = M_i \cdot \omega_i^2 \tag{11-8}$$

将式(11-8)和 $C_i = 2\xi\omega M_i$ 代入式(11-5)并同除 M_i 得

$$\ddot{\eta}_i + 2\xi_i \omega_i \dot{\eta}_i + \omega_i^2 \eta_i = \boldsymbol{F}_i / M_i \tag{11-9}$$

式(11-9)是一个二阶微分方程,其通解为

$$\eta_i(t) = \mathrm{e}^{-\xi_i \omega_i t}\left(\eta_{i0}\cos\omega_{\mathrm{d}i}t + \frac{\dot{\eta}_{i0} + \xi_i \omega_i \eta_{i0}}{\omega_{\mathrm{d}i}}\right) +$$
$$\int_0^t \frac{\boldsymbol{F}_i(\tau)}{M_i \omega_{\mathrm{d}i}}\mathrm{e}^{-\xi_i \omega_i (t-\tau)}\sin\omega_{\mathrm{d}i}(t-\tau)\mathrm{d}\tau \tag{11-10}$$

式中：ξ_i 为第 i 阶的模态阻尼比；

　　ω_i 第 i 阶的无阻尼固有圆频率；

　　ω_{di} 第 i 阶的有阻尼固有圆频率；

　　η_{i0} 为结构的初始位移条件；

　　$\dot{\eta}_{i0}$ 为结构的初始速度条件。

式(11-10)等号右侧第 1 项表示的是结构的瞬态响应，因结构存在阻尼，瞬态项将逐渐衰减至 0。第 2 项为结构的稳态响应。

当结构初始状态为静止且不考虑阻尼时，式(11-10)可简化为

$$\eta_i(t) = \int_0^t \frac{F_i(\tau)}{M_i \omega_i} \sin\omega_i(t-\tau)\mathrm{d}\tau \tag{11-11}$$

注意：一般情况下，结构的阻尼比值远小于 1，故式(11-10)中取 $\omega_{di} \approx \omega_i$。

式(11-11)积分后得

$$\eta_i(t) = \frac{F_i\left[\omega\sin(t \cdot \omega_i) - \omega_i\sin(t \cdot \omega)\right]}{M_i \omega_i(\omega^2 - \omega_i^2)} \tag{11-12}$$

将式(11-12)代入式(11-2)即可得到结构的动力响应。

11.2　模态叠加法求解谐响应手动计算过程

【例 11-1】　一个二自由度弹簧振子的结构如图 11-2 所示，两个集中质量块分别为 $m_1 = 10\mathrm{kg}, m_2 = 20\mathrm{kg}$，两个质量块通过两根弹簧相连，为了提高本结构一阶频率和二阶频率的数值，分别设弹簧刚度 $k_1 = 500\mathrm{N/m}, k_2 = 500\mathrm{N/m}$，在右侧质量块施加一个随时间呈正弦变化的集中力 $F = 100\sin(\omega_j \cdot t)$，其中激励频率 $\omega_j = 5.024\mathrm{rad/s}$，激励时间 $0 \leqslant t \leqslant 20\mathrm{s}$，求解本结构在正弦激励下在 15s 时的位移动力响应。

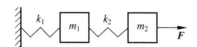

图 11-2　二自由度弹簧振子谐响应系统

质量矩阵

$$[\boldsymbol{M}] = \begin{bmatrix} m_1 & 0 \\ 0 & m_2 \end{bmatrix} = \begin{bmatrix} 10 & 0 \\ 0 & 20 \end{bmatrix}$$

刚度矩阵

$$[\boldsymbol{K}] = \begin{bmatrix} k_1 + k_2 & -k_2 \\ -k_2 & k_2 \end{bmatrix} = \begin{bmatrix} 500 + 500 & -500 \\ -500 & 500 \end{bmatrix}$$

载荷列向量

$$\boldsymbol{F} = \begin{Bmatrix} 0 \\ 100 \end{Bmatrix} \sin(\omega_j \cdot t)$$

根据式(10-14)求解特征值 ω 与特征向量$\{\boldsymbol{\varphi}\}$。

其中 $\boldsymbol{B}$ 矩阵为

$$[\boldsymbol{B}] = [\boldsymbol{M}]^{-1}[\boldsymbol{K}] = \begin{bmatrix} 10 & 0 \\ 0 & 20 \end{bmatrix}^{-1} \begin{bmatrix} 1000 & -500 \\ -500 & 500 \end{bmatrix} = \begin{bmatrix} 100 & -50 \\ -25 & 25 \end{bmatrix}$$

求得特征值 ω 和特征向量$\{\boldsymbol{\varphi}\}$,并将特征向量$\{\boldsymbol{\varphi}\}$组装成矩阵$[\boldsymbol{\varphi}]$,结果如下

$$\omega^2 = \left\{ \begin{matrix} 10.961 \\ 114.039 \end{matrix} \right\}$$

$$[\boldsymbol{\varphi}] = \begin{bmatrix} 0.49 & 0.936 \\ 0.872 & -0.27 \end{bmatrix}$$

则结构的一阶频率和二阶频率如下

$$\omega_1 = \sqrt{10.961} = 3.31\,\text{rad/s}$$

$$\omega_2 = \sqrt{114.039} = 10.679\,\text{rad/s}$$

$$f_1 = \frac{\sqrt{\omega^2}}{2\pi} = \frac{\sqrt{10.961}\,\text{rad/s}}{6.28} = 0.527\,\text{Hz}$$

$$f_2 = \frac{\sqrt{\omega^2}}{2\pi} = \frac{\sqrt{114.039}\,\text{rad/s}}{6.28} = 1.7\,\text{Hz}$$

模态质量 M_i 为

$$M_i = [\boldsymbol{\varphi}]_i^{\text{T}}[\boldsymbol{M}][\boldsymbol{\varphi}]_i = \begin{bmatrix} 0.49 & 0.963 \\ 0.872 & -0.27 \end{bmatrix}^{\text{T}} \begin{bmatrix} 10 & 0 \\ 0 & 20 \end{bmatrix} \begin{bmatrix} 0.49 & 0.963 \\ 0.872 & -0.27 \end{bmatrix} = \begin{bmatrix} 17.609 & -0.122 \\ -0.122 & 10.219 \end{bmatrix}$$

计算结果得

$$M_1 = 17.609$$
$$M_2 = 10.219$$

模态载荷为

$$\{\boldsymbol{F}_{(t)}\} = [\boldsymbol{\varphi}]^{\text{T}}\{\boldsymbol{F}\}\sin(\omega_j \cdot t) = \begin{bmatrix} 0.49 & 0.963 \\ 0.872 & -0.27 \end{bmatrix}^{\text{T}} \left\{ \begin{matrix} 0 \\ 100 \end{matrix} \right\} \sin(\omega_j \cdot t)$$

计算结果得

$$F_{1(t)} = 87.2 \cdot \sin(\omega_j \cdot t)$$
$$F_{2(t)} = -27 \cdot \sin(\omega_j \cdot t)$$

将 $F_{1(t)}$ 和 $F_{2(t)}$ 代入式(11-11)做积分运算得到式(11-12)求解 $t=15\text{s}$ 时结构的位移响应。
因本结构有两阶固有频率,故广义位移为

$$\eta_1(t) = \frac{F_1[(\omega_j\sin(t \cdot \omega_1) - \omega_1\sin(t \cdot \omega_j)]}{M_1\omega_1(\omega_j^2 - \omega_1^2)}$$

$$= \frac{87.2 \times [5.024 \cdot \sin(15 \times 3.31) - 3.31 \cdot \sin(15 \times 5.024)]}{17.609 \times 3.31 \times (5.024^2 - 3.31^2)}$$

$$= -0.286$$

$$\eta_2(t) = \frac{F_2 \big[\omega_j \sin(t \cdot \omega_2) - \omega_2 \sin(t \cdot \omega_j) \big]}{M_2 \omega_2 (\omega_j^2 - \omega_2^2)}$$

$$= \frac{-27 \times \big[5.024 \cdot \sin(15 \times 10.679) - 10.679 \cdot \sin(15 \times 5.024) \big]}{10.219 \times 10.679 \times (5.024^2 - 10.679^2)}$$

$$= 1.664 \times 10^{-3}$$

将已经求得的两个广义位移代入式(11-2)得

$$\{ \boldsymbol{u} \} = [\boldsymbol{\varphi}] \{ \boldsymbol{\eta} \} = \begin{bmatrix} 0.49 & 0.936 \\ 0.872 & -0.27 \end{bmatrix} \begin{Bmatrix} -0.286 \\ 1.664 \times 10^{-3} \end{Bmatrix} = \begin{Bmatrix} -0.138 \\ -0.25 \end{Bmatrix}$$

至此已经求得结构在第15s时两个质量块的动力响应,质量块 M1 的位移为 -0.138m,质量块 M2 的位移为 -0.25m。

若要得到 $0\sim20$s 内每秒的动力响应,则可以采用 Excel 软件编辑公式快速得到每秒的动力响应值并绘图。

MATLAB 求解命令流如下:

```
% Filename:example11A1
clc
clear
syms M K F m1 m2 k1 k2 wj t w1 w2 Yinta_1 Yinta_2
t = 15                          % 定义时间
wj = 5.024                      % 激励频率
m1 = 10;                        % 1 号质量块质量
m2 = 20;                        % 2 号质量块质量
k1 = 500;                       % 1 号弹簧刚度
k2 = 500;                       % 2 号弹簧刚度
M = [m1 0;0 m2]                 % 定义质量矩阵
K = [k1 + k2  - k2; - k2 k2]    % 定义刚度矩阵
F = [0;100]                     % 定义载荷向量
B = inv(M) * K
[X Y] = eig(B)                  % 求解特征值与特征向量
X(:,[1 2]) = X(:,[2 1])         % 求得位移列向量后,MATLAB 将第 1 阶模态的位移放在第 2 列,故
                                % 需要将第 2 列与第 1 列互换
w1 = sqrt(Y(2,2))               % 求解第 1 阶模态频率,单位为 rad/s
w2 = sqrt(Y(1,1))               % 求解第 2 阶模态频率,单位为 rad/s
Mi = X' * M * X                 % 求解模态质量
Mi_1 = Mi(1,1)                  % 将 1 阶模态质量赋予 Mi_1
Mi_2 = Mi(2,2)                  % 将 2 阶模态质量赋予 Mi_2
Ft = X' * F                     % 求解模态载荷
Ft_1 = Ft(1,1)
Ft_2 = Ft(2,1)
Yinta_1 = (Ft_1 * (wj * sin(t * w1) - w1 * sin(t * wj)))/(Mi_1 * w1 * (wj^2 - w1^2))  % 1 阶广义位移
Yinta_2 = (Ft_2 * (wj * sin(t * w2) - w2 * sin(t * wj)))/(Mi_2 * w2 * (wj^2 - w2^2))  % 2 阶广义位移
U = X * [Yinta_1;Yinta_2]       % 求解位移
```

11.3 基于模态叠加法的瞬态动力学分析

11.2节已经讨论了如何采用模态叠加法计算二自由度弹簧振子受到谐波载荷后的位移响应,本节内容主要探讨使用 ANSYS Workbench 平台基于模态叠加法的瞬态动力学求解二自由度弹簧振子结构的位移响应。

如11.2节所述,模态叠加法的核心是首先需要求得结构的模态位移矩阵$[\varphi]$和结构的广义位移向量$\{\eta\}$,故采用 ANSYS Workbench 平台求解前,首先应当先进行结构的模态计算,得到结构位移矩阵、模态质量等参数,其次方可采用模态叠加法求解动力响应。模态的求解方法已在10.3节有过详细阐述,本节仅讨论模态叠加法的求解过程。

【例 11-2】 使用 Workbench 平台求解例 11-1 的结构位移。

(1) 打开 ANSYS Workbench 软件,将 Transient Structural 拖曳到原有的 Modal 模态分析项目中的 B6 行,本操作的含义是将模态分析的数据传递到瞬态动力学分析模块,使瞬态动力学模块能够调用模态分析的数据,例如模态位移、参与系数和模态质量等参数,如图 11-3 所示。

(2) 单击"分析设置",将"步骤结束时间"设置为 20s,将"时步"设置为 0.05s,如图 11-4 所示。

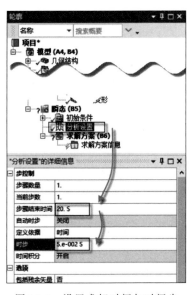

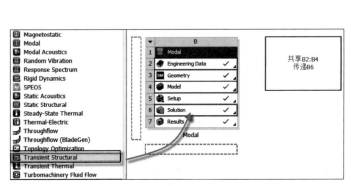

图 11-3 建立谐响应分析系统   图 11-4 设置求解时间与时间步

(3) 单击"力",选择 2 号质量块的一面,单击"应用",将"定义依据"设置为"分量",在"Z 分量"中输入"=100 * sin(360 * time * 0.8)",如图 11-5 所示。

注意:在 Z 分量的正弦力公式中,100 表示正弦力的幅值;time 表示正弦力施加的时间;0.8 表示正弦力施加的频率,即 1s 振动 0.8 次(对应 5.024rad/s);360 表示角度值,在 Mechanical 软件中使用三角函数模拟循环载荷时需要在三角函数中乘以 360。

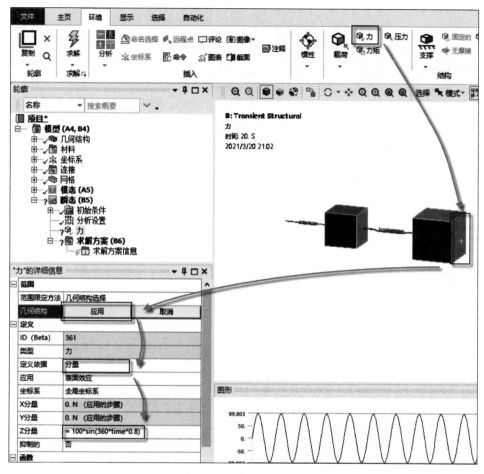

图 11-5 施加正弦力载荷

（4）单击"求解"按钮即可求解。

（5）单击"求解方案"→"变形"→"定向"，查看 2 号质量块的变形，如图 11-6 所示。

图 11-6 查看变形结果

（6）选择 2 号质量块的一面，单击"应用"，将"方向"设置为"Z 轴"，如图 11-7 所示。

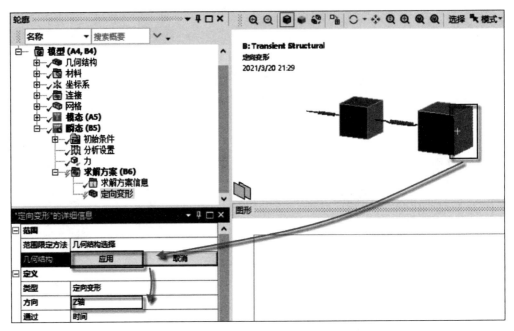

图 11-7　设置变形几何面及方向

（7）评估后处理结果，2 号质量块右侧面第 15s 时的位移结果为 −0.292m，如图 11-8 所示。

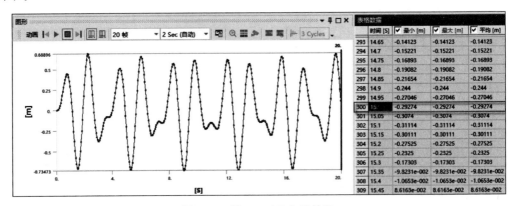

图 11-8　第 15s 时的位移结果

对比 11.2 节中 2 号质量块 15s 时的理论解为 −0.25m，Mechanical 的结果为 −0.292m，两者结果相差 0.042m，但随着求解时间步数值减小，其软件的结果与理论解逐步逼近，如表 11-1 所示。

通过表 11-1 可知，在动力学分析中，时间步参数也会影响动力学输出结果的精度，读者在动力学分析过程中除了需验证网格无关性外，还应对时间步做无关性验证。

表 11-1 第 15s 时理论解与软件解误差比对表

序 号	时间步/s	Mechanical/m	理论解/m	误 差
1	0.05	−0.292		16.8%
2	0.025	−0.273	−0.25	9%
3	0.015	−0.267		6.8%

11.4 扫频分析

通过模态计算得到结构的固有频率是结构的固有属性,在工程应用中,结构是否发生共振不仅与结构的固有频率有关,而且与激励的作用时间及激励的作用方向有关。采用扫频分析方法可以快速分辨激励方向与对应结构频率之间是否会导致结构发生共振。

ANSYS 提供了两种方法进行扫频分析,分别是模态叠加法和完全法。采用模态叠加法时,其结果的精度依赖于提取模态的阶数,但计算效率较高,而采用完全法时,效率较低,但结果与模态的阶数无关。无论采用模态叠加法或是完全法,在扫频分析前都应当进行模态分析,从而得到结构的固有频率和各阶模态的振型,便于后续的谐响应分析以帮助用户判断结构的共振频率及结构失效形式。

【例 11-3】 电机支座受到 5000N 不平衡简谐载荷,使用模态叠加法分析支座受载后的动力特性。

(1) 基于模态叠加法谐响应分析的分析系统首先应进行模态分析,其次将谐响应分析拖曳至模态分析中的 A6 Solution,分析系统之间将建立数据连接,如图 11-9 所示。

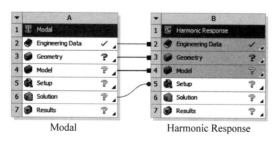

图 11-9 扫频分析系统建立

(2) 在模态分析系统中导入模型电机基座,为了便于划分出结构化网格,需将模型切分为 7 部分,切分完成后将模型设置为 1 个 part,如图 11-10 所示。

(3) 双击 A4 Model 进入 Mechanical 环境。

(4) 设置网格划分方法,将顶板与两块侧板的划分方法设置为 Hex Dominant,如图 11-11 所示。

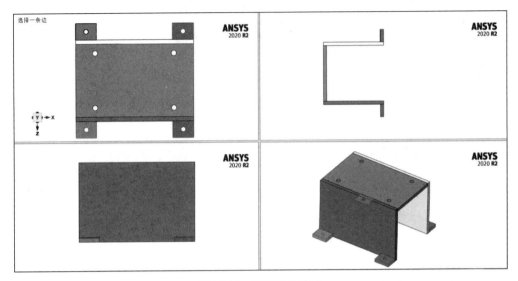

图 11-10　模型切分结果

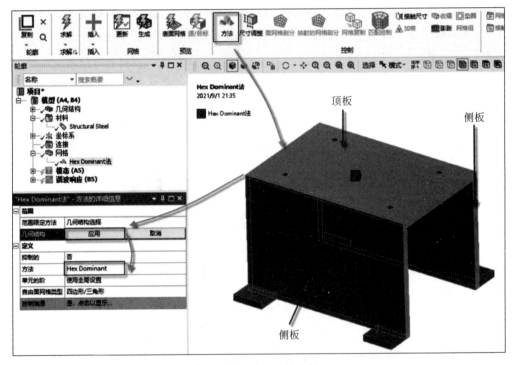

图 11-11　设置网格方法

（5）将网格的单元尺寸设置为 16mm，如图 11-12 所示。

（6）单击"固定的"，选择电机基座的 4 个地脚圆孔圆柱面固定，如图 11-13 所示。

图 11-12　设置网格的单元尺寸

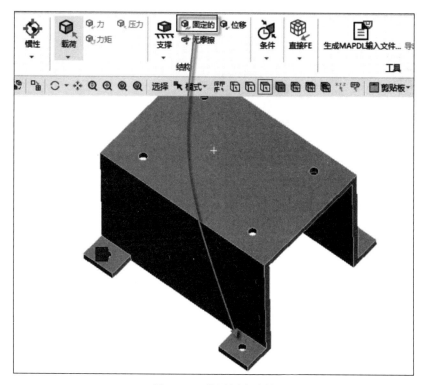

图 11-13　设置固定边界

（7）单击"分析设置"，将模态求解阶数调整为 50 阶，如图 11-14 所示。

（8）单击"求解"按钮完成模态分析。

图 11-14 设置模态求解阶数

（9）单击"求解方案（A6）"，窗口右下角会显示 50 阶模态的频率值，选中前 6 阶后右击，在弹出的菜单中选择"创建模态形状结果"，如图 11-15 所示。

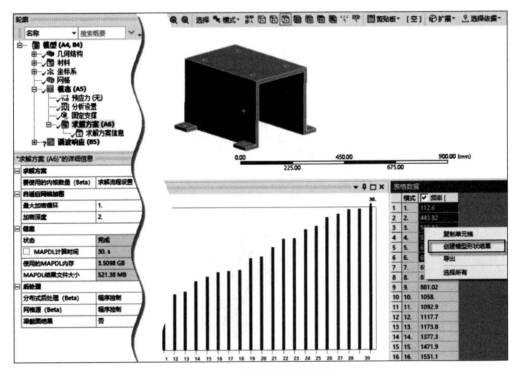

图 11-15 创建模态形状结果

（10）在任一模态总变形结果上右击，选择"评估所有结果"，得到模态的变形结果。

（11）前 4 阶模态的变形结果如图 11-16 所示。

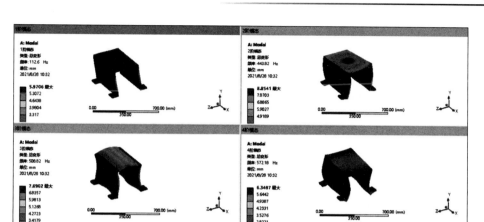

图 11-16　前 4 阶模态的变形结果

通过变形动画显示可知,第 1 阶模态频率为 113.74Hz,振型是沿 Z 轴的摆动,其位移方向亦是沿 Z 轴变形,第 2 阶模态频率为 444.15Hz,振型是绕 Y 轴的扭动,其位移方向同样是沿 Z 轴变形,第 3 阶模态的频率为 510.28Hz,振型是沿 Y 轴的摆动,上侧平板是沿 Y 轴变形,两块侧板沿 Z 轴变形,第 4 阶模态频率为 573.13Hz,振型是沿 X 轴的变形。

单击"求解方案信息",拖动滚动条,分别找到 X 方向、Y 方向及 Z 方向的模态计算信息。

***** PARTICIPATION FACTOR CALCULATION ***** X DIRECTION

MODE	FREQUENCY	PERIOD	PARTIC. FACTOR	RATIO	EFFECTIVE MASS	CUMULATIVE MASS FRACTION	RATIO EFF.MASS TO TOTAL MASS
1	113.737	0.87922E-02	0.25784E-04	0.000147	0.664812E-09	0.139212E-07	0.131041E-07
2	444.150	0.22515E-02	0.23173E-05	0.000013	0.536972E-11	0.140336E-07	0.105842E-09
3	510.284	0.19597E-02	0.47121E-05	0.000027	0.222041E-10	0.144986E-07	0.437664E-09
4	573.131	0.17448E-02	<u>0.17522</u>	1.000000	0.307029E-01	0.642920	0.605183
5	636.136	0.15720E-02	0.97018E-05	0.000055	0.941258E-10	0.642920	0.185531E-08
6	684.957	0.14599E-02	0.40403E-04	0.000231	0.163238E-08	0.642920	0.321757E-07
7	701.265	0.14260E-02	-0.20651E-01	0.117854	0.426449E-03	0.651850	0.840571E-02
8	862.463	0.11595E-02	-0.10450E-04	0.000060	0.109193E-09	0.651850	0.215229E-08
9	885.181	0.11297E-02	0.80210E-04	0.000458	0.643366E-08	0.651850	0.126813E-06
10	1065.45	0.93857E-03	-0.97371E-04	0.000556	0.948106E-08	0.651850	0.186881E-06
11	1104.54	0.90536E-03	-0.91817E-01	0.524003	0.843037E-02	0.828382	0.166170
12	1124.30	0.88945E-03	0.12608E-02	0.007196	0.158965E-05	0.828415	0.313335E-04
13	1178.98	0.84819E-03	0.90346E-04	0.000516	0.816238E-08	0.828415	0.160888E-06
14	1391.03	0.71889E-03	-0.91175E-04	0.000520	0.831284E-08	0.828416	0.163854E-06
15	1479.49	0.67591E-03	-0.80080E-04	0.000457	0.641276E-08	0.828416	0.126401E-06
16	1564.09	0.63935E-03	-0.73225E-04	0.000418	0.536194E-08	0.828416	0.105689E-06
17	1576.94	0.63414E-03	-0.11077E-03	0.000632	0.122691E-07	0.828416	0.241835E-06
18	1597.45	0.62600E-03	0.32360E-01	0.184678	0.104715E-02	0.850343	0.206403E-01
19	1840.42	0.54335E-03	0.36846E-04	0.000210	0.135763E-08	0.850343	0.267602E-07
20	1867.33	0.53552E-03	0.32304E-01	0.184361	0.104356E-02	0.872196	0.205696E-01

21	2066.64	0.48388E-03	-0.70922E-01	0.404751	0.502986E-02	0.977521	0.991432E-01
22	2220.95	0.45026E-03	-0.49595E-04	0.000283	0.245969E-08	0.977521	0.484828E-07
23	2232.45	0.44794E-03	0.90839E-05	0.000052	0.825175E-10	0.977521	0.162650E-08
24	2420.59	0.41312E-03	0.15427E-01	0.088043	0.237997E-03	0.982505	0.469115E-02
25	2487.94	0.40194E-03	-0.46306E-04	0.000264	0.214421E-08	0.982505	0.422645E-07
26	2652.06	0.37707E-03	0.60610E-04	0.000346	0.367358E-08	0.982505	0.724098E-07
27	2733.48	0.36583E-03	0.11654E-04	0.000067	0.135814E-09	0.982505	0.267702E-08
28	2811.19	0.35572E-03	-0.39727E-04	0.000227	0.157826E-08	0.982505	0.311090E-07
29	2821.81	0.35438E-03	-0.17711E-04	0.000101	0.313670E-09	0.982505	0.618273E-08
30	2881.02	0.34710E-03	0.25452E-01	0.145257	0.647818E-03	0.996070	0.127691E-01
31	2966.87	0.33706E-03	-0.40447E-04	0.000231	0.163597E-08	0.996070	0.322466E-07
32	2999.99	0.33333E-03	0.92227E-04	0.000526	0.850587E-08	0.996070	0.167659E-06
33	3024.53	0.33063E-03	-0.29066E-04	0.000166	0.844806E-09	0.996070	0.166519E-07
34	3108.38	0.32171E-03	-0.15970E-05	0.000009	0.255045E-11	0.996070	0.502717E-10
35	3276.03	0.30525E-03	0.42804E-05	0.000024	0.183215E-10	0.996070	0.361133E-09
36	3475.60	0.28772E-03	-0.85928E-05	0.000049	0.738371E-10	0.996070	0.145540E-08
37	3788.96	0.26392E-03	-0.15058E-05	0.000009	0.226753E-11	0.996070	0.446952E-10
38	3948.37	0.25327E-03	-0.50841E-03	0.002902	0.258483E-06	0.996076	0.509493E-05
39	3980.61	0.25122E-03	-0.13690E-04	0.000078	0.187420E-09	0.996076	0.369422E-08
40	4000.62	0.24996E-03	0.25311E-05	0.000014	0.640648E-11	0.996076	0.126278E-09
41	4091.18	0.24443E-03	0.47929E-05	0.000027	0.229718E-10	0.996076	0.452796E-09
42	4179.59	0.23926E-03	0.30834E-02	0.017597	0.950753E-05	0.996275	0.187402E-03
43	4204.50	0.23784E-03	0.70073E-04	0.000400	0.491025E-08	0.996275	0.967855E-07
44	4243.34	0.23566E-03	-0.69928E-02	0.039908	0.488988E-04	0.997299	0.963842E-03
45	4300.63	0.23252E-03	0.11690E-04	0.000067	0.136664E-09	0.997299	0.269377E-08
46	4338.94	0.23047E-03	0.37539E-04	0.000214	0.140916E-08	0.997299	0.277759E-07
47	4367.34	0.22897E-03	-0.11006E-01	0.062809	0.121123E-03	0.999835	0.238745E-02
48	4457.06	0.22436E-03	0.28038E-02	0.016001	0.786134E-05	1.00000	0.154954E-03
49	4562.08	0.21920E-03	-0.32705E-04	0.000187	0.106965E-08	1.00000	0.210837-07
50	4588.61	0.21793E-03	-0.86683E-05	0.000049	0.751398E-10	1.00000	0.148108E-08

---

sum				0.477554E-01	**0.941304**

***** PARTICIPATION FACTOR CALCULATION ***** Y DIRECTION

MODE	FREQUENCY	PERIOD	PARTIC.FACTOR	RATIO	EFFECTIVE MASS	CUMULATIVE MASS FRACTION	RATIO EFF.MASS TO TOTAL MASS
1	113.737	0.87922E-02	-0.21265E-05	0.000013	0.452201E-11	0.929894E-10	0.891330E-10
2	444.150	0.22515E-02	-0.47372E-04	0.000282	0.224409E-08	0.462400E-07	0.442332E-07
3	510.284	0.19597E-02	0.41383E-01	0.246338	0.171251E-02	0.352157E-01	0.337552E-01
4	573.131	0.17448E-02	0.28544E-04	0.000170	0.814741E-09	0.352157E-01	0.160593E-07
5	636.136	0.15720E-02	0.43340E-04	0.000258	0.187833E-08	0.352158E-01	0.370237E-07
6	684.957	0.14599E-02	<u>0.16799</u>	1.000000	0.282208E-01	0.615542	0.556259
7	701.265	0.14260E-02	0.77389E-03	0.004607	0.598903E-06	0.615554	0.118049E-04
8	862.463	0.11595E-02	0.80248E-01	0.477694	0.643975E-02	0.747979	0.126933

9	885.181	0.11297E − 02	− 0.76210E − 04	0.000454	0.580794E − 08	0.747979	0.114480E − 06
10	1065.45	0.93857E − 03	0.17580E − 03	0.001046	0.309052E − 07	0.747980	0.609170E − 06
11	1104.54	0.90536E − 03	− 0.10925E − 03	0.000650	0.119356E − 07	0.747980	0.235261E − 06
12	1124.30	0.88945E − 03	0.29772E − 04	0.000177	0.886396E − 09	0.747980	0.174717E − 07
13	1178.98	0.84819E − 03	0.21733E − 01	0.129370	0.472319E − 03	0.757693	0.930984E − 02
14	1391.03	0.71889E − 03	0.99264E − 01	0.590891	0.985335E − 02	0.960315	0.194219
15	1479.49	0.67591E − 03	− 0.42232E − 04	0.000251	0.178350E − 08	0.960315	0.351545E − 07
16	1564.09	0.63935E − 03	0.32167E − 01	0.191483	0.103474E − 02	0.981593	0.203956E − 01
17	1576.94	0.63414E − 03	− 0.35530E − 03	0.002115	0.126236E − 06	0.981595	0.248823E − 05
18	1597.45	0.62600E − 03	0.92674E − 04	0.000552	0.858846E − 08	0.981596	0.169286E − 06
19	1840.42	0.54335E − 03	0.49818E − 04	0.000297	0.248188E − 08	0.981596	0.489202E − 07
20	1867.33	0.53552E − 03	0.27875E − 04	0.000166	0.777000E − 09	0.981596	0.153154E − 07
21	2066.64	0.48388E − 03	− 0.55840E − 05	0.000033	0.311809E − 10	0.981596	0.614605E − 09
22	2220.95	0.45026E − 03	0.44277E − 05	0.000026	0.196048E − 10	0.981596	0.386428E − 09
23	2232.45	0.44794E − 03	0.48602E − 06	0.000003	0.236212E − 12	0.981596	0.465595E − 11
24	2420.59	0.41312E − 03	0.72375E − 04	0.000431	0.523816E − 08	0.981596	0.103249E − 06
25	2487.94	0.40194E − 03	0.24856E − 01	0.147960	0.617817E − 03	0.994300	0.121778E − 01
26	2652.06	0.37707E − 03	0.26289E − 04	0.000156	0.691121E − 09	0.994300	0.136226E − 07
27	2733.48	0.36583E − 03	0.46973E − 04	0.000280	0.220646E − 08	0.994300	0.434914E − 07
28	2811.19	0.35572E − 03	0.19734E − 02	0.011747	0.389440E − 05	0.994381	0.767623E − 04
29	2821.81	0.35438E − 03	0.28527E − 04	0.000170	0.813789E − 09	0.994381	0.160405E − 07
30	2881.02	0.34710E − 03	− 0.22674E − 05	0.000013	0.514129E − 11	0.994381	0.101340E − 09
31	2966.87	0.33706E − 03	− 0.27216E − 03	0.001620	0.740711E − 07	0.994382	0.146001E − 05
32	2999.99	0.33333E − 03	− 0.14556E − 04	0.000087	0.211876E − 09	0.994382	0.417628E − 08
33	3024.53	0.33063E − 03	− 0.16211E − 05	0.000010	0.262803E − 11	0.994382	0.518009E − 10
34	3108.38	0.32171E − 03	− 0.13234E − 01	0.078780	0.175148E − 03	0.997984	0.345233E − 02
35	3276.03	0.30525E − 03	0.16352E − 04	0.000097	0.267373E − 09	0.997984	0.527018E − 08
36	3475.60	0.28772E − 03	− 0.24199E − 04	0.000144	0.585597E − 09	0.997984	0.115427E − 07
37	3788.96	0.26392E − 03	0.22952E − 04	0.000137	0.526801E − 09	0.997984	0.103837E − 07
38	3948.37	0.25327E − 03	0.19456E − 04	0.000116	0.378549E − 09	0.997984	0.746155E − 08
39	3980.61	0.25122E − 03	− 0.12336E − 03	0.000734	0.152180E − 07	0.997984	0.299961E − 06
40	4000.62	0.24996E − 03	− 0.66595E − 02	0.039642	0.443496E − 04	0.998896	0.874171E − 03
41	4091.18	0.24443E − 03	0.21947E − 04	0.000131	0.481687E − 09	0.998896	0.949450E − 08
42	4179.59	0.23926E − 03	− 0.11769E − 04	0.000070	0.138507E − 09	0.998896	0.273010E − 08
43	4204.50	0.23784E − 03	0.59445E − 05	0.000035	0.353373E − 10	0.998896	0.696532E − 09
44	4243.34	0.23566E − 03	− 0.20169E − 06	0.000001	0.406785E − 13	0.998896	0.801810E − 12
45	4300.63	0.23252E − 03	0.25037E − 04	0.000149	0.626845E − 09	0.998896	0.123557E − 07
46	4338.94	0.23047E − 03	0.24801E − 02	0.014763	0.615082E − 05	0.999023	0.121238E − 03
47	4367.34	0.22897E − 03	0.13175E − 05	0.000008	0.173583E − 11	0.999023	0.342148E − 10
48	4457.06	0.22436E − 03	− 0.34292E − 05	0.000020	0.117597E − 10	0.999023	0.231795E − 09
49	4562.08	0.21920E − 03	0.17100E − 04	0.000102	0.292396E − 09	0.999023	0.576340E − 08
50	4588.61	0.21793E − 03	0.68940E − 02	0.041038	0.475276E − 04	1.00000	0.936813E − 03

---

sum		0.486293E − 01	**0.958528**

***** PARTICIPATION FACTOR CALCULATION ***** Z DIRECTION

MODE	FREQUENCY	PERIOD	PARTIC.FACTOR	RATIO	EFFECTIVE MASS	CUMULATIVE MASS FRACTION	RATIO EFF.MASS TO TOTAL MASS
1	113.737	0.87922E-02	**0.19703**	1.000000	0.388207E-01	0.829740	0.765192
2	444.150	0.22515E-02	0.28079E-05	0.000014	0.788416E-11	0.829740	0.155404E-09
3	510.284	0.19597E-02	-0.43337E-05	0.000022	0.187807E-10	0.829740	0.370185E-09
4	573.131	0.17448E-02	0.16558E-04	0.000084	0.274173E-09	0.829740	0.540420E-08
5	636.136	0.15720E-02	0.71735E-01	0.364084	0.514596E-02	0.939728	0.101432
6	684.957	0.14599E-02	-0.14236E-04	0.000072	0.202665E-09	0.939728	0.399471E-08
7	701.265	0.14260E-02	0.12699E-03	0.000645	0.161262E-07	0.939728	0.317863E-06
8	862.463	0.11595E-02	0.89852E-05	0.000046	0.807336E-10	0.939728	0.159134E-08
9	885.181	0.11297E-02	0.12022E-01	0.061015	0.144523E-03	0.942817	0.284869E-02
10	1065.45	0.93857E-03	0.18320E-04	0.000093	0.335622E-09	0.942817	0.661542E-08
11	1104.54	0.90536E-03	-0.19592E-03	0.000994	0.383860E-07	0.942818	0.756623E-06
12	1124.30	0.88945E-03	-0.15169E-01	0.076987	0.230090E-03	0.947736	0.453528E-02
13	1178.98	0.84819E-03	0.11613E-04	0.000059	0.134868E-09	0.947736	0.265836E-08
14	1391.03	0.71889E-03	0.32848E-05	0.000017	0.107901E-10	0.947736	0.212684E-09
15	1479.49	0.67591E-03	0.32047E-01	0.162653	0.102704E-02	0.969687	0.202440E-01
16	1564.09	0.63935E-03	0.26139E-04	0.000133	0.683243E-09	0.969687	0.134674E-07
17	1576.94	0.63414E-03	0.22909E-04	0.000116	0.524813E-09	0.969687	0.103446E-07
18	1597.45	0.62600E-03	-0.26477E-04	0.000134	0.701016E-09	0.969687	0.138177E-07
19	1840.42	0.54335E-03	0.21723E-05	0.000011	0.471879E-11	0.969687	0.930117E-10
20	1867.33	0.53552E-03	-0.35176E-05	0.000018	0.123733E-10	0.969687	0.243890E-09
21	2066.64	0.48388E-03	-0.43172E-05	0.000022	0.186380E-10	0.969687	0.367372E-09
22	2220.95	0.45026E-03	0.75835E-04	0.000385	0.575093E-08	0.969688	0.113356E-06
23	2232.45	0.44794E-03	0.17217E-01	0.087383	0.296426E-03	0.976023	0.584282E-02
24	2420.59	0.41312E-03	0.49519E-05	0.000025	0.245217E-10	0.976023	0.483346E-09
25	2487.94	0.40194E-03	-0.27377E-05	0.000014	0.749481E-11	0.976023	0.147730E-09
26	2652.06	0.37707E-03	-0.13358E-01	0.067799	0.178447E-03	0.979837	0.351736E-02
27	2733.48	0.36583E-03	0.81547E-04	0.000414	0.664990E-08	0.979838	0.131076E-06
28	2811.19	0.35572E-03	0.32833E-03	0.001666	0.107799E-06	0.979840	0.212482E-05
29	2821.81	0.35438E-03	-0.17038E-01	0.086473	0.290284E-03	0.986044	0.572177E-02
30	2881.02	0.34710E-03	-0.65144E-04	0.000331	0.424376E-08	0.986044	0.836484E-07
31	2966.87	0.33706E-03	0.14203E-03	0.000721	0.201732E-07	0.986045	0.397633E-06
32	2999.99	0.33333E-03	0.14032E-01	0.071220	0.196909E-03	0.990253	0.388125E-02
33	3024.53	0.33063E-03	-0.27699E-03	0.001406	0.767224E-07	0.990255	0.151227E-05
34	3108.38	0.32171E-03	-0.21056E-04	0.000107	0.443362E-09	0.990255	0.873908E-08
35	3276.03	0.30525E-03	0.10674E-01	0.054173	0.113927E-03	0.992690	0.224560E-02
36	3475.60	0.28772E-03	0.32057E-06	0.000002	0.102763E-12	0.992690	0.202555E-11
37	3788.96	0.26392E-03	0.48320E-05	0.000025	0.233479E-10	0.992690	0.460209E-09
38	3948.37	0.25327E-03	-0.98039E-04	0.000498	0.961159E-08	0.992690	0.189453E-06
39	3980.61	0.25122E-03	0.88173E-02	0.044751	0.777447E-04	0.994352	0.153242E-02
40	4000.62	0.24996E-03	-0.14018E-03	0.000711	0.196513E-07	0.994352	0.387345E-06
41	4091.18	0.24443E-03	0.86849E-07	0.000000	0.754283E-14	0.994352	0.148676E-12
42	4179.59	0.23926E-03	-0.12321E-03	0.000625	0.151798E-07	0.994353	0.299209E-06
43	4204.50	0.23784E-03	0.14365E-01	0.072909	0.206360E-03	0.998763	0.406755E-02

44	4243.34	0.23566E-03	0.57446E-04	0.000292	0.330010E-08	0.998763	0.650480E-07
45	4300.63	0.23252E-03	-0.25156E-04	0.000128	0.632846E-09	0.998763	0.124740E-07
46	4338.94	0.23047E-03	-0.61595E-05	0.000031	0.379392E-10	0.998763	0.747817E-09
47	4367.34	0.22897E-03	0.28183E-04	0.000143	0.794284E-09	0.998764	0.156561E-07
48	4457.06	0.22436E-03	-0.60192E-04	0.000305	0.362305E-08	0.998764	0.714136E-07
49	4562.08	0.21920E-03	0.76057E-02	0.038602	0.578473E-04	1.00000	0.114022E-02
50	4588.61	0.21793E-03	-0.71195E-08	0.000000	0.506874E-16	1.00000	0.999096E-15

---

sum				0.467866E-01		**0.922207**	

各阶模态的变形结果不仅可以通过动画展示,也可以通过查看模态信息中的数据判断结构的主要变形方向。查找模态信息数据表 PARTIC.FACTOR 一列中加粗下画线的数据可知,X 方向的主要变形发生在第 4 阶模态,其值为 0.175 22,远大于其他各阶模态的 PARTIC.FACTOR 值,故可判定,第 4 阶模态的主要变形方向为 X 轴方向。

采用模态叠加法计算结构动力响应应充分考虑 RATIO EFF. MASS TO TOTAL MASS 的累计和值,各类规范对此值并无统一规定,但最低一般不能小于 0.85。

当用户发现 RATIO EFF. MASS TO TOTAL MASS 的累计和值过低时,则有可能是用户提取的模态阶数过低从而导致丢失了某个方向的主要振型,此时可提高提取的模态阶数解决此类问题。

在本例中,从 X、Y、Z 三个方向的 RATIO EFF. MASS TO TOTAL MASS 的累计和值可知,X 方向为 0.941 304,Y 方向为 0.958 528,Z 方向为 0.922 207,均大于 0.9,故提取 50 阶模态已满足模态叠加法的求解需求。

(12) 单击"谐波响应(B5)"→"载荷"→"远程力",如图 11-17 所示。

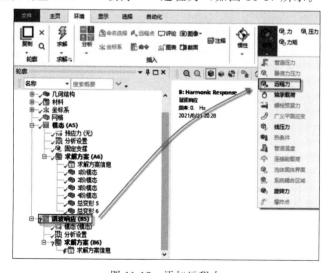

图 11-17 添加远程力

（13）选择模型上平板的 4 个螺栓圆柱面，单击"应用"，将 Y 坐标的数值设置为 200mm，将"定义依据"设置为"分量"，将"Y 分量"设置为—5000N，如图 11-18 所示。

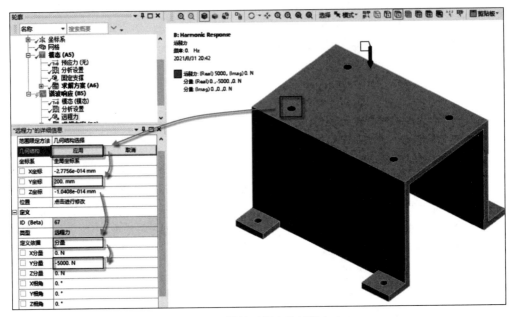

图 11-18　设置远程力位置及大小

（14）单击"分析设置"，将"范围最小"设置为 0Hz，将"范围最大"设置为 1000Hz，将"求解方案间隔"设置为 100，如图 11-19 所示。

图 11-19　设置扫频频率与间隔

以上设置表示从 0Hz 开始,终点频率为 1000Hz,每隔(1000－0)/100＝10Hz 计算当前频率受到谐波载荷时结构的动力响应。

(15)单击"求解"按钮开始求解。

(16)单击"频率响应",选择"变形",查看结构在各阶频率下的变形响应,如图 11-20 所示。

(17)选择模型顶点,单击"应用",将"方向"设置为 Y 轴,查看 Y 轴方向在各阶频率下的动力响应,如图 11-21 所示。

评估所有结果并查看位移结果,顶点在 Y 方向最大的位移为 0.935mm,频率为 510Hz,其次位移为 0.175mm,频率为 680Hz,如图 11-22 所示。

从图 11-22 中可以看出,在第 1 阶和第 2 阶频

图 11-20 插入变形频率响应

率点结构并未发生共振,而在第 3 阶频率与第 6 阶频率点时,结构发生共振,这是因为第 1 阶、第 2 阶、第 4 阶、第 5 阶的结构振型主要变形方向并非 Y 轴方向,由此可知,即使激励频率与结构固有频率相等,而激励方向与结构振型方向不一致时,结构也很难发生共振。

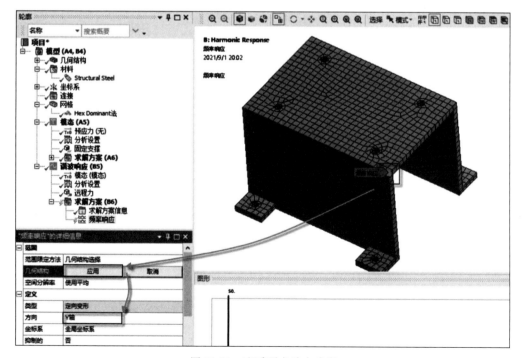

图 11-21 查看顶点动力响应

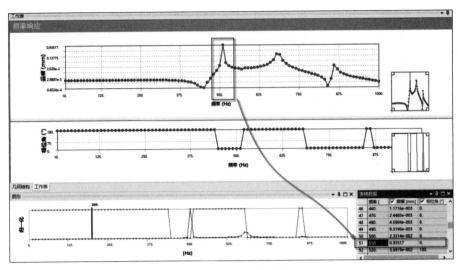

图 11-22　顶点动力响应

11.5　基于瞬态动力学方法的谐响应分析

扫频分析得到的结果是关心频率区域之间结构的动力稳态反应,本节采用瞬态动力学方法分析电机基座结构在10Hz频率点受到5000N正弦激励力下结构的动力学反应并对比扫频分析得到的结果。

【例11-4】 采用瞬态动力学方法求解例11-3结构的动力学反应。

(1)在分析系统中选择 Transient Structural 并拖曳至 Modal 分析系统的 A4 Model 中,使瞬态分析系统能够继承模态分析系统中的材料数据、模型及网格,如图11-23所示。

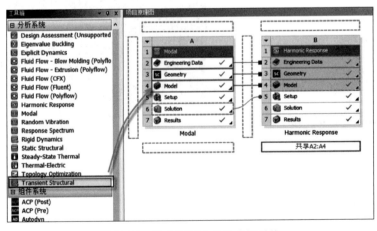

图 11-23　建立瞬态动力学分析系统

(2)创建基座4个支脚处固定约束,施加位置与方法与例11-3方法一致。

（3）创建正弦激励力,幅值为5000N,激励频率为10Hz,施加位置与方法与例11-3方法一致。

注意：与例11-3不同的是,本案例的激励频率为10Hz,故施加载荷时,其函数应当为$-5000*\sin(time*360*10)$。

（4）单击瞬态(C5)分析系统中的"分析设置",将"步骤结束时间"设置为2s,自动时步由默认开启更改为关闭,将"时步"设置为0.005s,如图11-24所示。

注意：时步的设置数值要求能够反馈载荷在时域内的特性。在本例中,因为载荷呈现正弦变化,当时步设置数值过大时无法体现载荷的正弦波动性,尤为甚者会错过载荷峰值,导致求解结果不准确,而当时步设置数值过小时,虽能捕获各时间点的载荷大小,但会导致求解时间过长,降低求解效率。

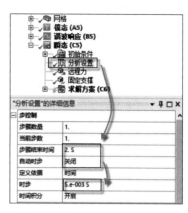

图11-24　设置分析时长与时步

（5）单击"求解"按钮开始求解。

（6）单击"变形"→"定向",选择基座顶点,单击"应用",将"方向"设置为"Y轴",查看基座顶点Y轴方向的位移,如图11-25所示。

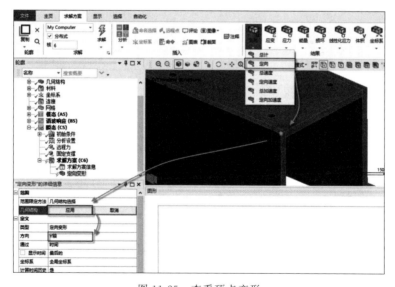

图11-25　查看顶点变形

（7）评估所有结果,查看顶点方向变形,最大变形为1.69e-3mm,其变形随时间亦呈现正弦响应,如图11-26所示。

（8）单击"求解方案(B6)"下方的"频率响应",查看10Hz时结构的稳态变形可知,其最大变形为1.8715e-003mm,如图11-27所示。

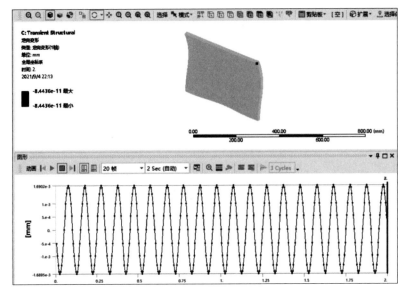

图 11-26　顶点变形结果

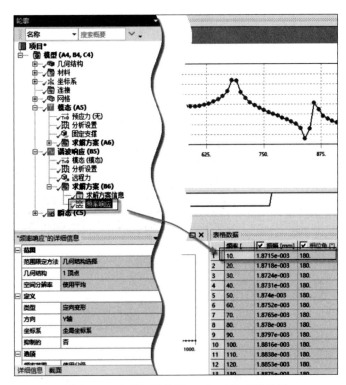

图 11-27　查看扫频分析 10Hz 时的变形结果

从图 11-26 和图 11-27 可知,瞬态动力学方法求得的变形为 1.69e－3mm,扫频分析方法得到的最大变形为 1.8715e－003mm,误差为 9.6%。

第 12 章

响应谱分析

响应谱分析是一种谱分析,响应谱分析可以代替瞬态动力学分析获得线性结构在激励作用下结构的最大响应值,但无法获取最大响应值发生的时间。

通过式(11-2)与式(11-10)可知,对于多自由度线性动力学问题可以采用模态叠加法转变为多个单自由度体系解决,而使用响应谱分析,首先需要获取结构的激励谱,其后将激励谱施加于不同频率单自由度结构中获取单自由度结构在随时间变化激励作用下的最大响应值,一般施加于结构上的激励谱有位移谱、速度谱和加速度谱。

统计单自由度系统的最大峰值,以频率为横坐标,以峰值为纵坐标绘制的图形称为频谱图(或称反应谱),频谱的转换方式如图 12-1 所示。

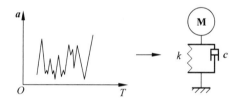

图 12-1　激励谱转换为单自由度结构响应

将激励加载至单自由度弹簧振子分析后,获取该频率下的最大响应值并记录。改变单自由度弹簧振子的刚度或者阻尼,重新施加激励谱,由于刚度改变,则结构频率也随之改变,再次分析获取该频率点下的最大响应值,经过多次改变结构频率并将每次获得的最大响应值绘制到响应谱图形中,如图 12-2 所示。

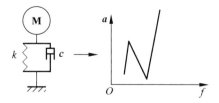

图 12-2　获取单自由度系统响应值记录并绘制频谱

各类谱之间可以相互转换,位移谱转换为速度谱和加速度谱

$$\begin{cases} S_d = \dfrac{S_v}{2\pi \cdot f} \\ S_d = \dfrac{S_a}{(2\pi \cdot f)^2} \end{cases} \tag{12-1}$$

式中：S_d 为位移；

$\quad\quad S_a$ 为加速度；

$\quad\quad f$ 为频率。

速度谱转换为位移谱和加速度谱

$$\begin{cases} S_v = S_d(2\pi \cdot f) \\ S_v = \dfrac{S_a}{2\pi \cdot f} \end{cases} \tag{12-2}$$

式中：S_v 为速度。

加速度谱转换为位移谱和速度谱

$$\begin{cases} S_a = S_d(2\pi \cdot f)^2 \\ S_a = S_v(2\pi \cdot f) \end{cases} \tag{12-3}$$

响应谱分析一般用于建筑结构抗震设计，判断结构是否满足设防烈度。

目前建筑结构抗震设计一般分为多种方法：底部剪力法、振型分解法、瞬态动力学法（时程分析法）等。

底部剪力法受结构形式、结构高度、受力形式等因素影响，应用范围较窄，但计算简单。振型分解法相比底部剪力法而言，计算过程上相对复杂一些，其结果受模态提取阶数、刚体响应及组合方法等多种因素影响。底部剪力法和振型分解法均仅限于线性结构。时程分析法不受结构形式和边界条件限制，计算范围更广，但由于考虑时间效应和非线性效应等因素，其计算效率较低，消耗计算资源更多。

本章介绍的响应谱分析采用的是振型分解法。

地震波往往是随机的，即使同一个地点相同的地震烈度，其两次的地震波也会有所不同，不同的地震波将产生不同的反应谱。《建筑抗震设计规范》GB50011—2007 中根据地震烈度、场地类别、自振周期及结构阻尼比规定了建筑结构的地震影响系数，典型的地震响应系数如图 12-3 所示。地震影响系数曲线是根据同一类场地上得到的反应谱曲线进行统计分析，求出最具备代表性的平均反应谱曲线进行平滑处理后使用数学表达式表示，其影响曲线具备上升段、水平段及下降段，每一曲线段包含不同的振动周期区间。

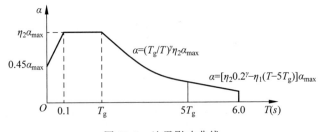

图 12-3　地震影响曲线

针对《建筑抗震设计规范》,图 12-3 中地震影响系数 $\alpha_{\max}$ 表达的参数见表 12-1。

表 12-1 设计地震加速度值与水平地震影响系数 $\alpha_{\max}$

设 防 烈 度		6°	7°		8°		9°
设计基本地震加速度值		0.05g	0.10g	0.15g	0.20g	0.30g	0.40g
地震影响系数最大值	多遇地震	0.04	0.08	0.12	0.13	0.24	0.32
	罕遇地震	0.28	0.50	0.72	0.90	1.20	1.40

图 12-3 中设计特征周期 $T_g(s)$ 见表 12-2。

表 12-2 设计特征周期值 $T_g(s)$

设计地震分组	场 地 类 别				
	I_0	I_1	II	III	IV
第 1 组	0.20	0.25	0.35	0.45	0.65
第 2 组	0.25	0.30	0.40	0.55	0.75
第 3 组	0.30	0.35	0.45	0.65	0.90

图 12-3 是根据结构阻尼比等于 0.05 时绘制的,当结构阻尼比不等于 0.05 时,地震影响曲线的阻尼调整系数和形状参数应符合以下规定。

曲线下降段的衰减指数应按下式确定:

$$\gamma = 0.9 + \frac{0.05 - \xi}{0.3 + 6\xi} \tag{12-4}$$

式中:γ 为衰减指数;

ξ 为结构阻尼比。

直线下降段的下降斜率调整系数应按下式确定:

$$\eta_1 = 0.02 + \frac{0.05 - \xi}{4 + 32\xi} \tag{12-5}$$

式中:η_1 为直线下降段的下降斜率调整系数,当小于 0 时,取 0。

阻尼调整系数应按下式确定:

$$\eta_2 = 1 + \frac{0.05 - \xi}{0.08 + 1.6\xi} \tag{12-6}$$

式中:η_2 为阻尼调整系数,当小于 0.55 时,取 0.55。

12.1 影响系数曲线与加速度曲线转换过程

图 12-3 以周期和影响系数表达两者之间的关系,换句话讲就是影响系数是周期的函数,而 ANSYS 中使用响应谱分析功能的响应谱曲线是以加速度(也可以是速度、位移)和频率表达的,也就是说加速度是频率的函数,所以当根据《建筑抗震设计规范》要求得到了影响系数曲线后应当按照转换方法将影响系数曲线转变为加速度曲线后方能使用 ANSYS 分析

其动力响应。

【例 12-1】 一栋建筑结构,其设防烈度为 8°,设计基本地震加速度为 $0.30g$,I 类场地,设计地震分组为第 2 组,结构阻尼比为 0.05,绘制地震影响系数曲线和加速度曲线。

根据题意,I 类场地第 2 组,其设计特征周期 $T_g = 0.30$。

设防烈度为 8°,设计基本地震加速度值为 $0.30g$,则根据表 12-1 可知 $\alpha_{max} = 0.24$。

分别计算衰减指数 γ、调整系数 η_1 和调整系数 η_2。

根据式(12-4)求衰减指数 γ 的值为

$$\gamma = 0.9 + \frac{0.05 - \xi}{0.3 + 6\xi} = 0.9 + \frac{0.05 - 0.05}{0.3 + 6 \times 0.05} = 0.9$$

根据式(12-5)求调整系数 η_1 为

$$\eta_1 = 0.02 + \frac{0.05 - 0.05}{4 + 32 \times 0.05} = 0.02$$

根据式(12-6)求调整系数 η_2 为

$$\eta_2 = 1 + \frac{0.05 - 0.05}{0.08 + 1.6 \times 0.05} = 1$$

参照图 12-3 的要求,横轴周期可分为 0、0.1、T_g、$5T_g$、6.0 等 5 段,为了更好地描述曲线的形状,将曲线划分为 9 个点,分别为 0、0.1、T_g、$2T_g$、$3T_g$、$4T_g$、$5T_g$、$5.5T_g$、6.0。

分别计算 9 个点的地震影响系数 α 的值。

周期为 0 时的地震影响系数 α_0 为

$$\alpha_0 = 0.45 \cdot \alpha_{max} = 0.45 \times 0.24 = 0.108$$

周期为 0.1 时的地震影响系数 $\alpha_{0.1}$ 为

$$\alpha_{0.1} = \eta_2 \cdot \alpha_{max} = 1 \times 0.24 = 0.24$$

周期为 $T_g = 0.30$ 时的地震影响系数 α_{T_g} 为

$$\alpha_{T_g} = \eta_2 \alpha_{max} = 1 \times 0.24 = 0.24$$

周期为 $2T_g$ 时的地震影响系数 α_{2T_g} 为

$$\alpha_{2T_g} = \left(\frac{T_g}{T}\right)^{\gamma} \eta_2 \alpha_{max} = \left(\frac{0.30}{2 \times 0.30}\right)^{0.9} \times 1 \times 0.24 = 0.128$$

周期为 $3T_g$ 时的地震影响系数 α_{3T_g} 为

$$\alpha_{3T_g} = \left(\frac{T_g}{T}\right)^{\gamma} \eta_2 \alpha_{max} = \left(\frac{0.30}{3 \times 0.30}\right)^{0.9} \times 1 \times 0.24 = 0.089$$

周期为 $4T_g$ 时的地震影响系数 α_{4T_g} 为

$$\alpha_{4T_g} = \left(\frac{T_g}{T}\right)^{\gamma} \eta_2 \alpha_{max} = \left(\frac{0.30}{4 \times 0.30}\right)^{0.9} \times 1 \times 0.24 = 0.069$$

周期为 $5T_g$ 时的地震影响系数 α_{5T_g} 为

$$\alpha_{5T_g} = \left(\frac{T_g}{T}\right)^{\gamma} \eta_2 \alpha_{max} = \left(\frac{0.30}{5 \times 0.30}\right)^{0.9} \times 1 \times 0.24 = 0.056$$

周期为 $5.5T_g$ 时的地震影响系 $\alpha_{5.5T_g}$ 为

$$\alpha_{5.5T_g} = [\eta_2 0.2^\gamma - \eta_1 (T - 5T_g)] \alpha_{max}$$
$$= [1 \times 0.2^{0.9} - 0.02 \times (5.5 \times 0.3 - 5 \times 0.3)] \times 0.24 = 0.055$$

周期为 6.0 时的地震影响系数 $\alpha_{6.0}$ 为

$$\alpha_{6.0} = [\eta_2 0.2^\gamma - \eta_1 (T - 5T_g)] \alpha_{max}$$
$$= [1 \times 0.2^{0.9} - 0.02 \times (6 - 5 \times 0.3)] \times 0.24 = 0.035$$

根据各周期对应的影响系数,求解对应周期的加速度值。

以周期为 $2T_g$ 为例,其影响系数 $\alpha_{2T_g} = 0.128$,则对应的加速度为

$$\alpha_{2T_g} = 9.8\alpha_{2T_g} = 9.8 \times 0.128 = 1.254 \mathrm{m/s^2}$$

将各周期对应地震影响系数和加速度列表如 12-3 所示。

表 12-3 周期、频率、地震影响系数及加速度对应关系表

序 号	周期/s	频率/Hz	地震影响系数	加速度/$(\mathrm{m \cdot s^{-2}})$
1	0	0	0.108	1.058
2	0.1	10	0.24	2.352
3	$T_g(0.3)$	3.33	0.24	2.352
4	$2T_g(0.6)$	1.67	0.128	1.254
5	$3T_g(0.9)$	1.11	0.089	0.872
6	$4T_g(1.2)$	0.83	0.069	0.676
7	$5T_g(1.5)$	0.67	0.056	0.549
8	$5.5T_g(1.65)$	0.61	0.055	0.539
9	6.0	0.17	0.035	0.343

首先绘制地震影响系数曲线图。

将表 12-3 中的数据录入 Excel 软件并分别按照周期从小到大排序,分别如图 12-4 所示。

	A	B	C	D
1				
2	序号	周期/s	周期	地震影响系数
3	1	0	0	0.108
4	2	0.1	0.1	0.24
5	3	$T_g(0.3)$	0.3	0.24
6	4	$2T_g(0.6)$	0.6	0.128
7	5	$3T_g(0.9)$	0.9	0.089
8	6	$4T_g(1.2)$	1.2	0.069
9	7	$5T_g(1.5)$	1.5	0.056
10	8	$5.5T_g(1.65)$	1.65	0.055
11	9	6	6	0.035

图 12-4 周期与地震影响系数统计表

单击"插入"标签,选择折线图工具按钮,选择第1个二维折线图样式,如图12-5所示。

图 12-5 插入折线图

在空白的图形区域右击,在弹出的菜单中单击"选择数据",系统会弹出"选择数据源"对话框,单击"添加",如图 12-6 所示。

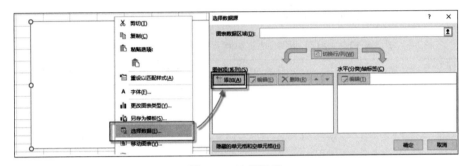

图 12-6 选择数据

在弹出的"编辑数据系列"对话框的"系列名称"中输入"地震影响系数",在"系列值(V)"中选择所有的地震影响系数,单击"确定"按钮,如图12-7所示。

周期/s	地震影响系数
0	0.108
0.1	0.24
0.3	0.24
0.6	0.128
0.9	0.089
1.2	0.069
1.5	0.056
1.65	0.055
6	0.035

图 12-7 选择地震影响系数

返回"选择数据源"对话框,单击"水平(分类)轴标签"下的"边界"按钮,系统会弹出"轴标签"对话框,选择数据表中的周期一列,单击"确定"按钮,如图12-8所示。

返回"选择数据源"对话框,单击"确定"按钮即可绘制地震影响系数曲线图,如图12-9所示。

接下来绘制供 ANSYS 使用的加速度曲线图。

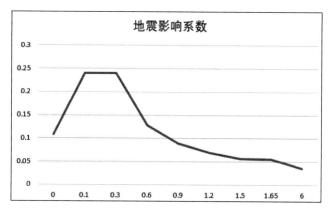

图 12-8　设置图表横轴

图 12-9　地震影响系数曲线图

提取表 12-3 频率列和加速度列数据并复制到 Excel，在表 12-3 中第 1 行周期为 0，频率则亦为 0，但为了表达高频时的加速度值，可将周期取一个极小数，本例取 0.01，则频率对应为 100Hz。将频率从小到大排列，如图 12-10 所示。

在 Excel 中以同样方法将频率设置为 X 轴，将加速度设置为 Y 轴并绘图，如图 12-11 所示。

	A	B	C
1			
2	序号	频率/Hz	加速度/(m·s⁻²)
3	1	0.17	0.343
4	2	0.61	0.539
5	3	0.67	0.549
6	4	0.83	0.676
7	5	1.11	0.872
8	6	1.67	1.254
9	7	3.33	2.352
10	8	10	2.352
11	9	100	1.058

图 12-10　频率与加速度统计表

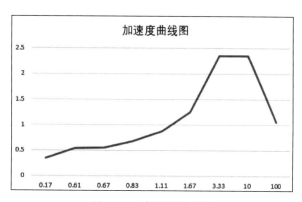

图 12-11　加速度曲线图

12.2 振型分解法求解结构最大位移

多自由度体系的水平地震作用可使用等效惯性力 $F_i(t)$ 表达，$F_i(t)$ 的求解式为

$$F_i(t) = \sum_{j=1}^{n} F_{ji}(t) \tag{12-7}$$

式中：$F_i(t)$ 为第 i 个质点水平地震等效惯性力；

　$F_{ji}(t)$ 为第 j 个质点在 i 振型下的水平地震作用。

显然式(12-7)仍是时间 t 的函数，由于振型分解法不关心最大位移出现的时间，仅关心最大值，通过推导，可以得到每个振型下的最大水平地震作用，如式

$$F_{ji_{\max}} = \alpha_i \gamma_i \phi_{ji} G_j \tag{12-8}$$

式中：F_{ji} 为第 j 个质点在 i 振型下的最大水平地震作用；

　α_i 为第 i 阶振型的地震影响系数；

　γ_i 为第 i 阶振型的参与系数；

　ϕ_{ji} 为第 j 个质点在第 i 阶振型下的位移；

　G_j 为第 j 个质点的作用力(质点的质量与重力加速度的乘积)。

求得各阶振型下的地震作用 F_{ji} 后，通过式(12-9)可求得各振型下的位移。

$$\{u\} = [K]^{-1}\{F\} \tag{12-9}$$

式中：u 为每阶振型下各质点在地震作用下的位移；

　F 为每阶振型下的各质点的水平地震作用。

各阶振型下的位移作用经过模态组合后即可得到结构在响应谱下的最大位移，常用的模态组合公式为

$$u_j = \sqrt{\sum_{i=1}^{n} u_{ji}^2} \tag{12-10}$$

式中：u_j 为第 j 个质点在地震作用下的最大位移。

【例 12-2】 如图 12-12 所示一个三自由度弹簧振子系统，弹簧的刚度 $k_1 = k_2 = k_3 = 5 \times 10^7 \text{N/m}$，三个质量块的质量为 $m_1 = m_2 = m_3 = 1 \times 10^5 \text{kg}$，结构的阻尼比 $\zeta = 0.05$，其设防烈度为 $8°$，设计基本地震加速度为 $0.30g$，I 类场地，设计地震分组为第 2 组，采用振型分解法求解结构在水平地震作用下结构的最大位移。

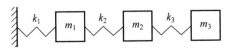

图 12-12 三自由度弹簧振子系统

根据平衡方程求得本系统的刚度矩阵和质量矩阵。

刚度矩阵：

$$[\boldsymbol{K}] = 5 \times 10^7 \cdot \begin{bmatrix} 2 & -1 & 0 \\ -1 & 2 & -1 \\ 0 & -1 & 1 \end{bmatrix}$$

质量矩阵：

$$[\boldsymbol{M}] = 100\,000 \cdot \begin{bmatrix} 1 & 0 & 0 \\ 0 & 1 & 0 \\ 0 & 0 & 1 \end{bmatrix}$$

各质量点的自重：

$$G_1 = G_2 = G_3 = 100\,000 \times 9.8 = 980\,000\text{N}$$

根据式(10-14)求得结构的三阶固有频率：

$$[\boldsymbol{B}]\{\boldsymbol{\varphi}\} = \{\boldsymbol{\varphi}\} \cdot \omega^2$$

其中$[\boldsymbol{B}]$矩阵为

$$[\boldsymbol{B}] = [\boldsymbol{M}]^{-1}[\boldsymbol{K}] = \begin{bmatrix} 1000 & -500 & 0 \\ -500 & 1000 & -500 \\ 0 & -500 & 500 \end{bmatrix}$$

求得$\boldsymbol{\omega}$(rad/s)和$\{\boldsymbol{\varphi}\}$:

$$[\boldsymbol{\omega}] = \begin{bmatrix} 9.95 & 0 & 0 \\ 0 & 27.88 & 0 \\ 0 & 0 & 40.29 \end{bmatrix}$$

$$\{\boldsymbol{\varphi}\}_1 = \begin{Bmatrix} -0.328 \\ -0.591 \\ -0.737 \end{Bmatrix} \quad \{\boldsymbol{\varphi}\}_2 = \begin{Bmatrix} 0.737 \\ 0.328 \\ -0.591 \end{Bmatrix} \quad \{\boldsymbol{\varphi}\}_3 = \begin{Bmatrix} -0.591 \\ 0.737 \\ -0.328 \end{Bmatrix}$$

将ω转换为频率(Hz)：

$$[\boldsymbol{f}] = \frac{1}{6.28} \cdot \begin{bmatrix} 9.95 & 0 & 0 \\ 0 & 27.88 & 0 \\ 0 & 0 & 40.29 \end{bmatrix} = \begin{bmatrix} 1.584 & 0 & 0 \\ 0 & 4.439 & 0 \\ 0 & 0 & 6.416 \end{bmatrix}$$

将频率转换为周期：

$$\boldsymbol{T} = \begin{bmatrix} 0.631 & 0 & 0 \\ 0 & 0.225 & 0 \\ 0 & 0 & 0.156 \end{bmatrix}$$

根据式(10-27)计算模态质量：

$$\boldsymbol{M}_1 = \{\boldsymbol{\varphi}\}_1^{\text{T}}[\boldsymbol{M}]\{\boldsymbol{\varphi}\}_1 = 100\,000$$

$$\boldsymbol{M}_2 = \{\boldsymbol{\varphi}\}_2^{\text{T}}[\boldsymbol{M}]\{\boldsymbol{\varphi}\}_2 = 100\,000$$

$$\boldsymbol{M}_3 = \{\boldsymbol{\varphi}\}_3^{\text{T}}[\boldsymbol{M}]\{\boldsymbol{\varphi}\}_3 = 100\,000$$

根据式(10-26)将振型对质量矩阵归一化：

$$\{\overline{\boldsymbol{\varphi}}\}_1 = \frac{\{\boldsymbol{\varphi}\}_1}{\sqrt{M_1}} = \left\{ \begin{array}{c} -0.0010 \\ -0.0019 \\ -0.0023 \end{array} \right\} \quad \{\overline{\boldsymbol{\varphi}}\}_2 = \frac{\{\boldsymbol{\varphi}\}_2}{\sqrt{M_2}} = \left\{ \begin{array}{c} 0.0023 \\ 0.0010 \\ -0.0019 \end{array} \right\} \quad \{\overline{\boldsymbol{\varphi}}\}_3 = \frac{\{\boldsymbol{\varphi}\}_3}{\sqrt{M_3}} = \left\{ \begin{array}{c} -0.0019 \\ 0.0023 \\ -0.0010 \end{array} \right\}$$

根据式(10-28)计算每阶振型的参与系数：

$$\gamma_1 = \{\overline{\boldsymbol{\varphi}}\}_1^T [\boldsymbol{M}] \{\boldsymbol{I}\} = \left\{ \begin{array}{c} -0.0010 \\ -0.0019 \\ -0.0023 \end{array} \right\}^T \cdot \left[\begin{array}{ccc} 100\,000 & 0 & 0 \\ 0 & 100\,000 & 0 \\ 0 & 0 & 100\,000 \end{array} \right] \cdot \left\{ \begin{array}{c} 1 \\ 1 \\ 1 \end{array} \right\} = -520$$

$$\gamma_2 = \{\overline{\boldsymbol{\varphi}}\}_2^T [\boldsymbol{M}] \{\boldsymbol{I}\} = \left\{ \begin{array}{c} 0.0023 \\ 0.0010 \\ -0.0019 \end{array} \right\}^T \cdot \left[\begin{array}{ccc} 100\,000 & 0 & 0 \\ 0 & 100\,000 & 0 \\ 0 & 0 & 100\,000 \end{array} \right] \cdot \left\{ \begin{array}{c} 1 \\ 1 \\ 1 \end{array} \right\} = 140$$

$$\gamma_3 = \{\overline{\boldsymbol{\varphi}}\}_3^T [\boldsymbol{M}] \{\boldsymbol{I}\} = \left\{ \begin{array}{c} -0.0019 \\ 0.0023 \\ -0.0010 \end{array} \right\}^T \cdot \left[\begin{array}{ccc} 100\,000 & 0 & 0 \\ 0 & 100\,000 & 0 \\ 0 & 0 & 100\,000 \end{array} \right] \cdot \left\{ \begin{array}{c} 1 \\ 1 \\ 1 \end{array} \right\} = -60$$

根据图(12-3)和每阶模态的周期计算影响系数：

根据题意，本例的场地类型、阻尼比等参数与例12-1相同，可直接引用例12-1的计算结果，特征周期 $T_g = 0.3$，$\alpha_{max} = 0.24$，衰减系数 $\gamma = 0.9$，调整系数 $\eta_1 = 0.02$，调整系数 $\eta_2 = 1$。

第1阶模态的周期为 $0.631s$，$T_g < 0.631 < 5T_g$，则其地震影响系数为

$$\alpha_1 = \left(\frac{T_g}{T}\right)^{\gamma} \eta_2 \alpha_{max} = \left(\frac{0.3}{0.631}\right)^{0.9} \times 1 \times 0.24 = 0.1229$$

第2阶模态的周期为 $0.225s$，$0.1 < 0.225 < T_g$，则其地震影响系数为

$$\alpha_2 = \eta_2 \alpha_{max} = 1 \times 0.24 = 0.24$$

第3阶模态的周期为 $0.156s$，$0.1 < 0.156 < T_g$，则其地震影响系数为

$$\alpha_3 = \eta_2 \alpha_{max} = 1 \times 0.24 = 0.24$$

根据式(12-8)求各阶振型下各质点的地震作用如下。

1阶振型第1个质点的地震作用：

$$(F_{11})_{max} = \alpha_1 \gamma_1 \varphi_{11} G_1 = 0.1229 \times (-520) \times (-0.001) \times 980\,000 = 62\,629.84$$

1阶振型第2个质点的地震作用：

$$(F_{21})_{max} = \alpha_1 \gamma_1 \varphi_{21} G_2 = 0.1229 \times (-520) \times (-0.0019) \times 980\,000 = 118\,996.70$$

1阶振型第3个质点的地震作用：

$$(F_{31})_{max} = \alpha_1 \gamma_1 \varphi_{31} G_3 = 0.1229 \times (-520) \times (-0.0023) \times 980\,000 = 144\,048.63$$

2阶振型第1个质点的地震作用：

$$(F_{12})_{max} = \alpha_2 \gamma_2 \varphi_{12} G_1 = 0.24 \times 140 \times 0.0023 \times 980\,000 = 75\,734.40$$

2阶振型第2个质点的地震作用：

$$(F_{22})_{max} = \alpha_2 \gamma_2 \varphi_{22} G_2 = 0.24 \times 140 \times 0.001 \times 980\,000 = 32\,928$$

2 阶振型第 3 个质点的地震作用：

$$(F_{32})_{\max} = \alpha_2 \gamma_2 \varphi_{32} G_3 = 0.24 \times 140 \times -0.0019 \times 980\,000 = -62\,563.2$$

3 阶振型第 1 个质点的地震作用：

$$(F_{13})_{\max} = \alpha_3 \gamma_3 \varphi_{13} G_1 = 0.24 \times (-60) \times (-0.0019) \times 980\,000 = 26\,812.8$$

3 阶振型第 2 个质点的地震作用：

$$(F_{23})_{\max} = \alpha_3 \gamma_3 \varphi_{23} G_2 = 0.24 \times (-60) \times 0.0023 \times 980\,000 = -32\,457.6$$

3 阶振型第 3 个质点的地震作用：

$$(F_{33})_{\max} = \alpha_3 \gamma_3 \varphi_{33} G_3 = 0.24 \times (-60) \times (-0.001) \times 980\,000 = 14\,112$$

将各阶模态下的地震作用写成列向量形式：

$$\boldsymbol{F}_{1\_eq} = \begin{Bmatrix} 62\,629.84 \\ 118\,996.7 \\ 144\,048.63 \end{Bmatrix} \quad \boldsymbol{F}_{2\_eq} = \begin{Bmatrix} 75\,734.4 \\ 32\,928 \\ -62\,563.2 \end{Bmatrix} \quad \boldsymbol{F}_{3\_eq} = \begin{Bmatrix} 26\,812.8 \\ -32\,457.6 \\ 14\,112 \end{Bmatrix}$$

根据式(12-9)求各阶模态在地震作用下的位移：

$$\{\boldsymbol{u}\}_1 = [\boldsymbol{K}]^{-1} \{\boldsymbol{F}\}_{1\_eq}$$

$$= \begin{bmatrix} 10 \times 10^7 & -5 \times 10^7 & 0 \\ -5 \times 10^7 & 10 \times 10^7 & -5 \times 10^7 \\ 0 & -5 \times 10^7 & 5 \times 10^7 \end{bmatrix}^{-1} \cdot \begin{Bmatrix} 62\,629.84 \\ 118\,996.7 \\ 144\,048.63 \end{Bmatrix} = \begin{Bmatrix} 6.514 \times 10^{-3} \\ 0.012 \\ 0.015 \end{Bmatrix}$$

$$\{\boldsymbol{u}\}_2 = [\boldsymbol{K}]^{-1} \{\boldsymbol{F}\}_{2\_eq}$$

$$= \begin{bmatrix} 10 \times 10^7 & -5 \times 10^7 & 0 \\ -5 \times 10^7 & 10 \times 10^7 & -5 \times 10^7 \\ 0 & -5 \times 10^7 & 5 \times 10^7 \end{bmatrix}^{-1} \cdot \begin{Bmatrix} 75\,734.4 \\ 32\,928 \\ -62\,563.2 \end{Bmatrix} = \begin{Bmatrix} 9.22 \times 10^{-4} \\ 3.293 \times 10^{-4} \\ 9.22 \times 10^{-4} \end{Bmatrix}$$

$$\{\boldsymbol{u}\}_3 = [\boldsymbol{K}]^{-1} \{\boldsymbol{F}\}_{3\_eq}$$

$$= \begin{bmatrix} 10 \times 10^7 & -5 \times 10^7 & 0 \\ -5 \times 10^7 & 10 \times 10^7 & -5 \times 10^7 \\ 0 & -5 \times 10^7 & 5 \times 10^7 \end{bmatrix}^{-1} \cdot \begin{Bmatrix} 26\,812.8 \\ -32\,457.6 \\ 14\,112 \end{Bmatrix} = \begin{Bmatrix} 1.693 \times 10^{-4} \\ -1.976 \times 10^{-4} \\ 8.467 \times 10^{-5} \end{Bmatrix}$$

将各地震作用下的位移按照式(12-10)组合得

质点 1 的最大位移：

$$U_1 = \sqrt{(6.514 \times 10^{-3})^2 + (9.22 \times 10^{-4})^2 + (1.693 \times 10^{-4})^2} = 6.581 \times 10^{-3}\,\text{m}$$

质点 2 的最大位移：

$$U_2 = \sqrt{0.012^2 + (3.293 \times 10^{-4})^2 + (-1.976 \times 10^{-4})^2} = 0.012\,\text{m}$$

质点 3 的最大位移：

$$U_3 = \sqrt{0.015^2 + (9.22 \times 10^{-4})^2 + (8.467 \times 10^{-4})^2} = 0.015\,\text{m}$$

为了计算方便,通过 MATLAB 将计算过程写成程序,代码如下：

```
% Filename:example12A2
clc
clear
G_1 = 980000                                      % 定义 1 号质量块质量
G_2 = 980000                                      % 定义 2 号质量块质量
G_3 = 980000                                      % 定义 3 号质量块质量
K = 5 * 10^7 * [2 -1 0; -1 2 -1;0 -1 1];          % 定义刚度矩阵
M = 100000 * [1 0 0;0 1 0;0 0 1];                 % 定义质量矩阵
Tg = 0.3                                           % 定义设计特征周期
ZNB = 0.05                                         % 定义阻尼比
SJXS = 0.9 + (0.05 - ZNB)/(0.3 + 6 * ZNB)         % 定义衰减系数
TZXS_1 = 0.02 + (0.05 - ZNB)/(4 + 32 * ZNB)       % 定义调整系数
TZXS_2 = 1 + (0.05 - ZNB)/(0.08 + 1.6 * ZNB)      % 定义调整系数
YXXS_MAX = 0.24                                    % 定义最大影响系数
B = M^ - 1 * K;                                    % 计算 B 矩阵
I = [1;1;1];                                       % 定义单位矩阵
[X,w] = eig(B)                                     % 求解特征值与特征向量
w = w^0.5                                          % 特征值是平方项,需要开平方得到弧度单位的频率
f = w/6.28                                         % 转换为频率
X_1 = X(:,1);                                      % 提取第 1 阶振型
X_2 = X(:,2);                                      % 提取第 2 阶振型
X_3 = X(:,3);                                      % 提取第 3 阶振型
Mi_1 = X_1' * M * X_1;                             % 计算第 1 阶的模态质量
Mi_2 = X_2' * M * X_2;                             % 计算第 2 阶的模态质量
Mi_3 = X_3' * M * X_3;                             % 计算第 3 阶的模态质量
ZXGY_1 = X_1/Mi_1^0.5                              % 1 阶振型归一化
ZXGY_2 = X_2/Mi_2^0.5                              % 2 阶振型归一化
ZXGY_3 = X_3/Mi_3^0.5                              % 3 阶振型归一化
CYXS_1 = ZXGY_1' * M * I                           % 计算 1 阶参与系数
CYXS_2 = ZXGY_2' * M * I                           % 计算 2 阶参与系数
CYXS_3 = ZXGY_3' * M * I                           % 计算 3 阶参与系数
T_1 = 1/f(1,1)                                     % 提取第 1 阶频率值并转换为周期
T_2 = 1/f(2,2)                                     % 提取第 2 阶频率值并转换为周期
T_3 = 1/f(3,3)                                     % 提取第 3 阶频率值并转换为周期
if 0.1 < T_1 && T_1 < Tg                           % 计算第 1 阶模态下的地震影响系数
    YXXS_1 = TZXS_2 * YXXS_MAX
end
if Tg < T_1 && T_1 < 5 * Tg
    YXXS_1 = (Tg/T_1)^SJXS * TZXS_2 * YXXS_MAX
end
if 5 * Tg < T_1 && T_1 < 6
    YXXS_1 = (TZXS_2 * 0.2^SJXS - TZXS_1 * (T_1 - 5 * Tg)) * YXXS_MAX
end

if 0.1 < T_2 && T_2 < Tg                           % 计算第 2 阶模态下的地震影响系数
    YXXS_2 = TZXS_2 * YXXS_MAX
```

```
end
if Tg < T_2 && T_2 < 5 * Tg
    YXXS_2 = (Tg/T_2)^SJXS * TZXS_2 * YXXS_MAX
end
if 5 * Tg < T_2 && T_2 < 6
    YXXS_2 = (TZXS_2 * 0.2^SJXS - TZXS_1 * (T_2 - 5 * Tg)) * YXXS_MAX
end

if 0.1 < T_3 && T_3 < Tg                          %计算第3阶模态下的地震影响系数
    YXXS_3 = TZXS_2 * YXXS_MAX
end
if Tg < T_3 && T_3 < 5 * Tg
    YXXS_3 = (Tg/T_3)^SJXS * TZXS_2 * YXXS_MAX
end
if 5 * Tg < T_3 && T_3 < 6
    YXXS_3 = (TZXS_2 * 0.2^SJXS - TZXS_1 * (T_3 - 5 * Tg)) * YXXS_MAX
end

F_11 = YXXS_1 * CYXS_1 * ZXGY_1(1,1) * G_1       %第1阶模态下地震作用
F_12 = YXXS_1 * CYXS_1 * ZXGY_1(2,1) * G_2
F_13 = YXXS_1 * CYXS_1 * ZXGY_1(3,1) * G_3

F_21 = YXXS_2 * CYXS_2 * ZXGY_2(1,1) * G_1       %第2阶模态下地震作用
F_22 = YXXS_2 * CYXS_2 * ZXGY_2(2,1) * G_2
F_23 = YXXS_2 * CYXS_2 * ZXGY_2(3,1) * G_3

F_31 = YXXS_3 * CYXS_3 * ZXGY_3(1,1) * G_1       %第3阶模态下地震作用
F_32 = YXXS_3 * CYXS_3 * ZXGY_3(2,1) * G_2
F_33 = YXXS_3 * CYXS_3 * ZXGY_3(3,1) * G_3

F_1_freq = [F_11;F_12;F_13]                      %将各阶模态下的地震作用写成矩阵形式
F_2_freq = [F_21;F_22;F_23]
F_3_freq = [F_31;F_32;F_33]
U_1 = K^-1 * F_1_freq                            %计算各阶模态在地震作用下的位移
U_2 = K^-1 * F_2_freq
U_3 = K^-1 * F_3_freq
U1 = sqrt(U_1(1,1)^2 + U_2(1,1)^2 + U_3(1,1)^2)  %将各阶模态在地震作用下的位移组合得到
                                                 %最大位移
U2 = sqrt(U_1(2,1)^2 + U_2(2,1)^2 + U_3(2,1)^2)
U3 = sqrt(U_1(3,1)^2 + U_2(3,1)^2 + U_3(3,1)^2)
```

【例 12-3】 采用 ANSYS Workbench 平台计算例 12-2 三自由度弹簧振子的最大位移响应。

ANSYS 中响应谱分析是基于模态叠加法计算的,所以在响应谱分析之前首先应进行

模态分析。

（1）在分析系统工具箱中找到 Modal 并拖曳至工程项目原理图区域，同时将 Response Spectrum 拖曳至 Modal 分析系统的 A6 行完成模态与响应谱之间的数据传递，如图 12-13 所示。

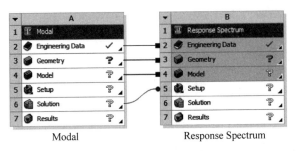

图 12-13　建立响应谱分析系统

（2）在模态分析系统中导入模型文件"质量块装配体. x_t"。

（3）使用 DesignModeler 打开模型文件，并依次右击部件，在弹出的菜单中选择"重新命名(F2)"，将部件分别命名为"质量块 1""质量块 2""质量块 3"，如图 12-14 所示。

（4）关闭 DesignModeler，双击 Model 进入 Mechanical 进行模态分析设置，将 3 个质量块全部设置为刚体，如图 12-15 所示。

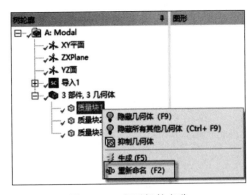

图 12-14　变更部件名称

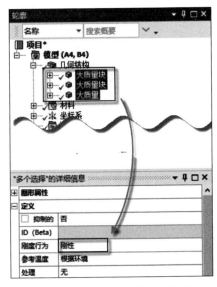

图 12-15　将质量块设置为刚体

（5）单击"弹簧"→"几何体-地面"，将"纵向刚度"设置为 5e7N/m，将"参考"的"最小 X 坐标"设置为 0m，将"最小 Y 坐标"设置为 0m，将"最小 Z 坐标"设置为 4m，将移动面"范围"选为质量 1 的侧面，如图 12-16 所示。

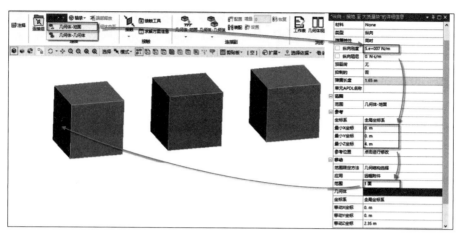

图 12-16　质量块 1 与地面弹簧连接设置

（6）单击"弹簧"→"几何体-几何体"，将"纵向刚度"设置为"5e＋007N/m"，将参考"范围"选为质量块 1 的侧面，将移动"范围"选为质量块 2 的侧面，如图 12-17 所示。

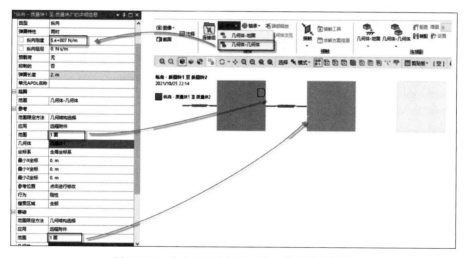

图 12-17　质量块 1 块与质量块 2 弹簧连接设置

（7）同样创建"几何体-几何体"弹簧，连接质量块 2 与质量块 3。

（8）弹簧全部定义完毕后的形式如图 12-18 所示。

图 12-18　三自由度弹簧振子计算模型

（9）弹簧设置完成后，各质量块仍可以有 X、Y、Z 三个方向的平动与转动自由度，为限制质量块仅有弹簧方向的平动，需使用 Joint 功能。单击"几何体-地面"→"一般"，将"平移 X"设置为"自由"，将移动面的"范围"选为质量块的正面，如图 12-19 所示。

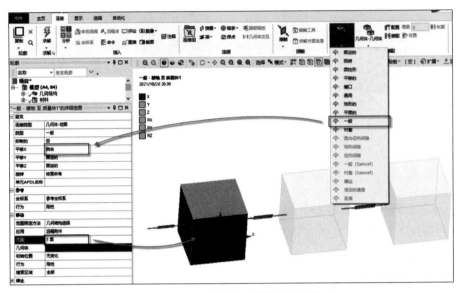

图 12-19　设置质量块 1 沿弹簧方向平动

（10）以同样方法插入 Joint 功能，将质量块 2 和质量块 3 均设置为仅沿弹簧方向平动。

（11）单击"求解"按钮开始求解。

（12）由于系统为三自由度弹簧振子，故求解的结果仅有 3 个频率，其频率结果与振型如图 12-20 所示。

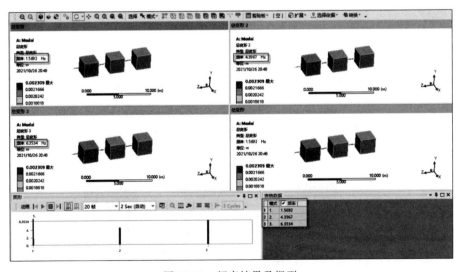

图 12-20　频率结果及振型

注意：在模态分析时应仔细查看并将软件的单位制设置为 N、m,初学者在学习时往往忽略软件的单位制与案例中采用的单位制,使软件中的弹簧刚度与案例中弹簧刚度大相径庭,最终导致结构频率与理论解不一致。

ANSYS 的频率值与理论解见表 12-4。

表 12-4　ANSYS 的结果与理论解对照表

序　　号	ANSYS 频率值/Hz	理论解/Hz	MATLAB 结果/Hz
1	1.5692	1.584	1.5846
2	4.3967	4.439	4.440
3	6.3534	6.416	6.416

（13）开始响应谱分析,单击响应谱（B5）下的"分析设置",将"频谱类型"设置为"单个点",将"模态组合类型"设置为 SRSS,如图 12-21 所示。

注意：（1）响应谱分析一般可分为单点响应谱分析和多点响应谱分析,单点反应谱指的是输入的反应谱仅为一条曲线,多点响应谱分析指的是在多个边界约束处输入多条不同的反应谱。

（2）模态组合类型有多个组合方法,ANSYS提供了 SRSS、CQC 和 ROSE 共 3 种组合方法,使用哪一类组合方法由结构的固有频率分布方式而定,当频率分布比较密集时,可采用 CQC 和 ROSE 方法,当频率分布比较均匀时可采用 SRSS 方法。

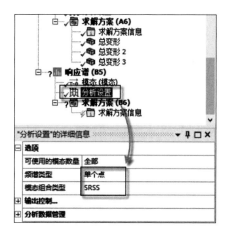

图 12-21　响应谱分析设置

反应谱使用加速度方式施加,其数据已在例 12-1 中给出,见表 12-5。

表 12-5　反应谱

序　　号	频率/Hz	加速度/(m·s^{-2})
1	0.17	0.341
2	0.61	0.545
3	0.67	0.553
4	0.83	0.675
5	1.11	0.875
6	1.67	1.260
7	3.33	2.352
8	10	2.352
9	100	1.058

（14）单击"RS加速度"按钮,添加加速度谱,将"边界条件"选为"所有支持",将"加载数据"选为"表格数据",复制频率和加速度数值后粘贴至 Workbench 表格中,将"方向"设置为"Z轴",如图 12-22 所示。

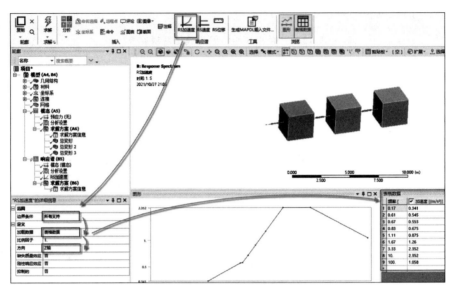

图 12-22　输入加速度反应谱

（15）查看质量块 3 的位移,单击"变形"→"定向",选择质量块 3 的顶点,将"方向"选为"Z轴",如图 12-23 所示。

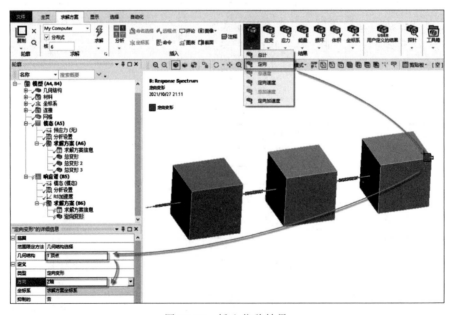

图 12-23　插入位移结果

（16）以同样的方法插入质量块 2 和质量块 1 顶点的位移结果。

（17）单击"求解"按钮开始求解。

各质量块顶点的位移结果如图 12-24 所示。

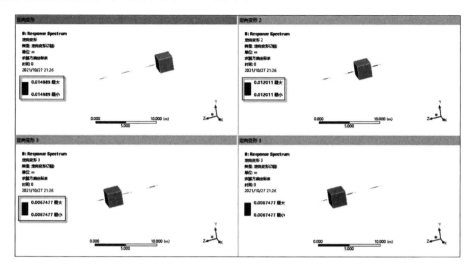

图 12-24　位移结果

Workbench 求解的结果与理论结果见表 12-6。

表 12-6　响应谱分析 Workbench 结果与理论解对比表

序　　号	位　　置	Workbench 结果/m	理论解/m	MATLAB 结果/m
1	质量块 1	0.006 748	0.006 581	0.006 7
2	质量块 2	0.012 011	0.012 000	0.011 9
3	质量块 3	0.014 989	0.015 000	0.014 5

12.3　反应谱生成方法

地震分析使用的反应谱通常是国家规范经过统计给定的,在非地震分析时,通常给定的激励是通过加速度传感器采集的加速度信号,此时若要做响应谱分析则需要将加速度信号转换为反应谱。

通过图 12-1 和图 12-2 可知,采集到的加速度信号通过施加到单自由度弹簧振子分析获取其最大加速度反应并统计到以频率为横坐标、以位移为纵坐标的平面直角坐标系中即可生成分析用的反应谱。

典型的加速度反应谱如图 12-25 所示,横轴为频率,纵轴为加速度,整根曲线分为低频区、中频区和高

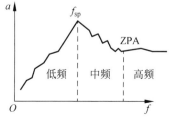

图 12-25　典型的加速度反应谱

频区,低频与中频分界线的频率为 f_{sp},中频与高频分界线的频率为 ZPA。

【例 12-4】 已知一段加速度曲线,时长为 5s,加速度曲线函数为 $a = 5\sin(\text{time} \cdot 360) + 3\sin(\text{time} \cdot 360 \cdot 2)$,求其反应谱。

已知反应谱曲线是结构在不同频率点下的峰值响应,为了快速得到每个频率点的峰值,可以采用 Workbench 导入多个单自由度弹簧振子系统,将每根弹簧设置为不同刚度,将每个质量块的质量设置为 1kg,通过式 $\omega = \sqrt{k/m}$ 得到每个单自由度弹簧振子系统的频率,其后施加加速度曲线求得每个单自由度系统的加速度峰值响应。

反应谱曲线生成需要通过瞬态动力学模块完成分析。

(1) 打开 Workbench 平台,将 Transient Structural 拖曳模块至项目原理图区域,如图 12-26 所示。

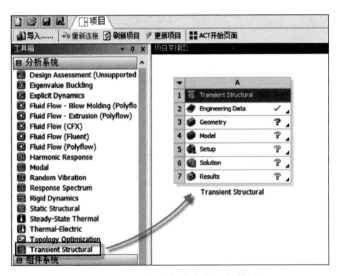

图 12-26　生成瞬态动力学分析模块

(2) 导入模型"多个单自由度弹簧振子. x_t",双击 Model 打开 Mechanical 分析环境。

(3) 如图 12-27 所示,模型由 10 个小质量块和一根长质量块构成,每个小质量块的质量为 1kg,其后将通过插入弹簧使之与长质量块连接。为了不影响每个单自由度弹簧振子的频率,长质量块的质量应当远小于 1kg。

模型的质量与体积和密度相关,由于模型已经建立不可改变,所以可以通过更改密度达到修改模型质量的目的。

(4) 在项目原理图中双击 A2 Engineering Data 打开工程数据管理源,在空白区域添加新材料并命名为"长质量块材料",分别将 Density 与 Isotropic Elasticity 拖动至"长质量块材料",并将 Density 设置为 0.07kg/m^3,将 Yang's modulus 设置为 $2\text{E}+11\text{Pa/m}^2$,将 Poisson's Ratio 设置为 0.3,如图 12-28 所示。

(5) 关闭 A2 Engineering Data 标签页,重新进入 Mechanical 环境。

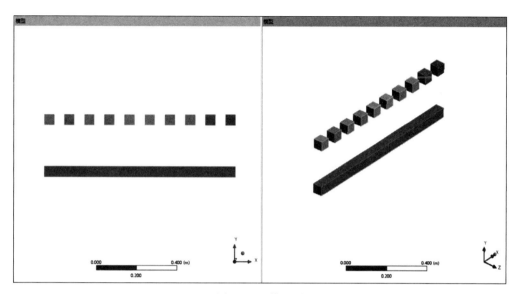

图 12-27 模型图

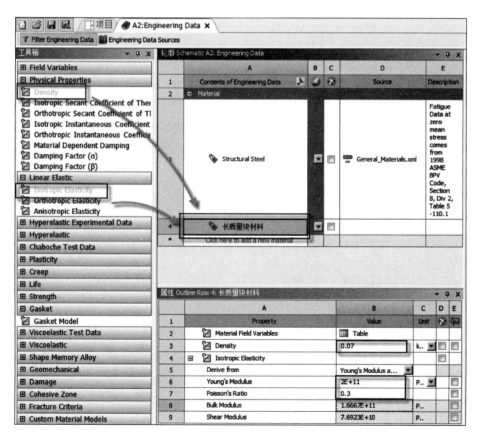

图 12-28 添加长质量块材料

（6）展开几何结构，在每个几何结构名称上右击，在菜单中选择"重命名"，将小质量块分别命名为"质量块1""质量块2""质量块3"……将长质量块命名为"激励源立方体"，如图12-29所示。

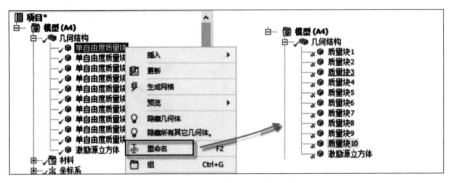

图12-29　变更几何部件名称

（7）质量块1～10的材料默认为Structural Steel，保持不变，将激励源立方体材料变更为"长质量块材料"，如图12-30所示。

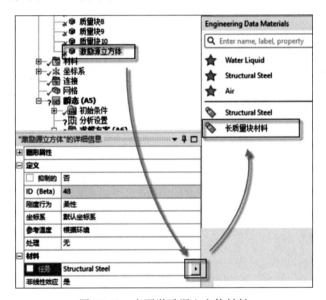

图12-30　变更激励源立方体材料

（8）分别单击质量块和激励源立方体，在属性中查看其质量，质量块1的质量为1.0113kg，激励源立方体的质量为1.6634e−004kg，如图12-31所示。

（9）单击"连接"→"弹簧"→"几何体-几何体"，插入弹簧，将"纵向刚度"设置为4N/m，将参考面选为质量块1的底面，将运动面选为激励源立方体的顶面，将"移动X坐标"设置为0m，将"移动Y坐标"设置为−0.2m，将"移动Z坐标"设置为0m，如图12-32所示。

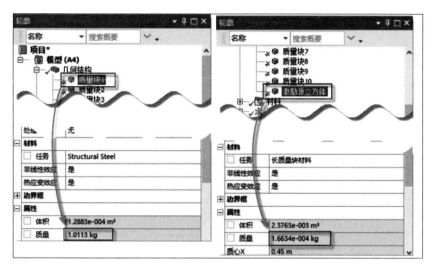

图 12-31 查看质量

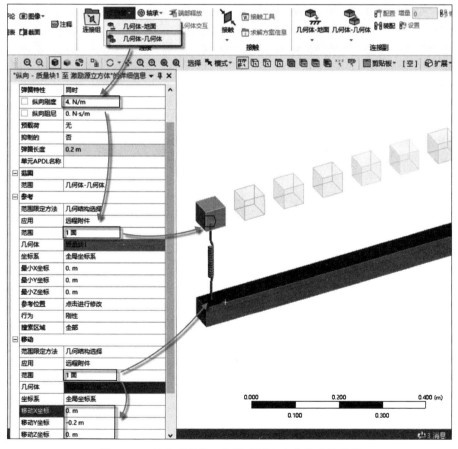

图 12-32 插入质量块 1 与激励源立方体的连接弹簧

以同样的方法插入剩余 9 个质量块与激励源立方体之间的弹簧,其连接属性见表 12-7。

表 12-7 弹簧连接属性

名　　称	纵向刚度/(N·m⁻¹)	移动 X 坐标/m	移动 Y 坐标/m	移动 Z 坐标/m
质量块 1	4	0	−0.2	0
质量块 2	16	0.1	−0.2	0
质量块 3	100	0.2	−0.2	0
质量块 4	300	0.3	−0.2	0
质量块 5	500	0.4	−0.2	0
质量块 6	700	0.5	−0.2	0
质量块 7	1000	0.6	−0.2	0
质量块 8	2000	0.7	−0.2	0
质量块 9	3000	0.8	−0.2	0
质量块 10	4000	0.9	−0.2	0

(10)为了使质量块和激励源立方体仅沿 Y 方向运动,需要插入 Joint 使其仅沿一个方向运动。单击"连接"→"几何体-地面"→"一般",将"平移 Y"设置为"自由",将移动范围面选为质量块侧面,如图 12-33 所示。

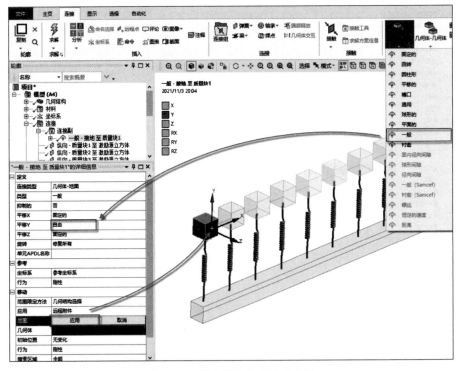

图 12-33　设置质量块运动自由度

（11）激励源立方体同样需要设置仅沿 Y 轴方向运动,其设置方法与步骤(10)一致。以同样方法设置其余质量块和激励源立方体的自由度。

至此基本的弹簧连接和自由度已设置完毕,由于质量块较多,弹簧连接和自由度设置也随之增加,为检查设置是否完全正确,建议读者插入模态分析,求解前 10 阶模态频率是否与理论解一致。

（12）返回 Workbench 平台,将 Modal 拖曳至项目原理图区域的 Transient Structural 模块的 A4 Model 处,如图 12-34 所示。

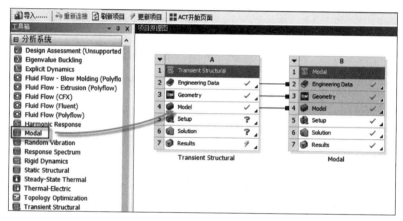

图 12-34　插入模态分析模块

（13）双击 Modal 模块 B5 Setup 进入 Mechanical 环境,单击模态分析内的"分析设置",将"最大模态阶数"设置为 10。为了防止刚体位移导致一阶模态频率为 0,单击"固定的",选择激励源立方体底面并将其固定,如图 12-35 所示。

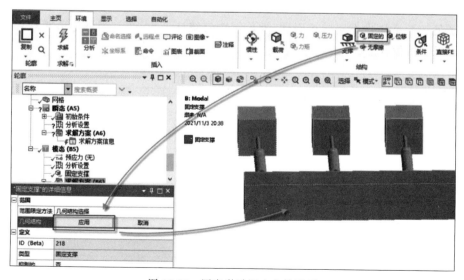

图 12-35　固定激励源立方体底面

注意：由于添加了激励源立方体的固定约束，其边界约束与步骤(11)重合，有可能导致模态求解失败，故在添加完激励源立方体的固定约束后，应将步骤(11)暂行抑制以确保求解顺畅。

(14) 单击"求解"按钮，求得系统的前 10 阶模态，如图 12-36 所示。

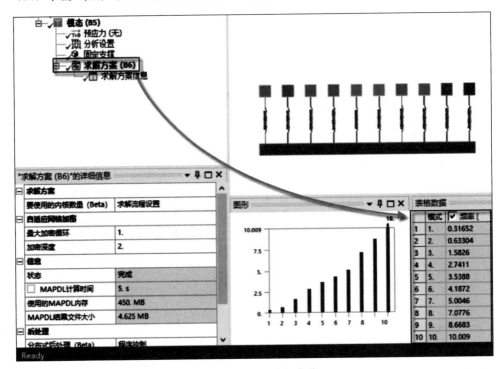

图 12-36　前 10 阶频率值

为了便于验证软件设置的正确性，理论频率值统计见表 12-8，当理论值与软件数值解相近时表征软件设置无误。

表 12-8　理论频率值

模 态 阶 数	弹簧刚度/(N·m⁻¹)	理论解_频率/(rad·s⁻¹)	理论解_频率/Hz	Workbench_频率/Hz
1	4	2.00	0.32	0.32
2	16	4.00	0.64	0.63
3	100	10.00	1.59	1.58
4	300	17.32	2.76	2.74
5	500	22.36	3.56	3.53
6	700	26.46	4.21	4.19
7	1000	31.62	5.04	5.00
8	2000	44.72	7.12	7.08
9	3000	54.77	8.72	8.69

续表

模 态 阶 数	弹簧刚度/($N \cdot m^{-1}$)	理论解_频率/($rad \cdot s^{-1}$)	理论解_频率/Hz	Workbench_频率/Hz
10	4000	63.25	10.07	10.01
11	5000	70.71	11.26	11.19
12	6000	77.46	12.33	12.26
13	7000	83.67	13.32	13.24
14	8000	89.44	14.24	14.16
15	9000	94.87	15.11	15.01
16	10 000	100.00	15.92	15.83
17	11 000	104.88	16.70	16.60
18	12 000	109.54	17.44	17.34
19	13 000	114.02	18.16	18.04
20	14 000	118.32	18.84	18.73

注意：因本例涉及大量的数字统计，所以在进行分析之前应务必确保软件弹簧刚度、弹簧连接面及质量块自由度和激励源自由度设置正确。

当验证软件频率值与理论值无误后，返回瞬态动力学分析，开始加载边界条件为分析做准备。

（15）单击"载荷"→"连接副载荷"，连接副范围选择"一般-接地 至 激励源立方体"，将"类型"定义为"加速度"，在"大小"处输入函数＝5 * sin(time * 360)＋3 * sin(time * 360 * 2)，其加速度为一段周期正弦波型，如图 12-37 所示。

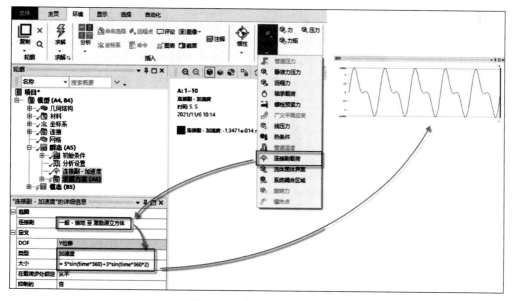

图 12-37　加载连接副载荷

注意：由于在步骤（14）前抑制了步骤（11），故在添加连接副载荷前应解除抑制。

（16）单击"分析设置"，将"步骤数量"定义为1，将"当前步数"定义为1，将"步骤结束时间"定义为5s，打开自动时步，将依据定义为子步，将"初始子步"定义为500，将"最小子步"定义为500，将"最大子步"定义为2000，打开时间积分，如图12-38所示。

（17）单击"求解"按钮开始求解。

查看力收敛曲线，确保最后子步收敛后进入后处理阶段。

（18）单击"变形"→"定向加速度"，选择质量块1右上角顶点，将"方向"定义为Y轴，如图12-39所示。

图12-38　分析设置

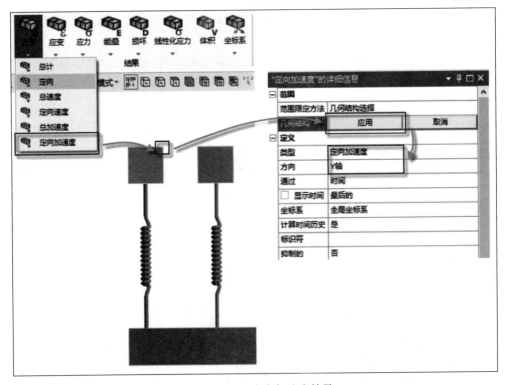

图12-39　插入定向加速度结果

使用同样的方法插入质量块2至质量块10的定向加速度后处理。

读取质量块1的加速度结果，其峰值为2.0112m/s^2，如图12-40所示。

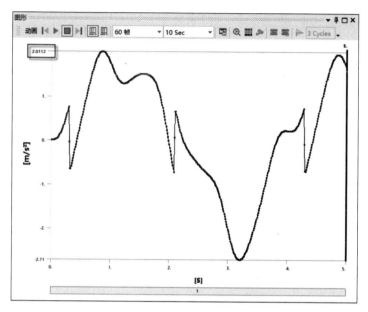

图 12-40　质量块 1 的加速度曲线

（19）由于质量块数量有限，每一次求解仅可求得 10 个频率点的加速度峰值，为了能求解更多频率点的结果，需要不断更改弹簧刚度。返回 Workbench 平台，在项目原理图中单击瞬态动力学模块的三角形按钮，在弹出的菜单中选择复制，系统将生成新的瞬态动力学模块，并且新生成的模块内的设置与原模块一致，仅需更改弹簧刚度即可计算更多频率点的加速度峰值。为了便于区分，将原瞬态动力学模块命名为"1～10"，将新生成的瞬态动力模块命名为"11～20"，如图 12-41 所示。

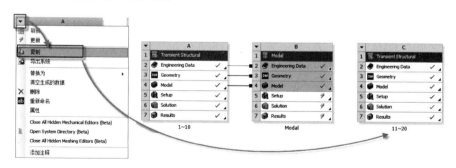

图 12-41　复制瞬态动力学模块

（20）在"11～20"瞬态动力学模块中参照表 12-8 的弹簧刚度，求解 11 阶至 20 阶频率点的加速度峰值。

　　注意：理论上结构的频率是无穷多的，这并非意味着求解加速度反应谱时需永无止境地增加频率点，当发现高阶频率点的加速度峰值变化不大时即可停止。本例中，频率点在 15.11Hz 开始后加速度峰值几乎呈现直线变化，表征可以停止增加频率点。

统计每个质量块的加速度并汇总,其结果见表12-9。

表 12-9   各频率点的加速度峰值

模 态 阶 数	弹簧刚度/(N·mm⁻¹)	周期/s	频率/Hz	加速度峰值/(m·s⁻²)
1	4	2.00	0.32	2.01
2	16	4.00	0.64	8.84
3	100	10.00	1.59	12.55
4	300	17.32	2.76	16.86
5	500	22.36	3.56	12.18
6	700	26.46	4.21	11.03
7	1000	31.62	5.04	10.03
8	2000	44.72	7.12	8.57
9	3000	54.77	8.72	8.28
10	4000	63.25	10.07	8.00
11	5000	70.71	11.26	7.97
12	6000	77.46	12.33	7.83
13	7000	83.67	13.32	7.68
14	8000	89.44	14.24	7.45
15	9000	94.87	15.11	7.29
16	10 000	100.00	15.92	7.31
17	11 000	104.88	16.70	7.37
18	12 000	109.54	17.44	7.41
19	13 000	114.02	18.16	7.38
20	14 000	118.32	18.84	7.40

将表 12-9 频率和加速度峰值列复制到 Excel 中绘图,如图 12-42 所示。

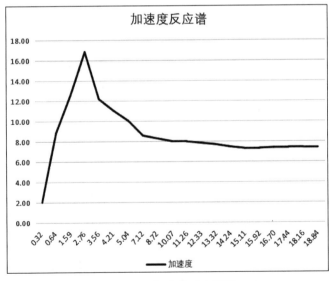

图 12-42   加速度反应谱图

12.4 响应谱分析与瞬态动力学结果相互验证

通常情况下将采集到的加速度曲线转换为反应谱后即可将对应的反应谱施加至结构进行分析,本节以同一模型分别使用响应谱分析和完全法瞬态动力学分析验证其结构最大位移是否一致。

【例 12-5】 一台面的 4 根支脚底部固定,固定点处施加沿台面高度方向的加速度 $a = 5 \times \sin(\text{time} \cdot 360) + 3 \times \sin(\text{time} \cdot 360 \cdot 2)$,激励时长为 5s,分别使用响应谱分析模块和瞬态动力学分析模块计算其最大位移。

（1）打开 Workbench 平台,分别拖曳 Modal 模态模块和 Response Spectrum 响应谱模块搭建响应谱分析系统,如图 12-43 所示。

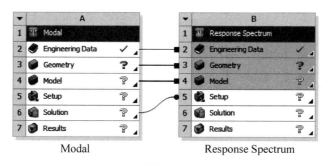

图 12-43 搭建响应谱分析系统

（2）在模态分析中导入模型"振动台桌面.IGS",打开 DesignModeler 软件,由于软件默认不导入线体,故在生成模型前需将"线体"设置为"是",在树轮廓中右击"导入 1",在选择"生成(F5)",如图 12-44 所示。

（3）单击"概念"→"横截面"→"矩形",创建矩形截面,分别将矩形尺寸 B 和 H 设置为0.01m,如图 12-45 所示。

（4）单击模型中的"表面几何体",将"厚度模式"选为"用户定义",将厚度设置为0.01m,如图 12-46 所示。

（5）同时选择 4 根线体,将"横截面"选为创建的"矩形 1",如图 12-47 所示。

（6）同时选择所有线体和表面,右击后在菜单中选择"形成新部件",如图 12-48所示。

（7）退出 DesignModeler 软件,在 Workbench 平台中双击 Modal 进入 Mechanical软件。

（8）首先进行模态分析,同时选择模型的 4 根支脚底部顶点,单击"固定的",使 4 个顶点完全固定,如图 12-49 所示。

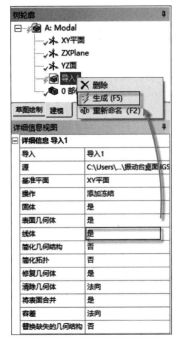

图 12-44　导入模型

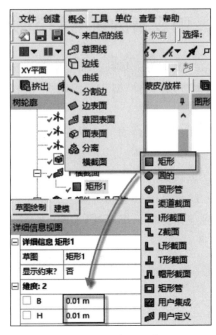

图 12-45　创建矩形截面

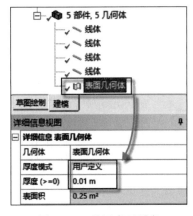

图 12-46　设置桌面厚度

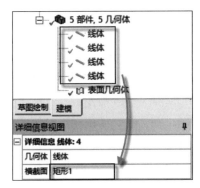

图 12-47　赋予线体矩形截面

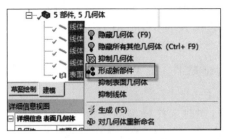

图 12-48　形成新部件

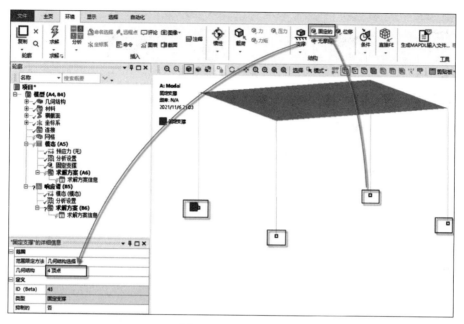

图 12-49　固定顶点

（9）单击模态求解中的"分析设置"，将"最大模态阶数"设置为 10，如图 12-50 所示。

查看前 4 阶模态的振型，从动画中可以发现，第 1 阶和第 2 阶模态为平振，其频率均为 18.18Hz，第 3 阶模态为扭振，频率为 31.453Hz，第 4 阶模态为沿着 Y 轴方向的上下振动，频率为 74.934Hz，如图 12-51 所示。

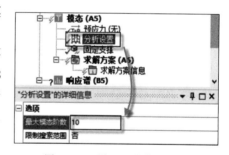

图 12-50　设置最大模态阶数

（10）进入响应谱分析设置环节。单击"RS 加速度"按钮，将"边界条件"选为"所有支持"，将"加载数据"设置为"表格加载"，将表 12-9 中的反应谱（加速度与频率）粘贴至表格中，激励方向为 Y 轴，打开缺失质量效应，缺失质量效应 ZPA 为 7.29m/s^2，打开刚体响应效应，将"刚体响应效应类型"选为"利用 Gupta 的刚性响应效应"，将"刚性响应效应频率开始"设置为 2.76Hz，将"刚体响应效应频率结束"设置为 10.99Hz，如图 12-52 所示。

缺失质量效应 ZPA 指的是图 12-25 内中频区与高频区交界处的加速度值，即随着频率的增大，其加速度呈现直线变化的开始点。本例中加速度值在频率点 15.11Hz 处开始呈直线状态，其对应的加速度值为 7.29m/s^2。

刚性响应效应频率开始指的是图 12-25 内加速度值最大的 f_{sp} 点，即低频区与中频区的交接处。本例中加速度最大值对应的频率为 2.76Hz。

刚性响应效应频率结束通过式(12-11)计算。

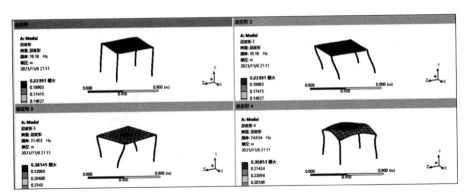

图 12-51　各阶模态的振型

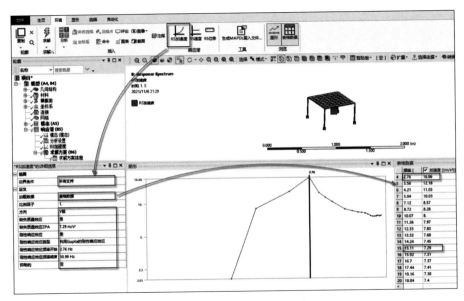

图 12-52　设置加速度反应谱

$$刚性响应效应频率结束 = \frac{f_{sp} + 2 \cdot ZPA}{3} \tag{12-11}$$

本例中刚体响应效应频率结束的频率为

$$刚性响应效应频率结束 = \frac{2.76 + 2 \times 15.11}{3} = 10.99\,\text{Hz}$$

（11）单击"求解"按钮开始求解。

（12）查看响应谱后处理结果，单击"变形"→"总计"，查看模型的变形，最大位置发生在平板中部区域，最大值为 4.352e−5m，如图 12-53 所示。

（13）为验证响应谱分析的变形结果，将 Transient Structural 拖曳至 Modal 模块的 A4 Model 内，使瞬态动力学模块继承模态分析中的模型和材料，如图 12-54 所示。

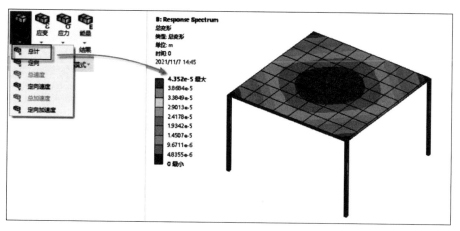

图 12-53 总变形结果

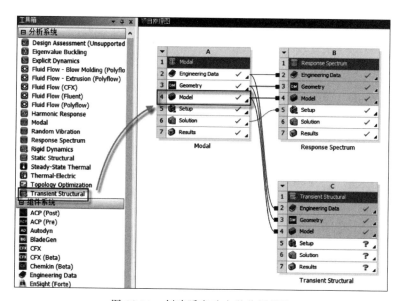

图 12-54 创建瞬态动力学分析模块

（14）单击瞬态动力学模块的"分析设置"，设置相关参数，步骤数量为 1，当前步数为 1，步骤结束时间为 5s，开启自动时步，定义依据为子步，初始子步为 500，最小子步为 500，最大子步为 1000，打开时间积分，如图 12-55 所示。

（15）将 4 根支脚底部顶点设置为固定支撑，如图 12-56 所示。

（16）单击"惯性"→"加速度"，将"定义依据"选为"分量"，在"Y 分量"后输入函数 = $5 * \sin(\text{time} * 360) + 3 * \sin(\text{time} * 360 * 2)$，如图 12-57 所示。

（17）单击"求解"按钮开始解。

查看力收敛曲线，确保最后子步收敛后进入后处理环节。

图 12-55　瞬态动力学分析设置

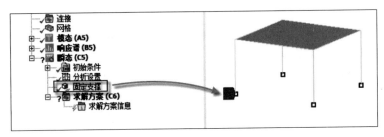

图 12-56　完全固定 4 根支脚顶点

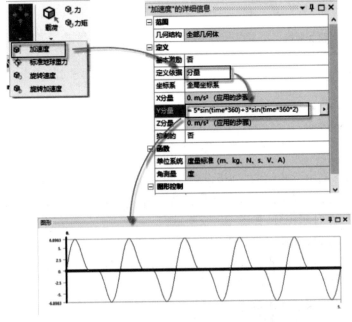

图 12-57　添加加速度

（18）单击"变形"→"总计"，查看模型位移。从后处理图形中可以看出，位移最大区域发生在平台中部，位移最大值为 $4.0771e-5m$，并且后处理结果给出了位移随时间变化的曲线，如图 12-58 所示。

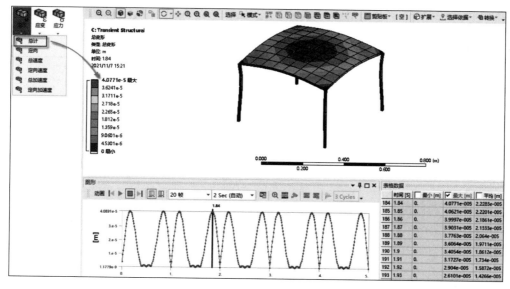

图 12-58　位移结果

对比响应谱分析得到的最大位移结果为 $4.352e-5m$，瞬态动力学结果为 $4.0771e-5m$，两者相差约 7% 误差。

第 13 章

瞬态动力学分析

瞬态动力学分析考虑了时间、阻尼、惯性等影响结构响应的众多因素,所以采用瞬态动力学方法计算的结果精度更高,但求解时间更长。瞬态动力学的方程如式(13-1)所示。

$$[M]\{\ddot{u}\} + [C]\{\dot{u}\} + [K]\{u\} = \{F(t)\}$$ (13-1)

直接积分法和模态叠加法可以求解上述方程,但模态叠加法的前提条件是结构需要满足线性条件,当结构存在接触行为、材料为非线性或结构存在大变形可能时,只能通过直接积分法求解动力学方程。

直接积分法又分显式算法(Explicit)和隐式算法(Implicit)。两者区别在于,隐式算法采用的是下一时刻的物理量与当前物理量对比,每一步都应保证收敛,如前文所述增量法和迭代法。显式算法则采用前一时刻的物理量与当前物理量对比,只要时间步足够小,一般不存在收敛问题。一般情况下,显式算法多用于作用时间非常短暂的分析,如爆炸、跌落冲击等,LS-DYNA 采用的即为显式算法,而隐式算法多用于作用时间相对较长的分析,如机械传动、地震作用等,Mechanical 的 Transient Structural 模块采用的即为隐式算法。

【例 13-1】 电动单梁起重机意外卸载后动力响应。如图 13-1 所示电动单梁桥式起重机,额定起质量为 10t,主梁长度为 12m,当时间在 1～1.5s 期间跨中起吊额定载荷,在 1.5～1.52s 时意外卸载,计算时长为 3s,使用瞬态动力学模块分析突然卸载后主梁的动力反应。

(1) 打开 ANSYS Workbench 软件,将 Transient Structural 拖曳到项目原理图区域。

(2) 导入模型文件"单梁起重机. IGS"。

由于主梁截面多由薄壁板材构成,为了提高分析效率,可以使用 SCDM 抽中面功能对主梁横截面抽取中面。

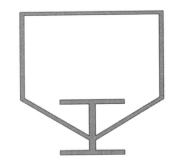

图 13-1　电动单梁主梁横截面

使用 SCDM 软件打开模型,为了能够更方便精准地抽取中面,可以提前对横截面进行切分操作,将主梁上盖板、两侧的腹板及工字型轨道分离出来。

(3) 单击"分割主体"工具按钮,选择主梁实体,单击"选择刀具"按钮,选择主梁腹板内侧面,如图 13-2 所示。

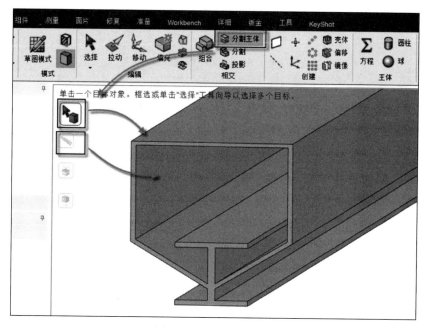

图 13-2　切分主梁截面

使用同样的方法切割主梁,切分完成后的模型共分为 8 个部件,分别为上盖板(1 块)、腹板(2 块)、斜腹板(2 块)、工字钢上翼缘板(1 块)、工字钢腹板(1 块)和工字钢下翼缘板(1 块),如图 13-3 所示。

注意:在分割工字钢轨道和腹板过程中,以工字钢腹板平面为刀具切割时会导致工字钢的翼缘板分离,故切分完成后,可采用组合工具按钮,分别组合工字钢的上翼缘板、下翼缘板和腹板。

(4)单击"准备"标签页,选择"中间面"工具按

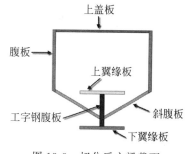

图 13-3　切分后主梁截面

钮,在选项页中选择"Use Range"(使用范围),将最小厚度设置为 0mm,将最大厚度设置为 30mm,框选全部模型后软件会自动抽取中面。抽取完成后,由于壁厚原因将导致飞边和空隙现象,如图 13-4 所示。

针对飞边现象,可以使用移动工具按钮移动中面使其相互接合。

注意:消除飞边的主要目的是防止网格划分时在飞边处布置大量的网格。

(5)单击"设计"标签页,选择模型上盖板中面,单击"定位"按钮,选择上盖板顶点后将移动坐标系移动至上盖板顶点,单击"直到"按钮,移动上盖板使其与腹板重合,如图 13-5 所示。

使用相同方法消除其余飞边。

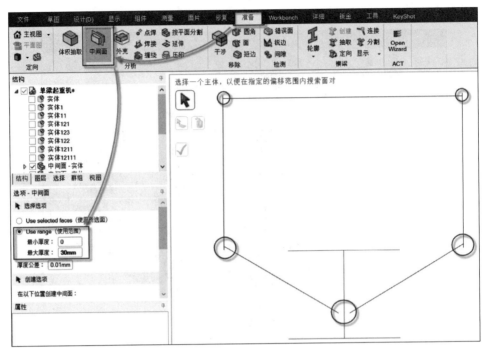

图 13-4　抽取模型中面

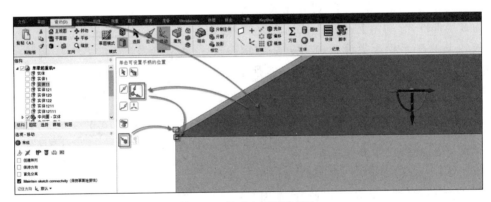

图 13-5　移动中面消除飞边

（6）单击"准备"标签页，选择"延伸"工具按钮，在选项页中将最长距离设置为 30mm，软件会自动搜索存在间隙的中面，单击"完成"按钮延伸中面，如图 13-6 所示。

（7）选择 SYS 组件，将共享拓扑关系设置为共享，如图 13-7 所示。

所有的载荷通过电动葫芦的 4 个滚轮传递至工字钢轨道上，为了能够施加载荷，应在工字钢下翼缘板上提前布置 4 个载荷施加面。

（8）右击模型中工字钢下翼缘板，在弹出的菜单中选择"隐藏其他"，隐藏其余不需要的中面便于绘制矩形载荷施加面，如图 13-8 所示。

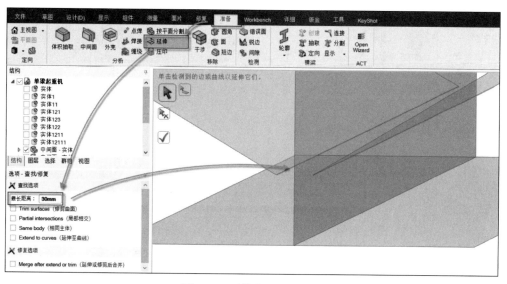

图 13-6　延伸中面消除间隙

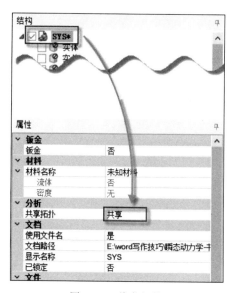

图 13-7　共享拓扑

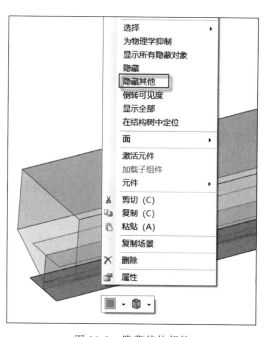

图 13-8　隐藏其他部件

（9）单击"分割"按钮，选择下翼缘板，单击"选择垂直切割器点"，将鼠标移动至下翼缘板左侧，将百分比尺寸设置为 50，将模型从中间部位切分，如图 13-9 所示。

（10）单击"分割"工具按钮，选择左侧下翼缘板，单击"选择垂直切割器点"，将鼠标移动至下翼缘板上边线处，将距离设置为 150mm，如图 13-10 所示。

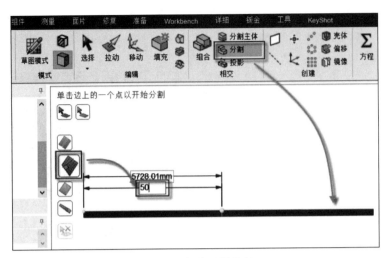

图 13-9　切分下翼缘板

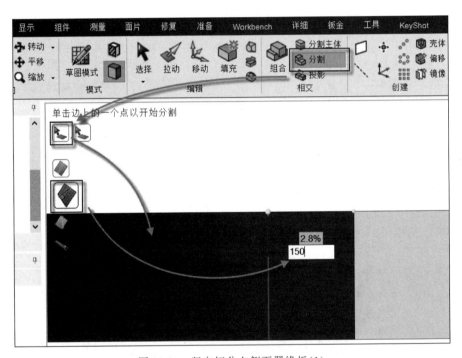

图 13-10　竖向切分左侧下翼缘板(1)

（11）继续切割左侧下翼缘板，在之前的切割线 30mm 处再次竖向切割，如图 13-11 所示。

（12）横向切割，在距离翼缘板上边线 50mm 处切割，如图 13-12 所示。

在距离上次切割 30mm 处继续横向切割，如图 13-13 所示。

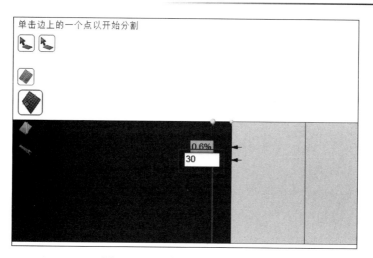

图 13-11　竖向切分下翼缘板(2)

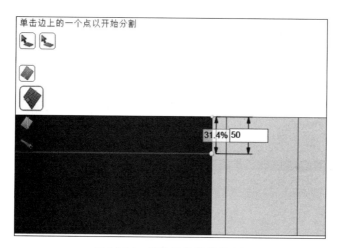

图 13-12　横向切分翼缘板(1)

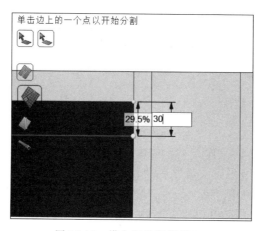

图 13-13　横向切分翼缘板(2)

不断使用切割工具从左到右依次切割翼缘板,直至出现边长为 30mm 的正方形,如图 13-14 所示。

目前为止划分出边长 30mm 的正方形,使用切割工具一共切分了 4 个此大小的正方形,如图 13-15 所示。

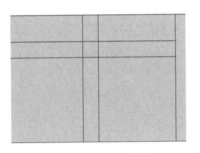

图 13-14　横向切分翼缘板(3)

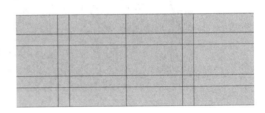

图 13-15　切分后模型

模型处理完成,关闭 SCDM,进入 Mechanical 软件。

(13) 采用默认网格控制直接生成网格,由于已对模型提前进行了有效清理和划分,即使采用默认网格控制依然能划分出质量较高的网格,如图 13-16 所示。

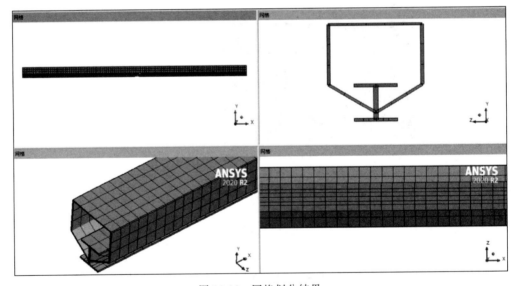

图 13-16　网格划分结果

(14) 单击"支撑"→"远程位移",框选主梁左侧的截面边线,单击"应用",将 X 分量、Y 分量、Z 分量、旋转 X、旋转 Y 均设置为 0,将旋转 Z 设置为自由,如图 13-17 所示。

(15) 同样采用远程位移约束主梁另一侧截面,与之前约束不同的是,右侧截面的 X 分量和旋转 Z 为自由,如图 13-18 所示。

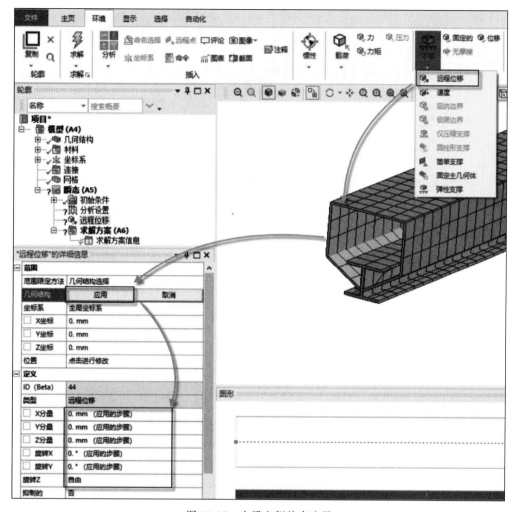

图 13-17　主梁左侧约束边界

（16）进入分析设置，整个分析过程共分为两个分析步，第 1 个分析步用于加载主梁自重，第 2 个分析步包含起吊过程、突然卸载过程及卸载后的响应。

在导航树内单击"分析设置"，将"步骤数量"设置为 2，将"当前步数"设置为 1 用于设置第 1 个时间步，将"步骤结束时间"设置为 1s，将"初始时步""最小时步""最大时步"均设置为 0.5s，如图 13-19 所示。

注意：第 1 时间步仅用于施加自重载荷，即使施加较大的时步分析也能很快就收敛。

将"当前步数"设置为 2，将"步骤结束时间"设置为 3s，将"初始时步""最小时步""最大时步"均设置为 0.01s，如图 13-20 所示。

（17）添加重力加速度，将重力加速度方向设置为 $-Y$ 方向，如图 13-21 所示。

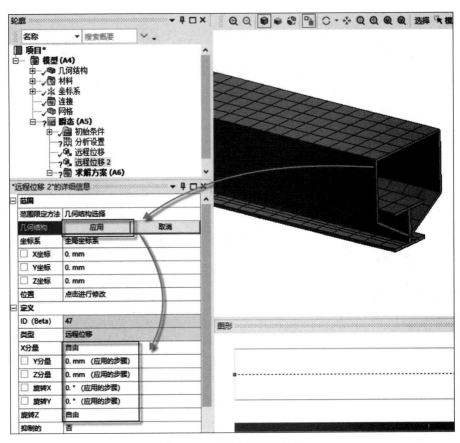

图 13-18　主梁右侧约束边界

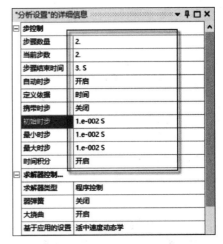

图 13-19　设置第 1 时间步　　　　　　　　图 13-20　设置第 2 时间步

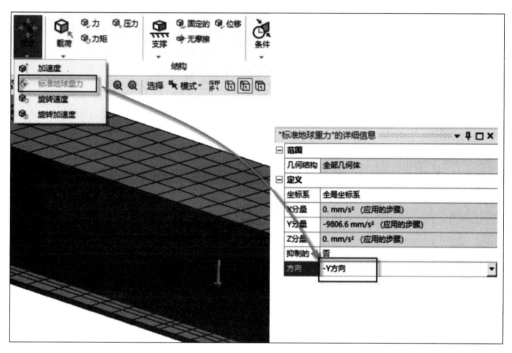

图 13-21　添加重力加速度

（18）添加集中力，选择 30mm 边长的 4 个正方形面体，并沿－Y 方向按照表 13-1 施加载荷，如图 13-22 所示。

表 13-1　集中载荷施加表

步	时间/s	X/N	Y/N	Z/N
1	0	0	0	0
1	1	0	0	0
2	1.5	0	－100 000	0
2	1.52	0	0	0
2	3	0	0	0

（19）单击"求解"按钮开始求解，求解过程中查看力残差曲线，经过 401 次迭代后最终结果收敛。从曲线图可以看出，用于施加自重的第 1 个时间步很快收敛；在第 2 个时间步中，用于施加 10 000N 的集中载荷在迭代过程中也处于收敛状态，但时间到达 1.5s 以后，由于突然卸载的原因，在迭代过程中出现发散现象，但经过计算，仍能保证结果收敛，如图 13-23 所示。

（20）查看跨中变形和等效应力。根据力学分析可知，电动单梁起重机在跨中起升额定载荷时，跨中位置的变形和应力最大。

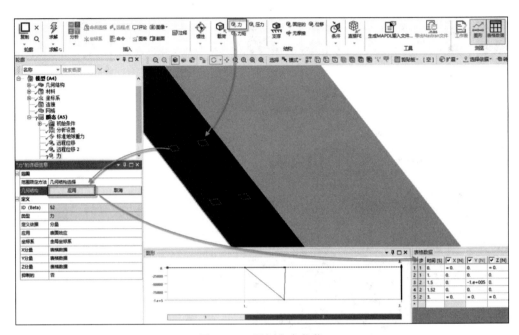

图 13-22　添加集中载荷

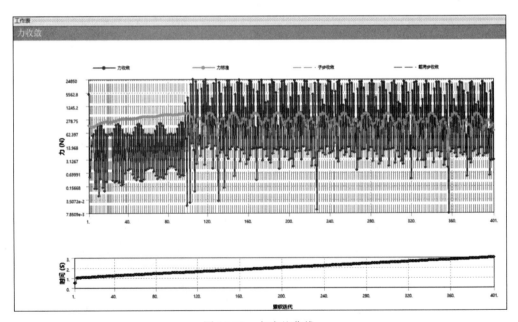

图 13-23　力残差曲线

单击"变形"→"定向",选择正方形面体的一个顶点,将方向设置为 Y 轴,如图 13-24 所示。

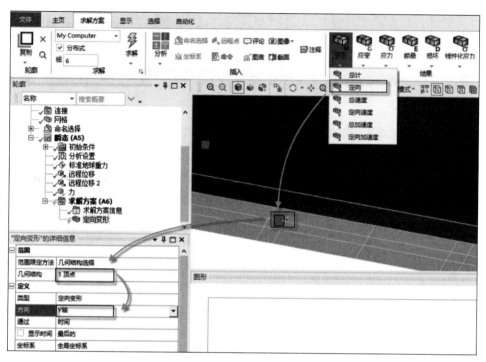

图 13-24　查看顶点定向变形

评估变形结果,查看变形曲线,在 $0\sim1\text{s}$ 内,结构自重产生恒定位移;在 $1\sim1.5\text{s}$ 内,随着载荷的施加,位移逐渐增大;在 $1.5\sim3\text{s}$ 内由于突然卸载,位移随着时间出现上下波动,并且随着时间变化,峰值逐渐减小,如图 13-25 所示。

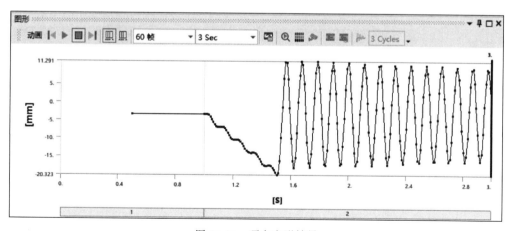

图 13-25　顶点变形结果

(21) 插入等效应力结果,为了便于观测,共设置了 4 个视图,分别是正视图(左上角)、俯视图(右上角)、等轴视图(左下角)、仰视图(右下角),如图 13-26 所示。

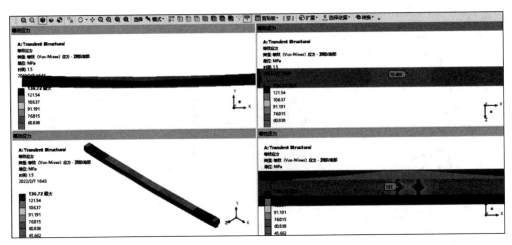

图 13-26　等效应力云图

观察正视图,主梁两端应力较小,中间应力较大,符合简支梁跨中受载后的应力分布状态。

观察俯视图,跨中上盖板等效应力为79MPa。

观察仰视图,跨中工字钢下翼缘板应力有两个红色区域,应力为133MPa,上盖板与工字钢翼缘板应力差较大有以下两方面原因:

(1)主梁截面并非双轴对称截面,即截面左右对称,但上下不对称,导致截面上边缘和下边缘至中心轴的距离不同。

(2)集中载荷施加于工字钢下翼缘板,造成截面底部产生应力集中现象。

参 考 文 献

［1］ 周炬,苏金英. ANSYS Workbench 有限元分析实例详细讲解（动力学）［M］. 北京：人民邮电出版社,2017.
［2］ 蒲广益. ANSYS Workbench 基础教程与实例详细讲解［M］. 3 版. 北京：中国水利水电出版社,2018.
［3］ 北京兆迪科技有限公司. ANSYS Workbench 结构分析快速入门、进阶与精通［M］. 北京：电子工业出版社,2016.
［4］ 酒井智次. 螺纹紧固件连接工程［M］. 柴之龙,译. 北京：机械工业出版社,2016.
［5］ 江见鲸,陆新征. 混凝土结构有限元分析［M］. 北京：清华大学出版社,2013.
［6］ 王新敏. ANSYS 结构动力分析与应用［M］. 北京：人民交通出版社,2014.
［7］ 陈骥. 钢结构稳定理论与设计［M］. 6 版. 北京：科学出版社,2014.
［8］ SINGIRESU RAO S. 机械振动［M］. 李欣业,杨理诚,译. 北京：清华大学出版社,2016.

图 书 推 荐

书　名	作　者
鸿蒙应用程序开发	董昱
HarmonyOS 应用开发实战（JavaScript 版）	徐礼文
鸿蒙操作系统开发入门经典	徐礼文
鸿蒙操作系统应用开发实践	陈美汝、郑森文、武延军、吴敬征
HarmonyOS 移动应用开发	刘安战、余雨萍、李勇军 等
HarmonyOS App 开发从 0 到 1	张诏添、李凯杰
HarmonyOS 从入门到精通 40 例	戈帅
JavaScript 基础语法详解	张旭乾
华为方舟编译器之美——基于开源代码的架构分析与实现	史宁宁
鲲鹏架构入门与实战	张磊
华为 HCIA 路由与交换技术实战	江礼教
Android Runtime 源码解析	史宁宁
深度探索 Go 语言——对象模型与 runtime 的原理、特性及应用	封幼林
深度探索 Flutter——企业应用开发实战	赵龙
Flutter 组件精讲与实战	赵龙
Flutter 组件详解与实战	［加］王浩然（Bradley Wang）
Flutter 实战指南	李楠
Dart 语言实战——基于 Flutter 框架的程序开发（第 2 版）	亢少军
Dart 语言实战——基于 Angular 框架的 Web 开发	刘仕文
IntelliJ IDEA 软件开发与应用	乔国辉
Vue＋Spring Boot 前后端分离开发实战	贾志杰
Vue.js 企业开发实战	千锋教育高教产品研发部
Python 从入门到全栈开发	钱超
Python 全栈开发——基础入门	夏正东
Python 全栈开发——高阶编程	夏正东
Python 游戏编程项目开发实战	李志远
Python 人工智能——原理、实践及应用	杨博雄 主编，于营、肖衡、潘玉霞、高华玲、梁志勇 副主编
Python 深度学习	王志立
Python 预测分析与机器学习	王沁晨
Python 异步编程实战——基于 AIO 的全栈开发技术	陈少佳
Python 数据分析实战——从 Excel 轻松入门 Pandas	曾贤志
Python 数据分析从 0 到 1	邓立文、俞心宇、牛瑶
Python Web 数据分析可视化——基于 Django 框架的开发实战	韩伟、赵盼
Python 玩转数学问题——轻松学习 NumPy、SciPy 和 matplotlib	张骞
Pandas 通关实战	黄福星
深入浅出 Power Query M 语言	黄福星
FFmpeg 入门详解——音视频原理及应用	梅会东

图 书 推 荐

书 名	作 者
云原生开发实践	高尚衡
虚拟化 KVM 极速入门	陈涛
虚拟化 KVM 进阶实践	陈涛
物联网——嵌入式开发实战	连志安
人工智能算法——原理、技巧及应用	韩龙、张娜、汝洪芳
跟我一起学机器学习	王成、黄晓辉
TensorFlow 计算机视觉原理与实战	欧阳鹏程、任浩然
分布式机器学习实战	陈敬雷
计算机视觉——基于 OpenCV 与 TensorFlow 的深度学习方法	余海林、翟中华
深度学习——理论、方法与 PyTorch 实践	翟中华、孟翔宇
深度学习原理与 PyTorch 实战	张伟振
AR Foundation 增强现实开发实战(ARCore 版)	汪祥春
ARKit 原生开发入门精粹——RealityKit＋Swift＋SwiftUI	汪祥春
HoloLens 2 开发入门精要——基于 Unity 和 MRTK	汪祥春
Altium Designer 20 PCB 设计实战(视频微课版)	白军杰
Cadence 高速 PCB 设计——基于手机高阶板的案例分析与实现	李卫国、张彬、林超文
Octave 程序设计	于红博
ANSYS 19.0 实例详解	李大勇、周宝
AutoCAD 2022 快速入门、进阶与精通	邵为龙
SolidWorks 2020 快速入门与深入实战	邵为龙
SolidWorks 2021 快速入门与深入实战	邵为龙
UG NX 1926 快速入门与深入实战	邵为龙
西门子 S7-200 SMART PLC 编程及应用(视频微课版)	徐宁、赵丽君
三菱 FX3U PLC 编程及应用(视频微课版)	吴文灵
全栈 UI 自动化测试实战	胡胜强、单镜石、李睿
FFmpeg 入门详解——音视频原理及应用	梅会东
pytest 框架与自动化测试应用	房荔枝、梁丽丽
软件测试与面试通识	于晶、张丹
智慧教育技术与应用	[澳]朱佳(Jia Zhu)
敏捷测试从零开始	陈霁、王富、武夏
智慧建造——物联网在建筑设计与管理中的实践	[美]周晨光(Timothy Chou)著；段晨东、柯吉译
深入理解微电子电路设计——电子元器件原理及应用(原书第5版)	[美]理查德·C.耶格(Richard C. Jaeger)、[美]特拉维斯·N.布莱洛克(Travis N. Blalock)著；宋廷强译
深入理解微电子电路设计——数字电子技术及应用(原书第5版)	[美]理查德·C.耶格(Richard C. Jaeger)、[美]特拉维斯·N.布莱洛克(Travis N. Blalock)著；宋廷强译
深入理解微电子电路设计——模拟电子技术及应用(原书第5版)	[美]理查德·C.耶格(Richard C. Jaeger)、[美]特拉维斯·N.布莱洛克(Travis N. Blalock)著；宋廷强译